T0283156

El Acantilado, 458
PARA PENSAR MEJOR

MARCUS DU SAUTOY

PARA PENSAR MEJOR

EL ARTE DEL ATAJO

TRADUCCIÓN DEL INGLÉS DE
EUGENIO JESÚS GÓMEZ AYALA

BARCELONA 2023   ACANTILADO

TÍTULO ORIGINAL *Thinking better. The Art of the Shortcut*

Publicado por
ACANTILADO
Quaderns Crema, S.A.

Muntaner, 462 - 08006 Barcelona
Tel. 934 144 906 - Fax. 934 636 956
correo@acantilado.es
www.acantilado.es

© 2021 by Marcus du Sautoy
© de la traducción, 2023 by Eugenio Jesús Gómez Ayala
© de esta edición, 2023 by Quaderns Crema, S.A.

Derechos exclusivos de edición en lengua castellana:
Quaderns Crema, S.A.

ISBN: 978-84-19036-41-4
DEPÓSITO LEGAL: B. 5004-2023

AIGUADEVIDRE *Gráfica*
QUADERNS CREMA *Composición*
ROMANYÀ-VALLS *Impresión y encuadernación*

PRIMERA EDICIÓN *marzo de 2023*

CONTENIDO

Para todos los profesores de Matemáticas,
pero especialmente para el señor Bailson,
que me mostró mi primer atajo matemático.

SALIDA

Podemos elegir. El sendero obvio es largo y penoso, sin bonitas vistas que nos alivien el recorrido. Resultará interminable y consumirá todas nuestras energías, aunque al menos nos llevará finalmente al destino deseado. Sin embargo, hay otra opción. Otro sendero que, si vamos atentos, veremos que se bifurca del camino principal y que aparentemente podría desviarnos del destino marcado. Hasta que descubrimos un cartel que dice: ATAJO. Esto promete un camino más rápido, apartado de la ruta principal, que nos llevará con celeridad y ahorrando fuerzas al lugar previsto. Con suerte podremos disfrutar, además, de maravillosos paisajes durante la marcha. Hay que elegir. Este libro le indicará al lector ese segundo camino, le mostrará el atajo que supone pensar mejor y transitar por ende por esa ruta poco ortodoxa para llegar felizmente adonde queríamos.

Esta atracción por los atajos es la que me llevó a elegir la carrera de Matemáticas. Yo era un adolescente bastante vago y estaba siempre buscando el camino más eficiente para llegar a mi destino. No es que quisiera hacerme el tonto y simplificar las tareas; sencillamente quería conseguir mis propósitos con el mínimo esfuerzo posible. Así que, con doce años, cuando el profesor de Matemáticas me reveló que esta asignatura era realmente una celebración de los atajos, agucé de inmediato los oídos. Todo empezó con una historia muy sencilla, protagonizada por un niño de nueve años que se llamaba Carl Friedrich Gauss. Corría el año 1786 y el profesor nos transportó hasta el aula de la ciudad de Brunswick, cerca de Hanóver, a la que acudía el niño Gauss. El lugar era entonces pequeño y la escuela contaba solamente con un maestro, el señor Büttner, que reunía en esa única aula al centenar de niños que tenía a su cargo.

Mi profesor, el señor Bailson, era un escocés severo con un alto concepto de la disciplina, pero por lo visto no dejaba de ser un blando al lado del señor Büttner, que se paseaba entre los pupitres esgrimiendo una vara con ayuda de la cual mantenía a raya los excesos de la chiquillería. El aula misma, que visitaría más tarde en una de mis peregrinaciones matemáticas, era una sala sórdida con el techo bajo, el suelo irregular y poca luz; parecía más bien una celda medieval, y sin duda el régimen impuesto en ella por el señor Büttner casaría a la perfección con dicho escenario.

La historia empezaba contando que, durante una clase de Aritmética, Büttner decidió encargar a los alumnos una tarea tediosa que los mantuviera ocupados un buen rato y poder así echarse una siestecita. «Atentos…, quiero que suméis todos los números del 1 al 100 en vuestros pizarrines—ordenó Büttner—. Y cuando acabéis, os levantáis y me traéis el pizarrín a la mesa».

No había terminado de pronunciar esta frase cuando Gauss se puso en pie y dejó su pizarrín sobre la mesa del maestro, anunciando en bajo alemán: «*Ligget se*» ('Aquí está'). Büttner miró al niño, perplejo ante esta impertinencia. La vara le temblaba en la mano, pero decidió esperar a que todos los niños entregaran sus pizarrines y revisarlos antes de reprender al pequeño Gauss. Cuando por fin terminó el resto de la clase y la mesa de Büttner era una torre de pizarrines cubiertos de tiza y de cálculos, el maestro comenzó a abrirse camino por aquella pila, tomando primero el último pizarrín entregado, que estaba encima. Casi todos los cálculos eran incorrectos, ya que los estudiantes habían cometido indefectiblemente algún error aritmético por el camino.

Finalmente, Büttner llegó al pizarrín de Gauss. Estaba

ya preparándose para echar una buena bronca a aquel niño tan insolente, cuando dio la vuelta al pizarrín y vio en él la respuesta correcta: 5.050. Sin cálculos de ningún tipo. Büttner se quedó estupefacto. ¿Cómo había encontrado el niño la respuesta tan rápido?

La historia continuaba explicando que aquel estudiante precoz había encontrado un atajo que le permitió llegar al resultado sin hacer casi ningún cálculo. Se había dado cuenta de que si se sumaban los números por parejas:

$$1 + 100$$
$$2 + 99$$
$$3 + 98$$
$$\ldots$$

el resultado era siempre 101. Y como había 50 parejas, la solución era:

$$50 \times 101 = 5.050$$

Recuerdo que esta historia me deslumbró. Ver el ingenio que mostró Gauss para acortar aquel trabajo tan horriblemente tedioso y laborioso fue una auténtica revelación para mí.

Aunque la historia tenga posiblemente más de leyenda que de realidad, capta bellamente un punto importante: las matemáticas no consisten, como piensan muchos, tanto en cálculos tediosos como en razonamientos estratégicos.

«Esto son las matemáticas, queridos estudiantes—proclamó el profesor—. El arte del atajo».

«¡Caramba—pensé a mis doce años—, quiero saber más!».

Los humanos tomamos atajos continuamente, no nos queda otro remedio. Tenemos poco tiempo para decidir y una capacidad mental limitada para abordar problemas complejos. Una de las primeras estrategias que desarrollamos para resolver desafíos complicados fue la idea de la heurística, esto es, el proceso mediante el cual hacemos que los problemas sean menos complejos ignorando, de modo consciente o inconsciente, parte de la información que llega al cerebro.

El inconveniente es que gran parte de la heurística que usamos los humanos conduce a juicios erróneos y a decisiones pasionales, y generalmente no se adapta bien a su supuesto propósito. Sabemos algo por experiencia y tratamos de extrapolarlo a otros problemas comparándolos con aquello que sabemos. Juzgamos lo global a partir de nuestro conocimiento de lo local. Esto funcionaba bien cuando nuestro medio vital no se extendía mucho más allá de la pequeña porción de la sabana en la que habitábamos, pero cuando nuestro entorno se amplió, este tipo de heurística no nos proporcionaba ya medios apropiados para comprender cómo funcionan las cosas más allá de nuestros conocimientos locales. En ese momento empezamos a desarrollar atajos mejores. Estas herramientas constituyen lo que hoy llamamos matemáticas.

Para encontrar buenos atajos es preciso saber elevarse sobre el entorno geográfico por el que deseamos transitar. Si estamos metidos dentro del paisaje solamente podemos apoyarnos en lo que vemos a nuestro alrededor. Aunque parezca que cada paso que damos nos lleva en la dirección correcta, el itinerario resultante podría ser mucho más largo de lo necesario, aunque nos conduzca al destino deseado, o incluso alejarnos completamente de éste. Por eso los humanos desarrollamos un modo mejor de pensar: la capacidad de abstraernos de los detalles concretos del plan del momento y de comprender que podría haber un sendero inesperado que nos llevase a nuestro destino de un modo más efectivo y más rápido.

Esto es lo que hizo Gauss con el reto que el profesor propuso a la clase. El resto de los estudiantes se pusieron de inmediato a recorrer penosamente un número tras otro, sumando cada vez un número nuevo al resultado de haber sumado los anteriores, pero Gauss consideró el problema en su totalidad, comprendiendo cómo se podría usar el inicio y el final del viaje en beneficio propio.

Las matemáticas consisten en esta capacidad de recurrir a un razonamiento de nivel superior que capta las estructuras allí donde antes solamente serpenteaban unos cuantos senderos sin orden ni concierto, y para elevarnos sobre el paisaje y escapar de él, permitiéndonos contemplarlo desde arriba y ver así la auténtica distribución de las tierras. Los atajos aparecen cuando se abordan los problemas de este modo. Y cuando comenzamos a explotar la capacidad de ver las estructuras en nuestra mente, sin necesidad de presenciarlas físicamente, esa habilidad del pensamiento abstracto desencadenó desarrollos extraordinarios de la civilización humana a lo largo de los siglos.

El viaje que nos llevó a pensar mejor comenzó hace cinco mil años junto al Nilo y el Éufrates. Los humanos queríamos encontrar modos más inteligentes de construir las ciudades Estado que florecían a orillas de estos ríos. ¿Cuántos bloques de piedra se necesitaban para construir una pirámide? ¿Qué extensión de tierra había que cultivar para que la cosecha llegase para alimentar una ciudad? ¿Cuáles eran las variaciones en el nivel del río que indicaban una inundación inminente? Los que tenían herramientas para encontrar atajos que ayudaran a resolver estos problemas alcanzaban rápidamente preeminencia en estas civilizaciones emergentes. El atajo que proporcionaban las matemáticas para el rápido desarrollo de estas sociedades supuso el reconocimiento de que esta disciplina era una poderosa herramienta para aquellos que querían llegar más lejos y más rápido.

El descubrimiento de parcelas nuevas de las matemáticas ha producido una y otra vez cambios en la civilización. La explosión de las matemáticas durante el Renacimiento y después, que supuso el descubrimiento de herramientas como el cálculo infinitesimal, produjo atajos extraordinarios para la búsqueda de soluciones de difíciles problemas de ingeniería. Y las matemáticas de hoy están detrás de los algoritmos que, implementados en nuestros ordenadores, nos ayudan a desenvolvernos en la jungla digital, elaborando literalmente atajos que nos permiten encontrar fácilmente las mejores rutas hacia nuestros destinos, los portales de Internet que mejor se ajustan a nuestras búsquedas y hasta los compañeros óptimos para el viaje de la vida.

Resulta interesante observar, sin embargo, que los humanos no fuimos los primeros en explotar el poder de las matemáticas para conseguir el mejor método para abordar un reto. Antes de llegar nosotros, la naturaleza llevaba ya mucho tiempo usando atajos matemáticos para resolver problemas. Muchas de las leyes de la física se basan en que la naturaleza siempre busca un atajo. La luz viaja siguiendo la trayectoria que más rápido la lleva hasta su destino, aun cuando eso implique rodear un objeto gigante como el sol. Las películas de jabón adoptan las formas que suponen un gasto mínimo de energía: la pompa es una esfera porque esta forma simétrica es la que tiene el área lateral más pequeña y por lo tanto la mínima energía. Las abejas elaboran panales hexagonales porque el hexágono usa la mínima cantidad de cera para encerrar un área fija. Nuestros cuerpos han descubierto el mejor modo de caminar para transportarnos del punto A al punto B ahorrando el máximo de energía.

La naturaleza es perezosa, como los humanos, y quiere encontrar la solución que menos energía consume. Como escribió el matemático dieciochesco Pierre Louis Maupertius: «La naturaleza es ahorradora en todas sus acciones». Es extraordinariamente hábil para rastrear los atajos, y los que encuentra tienen indefectiblemente una explicación matemática. Y normalmente los atajos descubiertos por los humanos surgen de la observación de la solución que la naturaleza ha dado a un problema determinado.

EL VIAJE QUE NOS ESPERA

Lo que pretendo en este libro es compartir con el lector el arsenal de atajos que matemáticos como Carl Friedrich Gauss han desarrollado a lo largo de los siglos. En cada capítulo se presentará un tipo diferente de atajo con sus particularidades específicas, aunque todos ellos tienen como objetivo transformarnos, de personas abocadas a afanarse penosamente para resolver un problema, en sujetos capaces de ser los primeros en entregar su pizarrín con la respuesta correcta.

He decidido adoptar a Gauss como compañero de viaje. Su éxito en el aula lo lanzó a una carrera que lo convierte para mí en el rey de los atajos. De hecho, la plétora de descubrimientos sensacionales que hizo en su vida cubre muchos de los atajos que comentaré en el libro.

Al contar las historias de los atajos que los matemáticos han descubierto a lo largo de los años, espero que este libro servirá como caja de herramientas para todos aquellos que quieran ahorrar tiempo al hacer ciertas tareas y poder así disponer de él a la hora de desarrollar otras más gratas. Estos atajos son muchas veces transferibles a problemas que en principio no tienen nada que ver con las matemáticas, sin olvidar que las matemáticas suponen un esquema mental para desenvolverse en un mundo complejo y encontrar el camino correcto para llegar adonde pretendemos.

Ésta es la razón por la cual las matemáticas merecen ocupar un puesto preeminente en el currículo educativo. No se trata de pensar que es absolutamente esencial que las personas sepan resolver una ecuación de segundo grado; sinceramente, ¿cuándo ha necesitado alguien saber eso? La razón esencial por la que es interesante saber resolver ese problema es que proporciona una comprensión profunda de los poderes del álgebra y de los algoritmos.

Empezaré el viaje hacia la mejora del pensamiento hablando de los patrones, unos de los atajos más poderosos que han desarrollado los matemáticos. Un patrón suele ser el mejor tipo de atajo. Si vemos el patrón, habremos descubierto el atajo para proyectar los datos hacia el futuro. Esta capacidad de identificar una regla subyacente es la base de la modelización matemática.

Muchas veces el papel que desempeña el atajo consiste en comprender el principio básico que engloba toda una serie de problemas sin ninguna relación aparente entre sí. La belleza del atajo de Gauss reside en el hecho de que, aunque el profesor decidiera incrementar la dificultad del problema pidiendo la suma de los primeros mil números, o del primer millón de números, el atajo seguiría funcionando. Mientras que el método de ir sumando los números de uno en uno consumiría mucho más tiempo en estos casos, el truco de Gauss sería igualmente efectivo: para sumar el primer millón de números, basta emparejarlos y ver que hay entonces 500.000 parejas que suman cada una 1.000.001.

Multiplicamos estos dos números y ya está, llegamos a la respuesta correcta. Es como un túnel, que supone un atajo para sortear una montaña: la carretera no se ve afectada por el hecho de que la montaña que tiene encima sea más o menos voluminosa.

El poder creativo y la plasticidad del lenguaje resultan ser también atajos muy efectivos. El álgebra nos ayuda a reconocer los principios subyacentes comunes en amplios rangos de problemas aparentemente distintos. El lenguaje de las coordenadas convierte la geometría en números y suele desvelar atajos que resultaban invisibles en el contexto geométrico. La creación de un nuevo lenguaje suele ser una herramienta asombrosa para mejorar la comprensión. Recuerdo una ocasión en la que me vi superado por una situación matemática sumamente compleja, en la que había que detallar una enorme cantidad de condiciones para determinarla. El alivio que sentí al aplicar el consejo de mi director de tesis, «dale un nombre», fue revelador. Con ello conseguí ciertamente embridar mi pensamiento.

Siempre que menciono la idea del atajo, todos piensan indefectiblemente que trato en cierto modo de escaquearme. La palabra *atajo* puede remitir a la idea de simplificar o aproximar la solución de un problema, y por eso es muy importante dejar claro desde el principio que una cosa es adoptar un atajo para resolver un problema y otra muy distinta conformarse con dar una solución simplificada o aproximada del mismo. Lo que yo busco es un camino inteligente que me lleve a la respuesta correcta, que incluya una comprensión completa del problema y de su solución, y que evite esfuerzos innecesarios y penosos.

Dicho esto, hay que reconocer también que algunos atajos suponen aproximaciones que resultan suficientes para resolver el problema planteado. En cierto sentido, el propio lenguaje es un atajo. Por ejemplo, la palabra *silla* es un resumen de un amplio abanico de cosas que sirven para sentarse. Y no es eficiente tener que utilizar palabras distintas para cada ejemplo concreto de silla que encontremos. El lenguaje es una representación de baja dimensión muy inteligente del mundo que nos rodea y es la que nos permite comunicarnos eficientemente, facilitándonos el tránsito por el mundo multiforme en el que vivimos. Sin el atajo que supone usar una sola palabra para múltiples objetos, caeríamos abrumados por el ruido.

En las matemáticas, como explicaré más adelante, descartar una parte de la información suele ser esencial para encontrar un atajo. La topología es conceptualmente una geometría sin mediciones. En el metro de Londres, resulta mucho más útil para orientarse por la ciudad un plano que indique cómo están interconectadas las estaciones que un mapa geográfico exacto. Los diagramas pueden ser también atajos poderosos. De nuevo, los mejores diagramas descartan todo lo que resulta irrelevante para abordar el problema que interesa. En todo caso, como trataré de explicar, la línea que separa un buen atajo del peligro de caer en la simplificación engañosa es muy fina.

El cálculo diferencial es una de las grandes invenciones de la humanidad para conseguir atajos. Muchos ingenieros dependen de este método mágico para encontrar la solución óptima de los retos a los que se enfrentan. El cálculo de probabilidades y la estadística han sido un atajo para conseguir mucha información de los grandes conjuntos de datos. Y las matemáticas suelen ayudar a encontrar el camino más efectivo a través de un objeto geométrico muy complejo o una red muy enrevesada. El descubrimiento más pasmoso que me llevó a enamorarme de las matemáticas fue el hecho de que sirven también para encontrar atajos para manejar el infinito. Un atajo para ir directamente de un extremo al otro en un camino infinito.

Cada capítulo arranca, no ya con un epigrama, sino con un problema de ingenio. Casi siempre estos problemas plantean un dilema: hay que elegir el camino largo y penoso o el atajo, si se da con él. Todos tienen una solución que aprovecha el atajo sobre el cual trata el capítulo en el que se encuentran. Merece la pena hacer un esfuerzo para pensar en el problema, ya que normalmente cuanto más tiempo pasamos afanándonos en la búsqueda de una solución, más apreciamos luego el atajo cuando nos lo muestran.

Lo que he descubierto también, por mi cuenta, es que hay diferentes tipos de atajos. Se trata por tanto de examinar los múltiples modos de abordar una cuestión y estar así preparados para el viaje que vamos a emprender y para llegar al destino más rápido gracias al atajo. Hay atajos esperándonos y los podemos aprovechar. Sólo que a veces viene bien disponer de un cartel que nos indique la buena dirección o de un mapa que nos ayude a orientarnos. Hay atajos que solamente aparecen después de esforzarse mucho tiempo excavando, como el túnel que lleva años concluir pero que después sirve para que todo el mundo atraviese cómodamente la montaña. Hay algún atajo que solamente se descubre después de abandonar totalmente el espacio en el que vivimos, como el agujero de gusano que conecta un extremo del universo con el otro. Está la dimensión extra que muestra cómo dos cosas pueden estar más próximas de lo que imaginamos, pero para verlo hay que salirse de los confines del mundo habitual. Hay atajos que aceleran el tránsito, y otros que recortan la distancia que hay que recorrer o la energía que hay que consumir. Siempre se ahorra algo y por eso merece la pena dedicar un tiempo a buscar un atajo.

Pero también me he dado cuenta de que a veces el atajo no da en el clavo. A veces apetece tomarse un tiempo. Puede que lo importante sea el propio viaje o que queramos bajar de peso consumiendo calorías. ¿Qué sentido tiene irse un día a pasear al campo y para acortar el placer de la vuelta a casa tomando un atajo? ¿Por qué leer una novela en vez de un resumen de la misma en Wikipedia? No obstante, incluso en estos casos es bueno saber que existe un atajo aunque decidamos ignorarlo.

En cierto modo el atajo tiene que ver con nuestra relación con el tiempo. ¿En qué queremos emplearlo? A veces es importante disfrutar de una experiencia durante un tiempo, por lo que no sirve de nada encontrar un atajo que supondría acortar el placer. No tiene sentido interferir en la escucha de una pieza musical. Sin embargo, en otras ocasiones nos parece que la vida es demasiado corta para perder tiempo al desplazarnos hasta donde queremos llegar. Una película puede condensar una vida en noventa minutos. No nos interesa ser testigos de todas las acciones del protagonista. Al tomar un vuelo hasta el otro extremo del mundo nos ahorramos hacer el camino a pie y eso nos permite empezar las vacaciones mucho antes. Los que pudieran acortar el vuelo todavía más casi seguro que lo harían. Pero a veces las personas desean disfrutar de la versión lenta del viaje. Los peregrinos aborrecen los atajos. Yo nunca veo los avances de las películas porque las acortan demasiado, aunque me parece bien que estén ahí para las personas a las que les gustan.

En literatura, los atajos son indefectiblemente caminos que conducen al desastre. Caperucita Roja nunca se hubiera topado con el lobo si no se hubiera desviado del camino principal en busca de un atajo a través del bosque. En *El progreso del peregrino*, de John Bunyan, los que toman un atajo para rodear la Colina de la Dificultad se pierden y perecen. En *El señor de los anillos*, Pippin advierte que los atajos producen grandes retrasos, a lo que Frodo replica que las tabernas los producen todavía mayores. Homer

Simpson, después de su desastroso rodeo camino de Rascapicalandia, jura que no volverá a hablar de atajos jamás. Los peligros inherentes al uso de atajos quedan resumidos muy bien en la película *Viaje de pirados* (*Road Trip* en inglés): «Claro que es difícil: es un atajo; si fuera fácil, sería "el camino"». Este libro pretende rehabilitar la idea del atajo y librarla de estas distorsiones literarias recurrentes. Porque un atajo es un camino hacia la libertad y no un camino hacia el desastre.

LOS HUMANOS FRENTE A LAS MÁQUINAS

Uno de los factores que me animaron a escribir este libro fue el convencimiento creciente de que la especie humana está a punto de ser sobrepasada por una nueva especie que no tendrá que preocuparse de buscar atajos.

Vivimos en un mundo en el que los ordenadores son capaces de realizar más cálculos en una tarde que todos los que podría realizar yo a lo largo de mi vida. Los ordenadores pueden analizar la totalidad de la literatura mundial en el tiempo que yo tardo en leer una novela. Pueden analizar una enormidad de variantes en una partida de ajedrez, en contraste con las pocas jugadas que yo puedo examinar mentalmente. Los ordenadores pueden explorar las líneas de nivel y los caminos que recorren la Tierra entera en menos tiempo del que yo tardo en ir hasta la tienda de la esquina.

¿Se pondría un ordenador hoy a buscar el atajo de Gauss? ¿Para qué, si puede sumar los números de 1 a 100 en la n-ésima parte de la n-ésima parte de un parpadeo?

¿Qué esperanzas hay de que la especie humana mantenga el pulso frente a la extraordinaria velocidad y la memoria casi infinita de nuestros vecinos de silicio? El ordenador de la película *Her*, estrenada en 2013, confiesa a su propietario que el ritmo de la interacción humana es tan lento que prefiere pasar el rato con otros sistemas operativos, que están a su mismo nivel en rapidez de pensamiento. Para un ordenador, los humanos somos tan lentos como lo son para nosotros las montañas en sus procesos de formación y de erosión.

No obstante, quizá haya una ventaja que la especie humana puede aprovechar. Las limitaciones de nuestro cerebro a la hora de realizar millones de cálculos a la vez y las deficiencias físicas de nuestro cuerpo, comparadas con la fuerza de un robot mecánico, nos llevarán a plantear si hay o no algún medio de librarnos de todos los pasos que un ordenador o un robot considera triviales.

Paralizados ante una montaña aparentemente inexpugnable, los humanos buscamos un atajo. Ya que resulta tan desalentador tratar de subir hasta la cumbre y descender después, ¿no habrá algún camino secreto que rodee esa mole? El atajo es lo que suele conducir a un método verdaderamente innovador para resolver un problema. Mientras el ordenador persevera en su trabajo, flexionando sus músculos digitales, los humanos llegamos por sorpresa a la línea final al haber descubierto el atajo astuto que nos ahorra el penoso trabajo.

Que tomen nota los holgazanes: creo que la pereza es la cualidad que nos redime frente al asalto de las máquinas. La pereza humana es un factor muy importante a la hora de buscar modos mejores y nuevos de hacer las cosas. Muchas veces, cuando me enfrento a una situación, pienso: esto se está volviendo muy complicado, por lo que será mejor dar un paso atrás y ver si encuentro un atajo. Ya sabemos lo que dirá el ordenador: «Bueno, dispongo de estas herramientas, así que puedo meterme de lleno en el problema». Pero como no se cansa y es imposible que le venza la pereza, quizá se pierda cosas que ésta nos hace descubrir a nosotros. Precisamente al ser incapaces de volcarnos tan profundamente en las cosas, nos vemos forzados a buscar medios más inteligentes para hacerlas.

Hay muchas historias de innovaciones y de progresos que salieron de la pereza y del deseo de evitar el trabajo duro. Los descubrimientos científicos han surgido muchas veces al dejar vagar libremente la mente. Se cuenta que el químico alemán August Kekulé descubrió la estructura anular del benceno después de soñar con una serpiente que se mordía su propia cola. El gran matemático indio Srinivasa Ramanujan solía contar que su diosa familiar Namagiri se le apareció en sueños escribiendo ecuaciones. «Me dispuse a prestar la máxima atención. Aquella mano escribió unas cuantas integrales elípticas y se me quedaron grabadas en la mente. En cuanto me desperté, las apunté sin demora», escribe. Muchas veces los inventos nuevos nacen en manos de los que no desean ser arrastrados a hacer las cosas a base de fuerza bruta. Jack Welch, presidente y director general de General Electric, reservaba una hora cada día para lo que él llamaba «el rato de mirar por la ventana».

La pereza no significa necesariamente no hacer nada. Éste es un punto muy importante. Encontrar un atajo suele implicar un trabajo penoso, lo cual no deja de ser una paradoja. Extrañamente, aunque la motivación para buscar un atajo puede proceder del deseo de evitarse trabajo, esa búsqueda conduce con frecuencia a intensos y ardientes períodos de profunda reflexión, no sólo para sortear los trabajos aburridos, sino también para gestionar el aburrimiento que conlleva la ociosidad. La línea que separa la ociosidad y el aburrimiento es muy fina y suele ser el catalizador que incita la búsqueda de un atajo, búsqueda que puede implicar un esfuerzo considerable. Como escribió Oscar Wilde:

«No hacer cosa alguna es lo más difícil del mundo, lo más difícil y lo más intelectual».[1]

El no hacer nada precede muchas veces a un gran progreso mental. Un artículo titulado «Rest is Not Idleness» ['El reposo no es ociosidad'], publicado en 2012 en la revista *Perspectives on Psychological Science*, reveló lo importante que es la denominada red neuronal por defecto para nuestras capacidades cognitivas. Esta red se queda casi siempre apagada cuando volcamos plenamente nuestra atención en el mundo exterior. El interés reciente por la conocida como *mindfulness* o conciencia plena postula la liberación de la mente de pensamientos invasivos como un camino abierto hacia la iluminación, y subraya el hecho de que solemos preferir jugar a trabajar. Pero el juego, y no el pesado mundo mecánico del trabajo, puede ser el ámbito perfecto para promover la creatividad y las ideas nuevas. Ésta es una de las razones por las que las oficinas de innovación y los departamentos de Matemáticas, aparte de despachos y ordenadores, suelen tener también mesas de billar y juegos de mesa.

Quizá el rechazo social de la pereza sea un modo de controlar y acallar a aquellos que optan por no someterse. La auténtica razón por la que está mal vista la persona perezosa es que ese rasgo indica que no se halla muy dispuesta a seguir las reglas del juego. El maestro de Carl Friedrich Gauss vio un desafío a su autoridad en el atajo que su alumno adoptó para evitar un trabajo pesado.

La ociosidad no ha sido siempre rechazada. Samuel Johnson argumentó muy elocuentemente a favor de la ociosidad: «El ocioso [...] no sólo se aleja de los empeños que parecen

[1] Oscar Wilde, *El crítico como artista. La decadencia de la mentira*, trad. León Mirlas, Barcelona, Austral, 2016, ed. digital. (*Todas las notas son del traductor*).

no tener recompensa, sino que muchas veces es más exitoso que quienes rechazan todo lo que está a la mano». Como Agatha Christie reconoció en su autobiografía: «La necesidad no es la madre de la invención, que, en mi opinión, procede directamente del ocio e incluso de la pereza. Para ahorrarse molestias».[1] Parece que lo que motivaba a Babe Ruth, uno de los más grandes bateadores de jonrones que el béisbol ha conocido, a lanzar la pelota fuera del campo era que aborrecía tener que correr para pasar por todas las bases.

LA OPCIÓN DE TRABAJAR

No me gustaría dar la impresión de que defiendo que todo tipo de trabajo es malo. De hecho, muchas personas atribuyen un gran valor al trabajo que hacen, pues define su identidad y les da un sentido a sus vidas. Pero la calidad del trabajo es importante. En esos casos, generalmente no se trata de un trabajo tedioso e irracional. Aristóteles distinguió dos tipos diferentes de trabajo: *praxis*, que es una acción que se realiza como fin en sí misma, y *poiesis*, que es una acción destinada a la producción de algo útil. En el caso de este segundo tipo de trabajos, estamos muy bien dispuestos a buscar atajos, pero no tiene mucho sentido ponerse a hacerlo si lo que produce placer es la realización del trabajo en sí mismo. La mayoría de los trabajos parecen entrar en la segunda categoría. Sin embargo, lo ideal es aspirar a los trabajos del primer tipo. Hacia ellos es hacia donde pueden llevarnos los atajos. Éstos no pretenden eliminar el trabajo, sino reconvertirlo en un trabajo significativo.

El comunismo de lujo totalmente automatizado, una re-

---

[1] Agatha Christie, *Autobiografía*, trad. Diorki, Barcelona, Espasa, 2019, p. 154.

ciente corriente política, sostiene que los avances de la robótica y de la inteligencia artificial harán que los trabajos serviles sean realizados por máquinas, liberándonos así a los humanos para concentrarnos en los trabajos que consideramos significativos. El trabajo se convertiría en un lujo. La promoción de buenos atajos habría de añadirse a la lista de tecnologías conducentes a un futuro en el que el trabajo se asumirá como un placer y no como medio para un fin. Esto es lo que Marx pretendía con el comunismo: abolir la diferencia entre ocio y ocupación. «En la *fase superior de la sociedad comunista*—escribió—[...] el trabajo no será solamente un medio de vida, sino una necesidad».[1] Los atajos que hemos creado prometen sacarnos de lo que Marx llamó el «reino de la necesidad» y llevarnos al «reino de la libertad».

¿Existe algún dominio en el que sea imposible evitar el trabajo duro? ¿Puede un perezoso aprender a tocar un instrumento o a escribir una novela? ¿Y a escalar el Everest? También en estos casos ilustraré cómo una buena combinación de las horas de estudio y entrenamiento con un buen atajo puede maximizar el valor del tiempo invertido. En el libro iré intercalando conversaciones que he mantenido con personas que ejercen profesiones diversas para indagar si en ellas son posibles los atajos o si sencillamente es imposible sortear las diez mil horas de trabajo que el escritor Malcolm Gladwell estima necesarias para dominar una disciplina.

He sentido curiosidad por saber si otros profesionales usan algún tipo de atajo que se asemeje a los que yo he aprendido en mi profesión de matemático y si hay o no otros tipos de atajos de los que no tengo constancia pero

---

[1] Karl Marx, *Crítica del Programa de Gotha*, Moscú, Progreso, 1977, p. 28.

que podrían inspirar nuevos modos de pensar en mi propio trabajo. También estoy fascinado por los retos en los que no es posible ningún atajo. ¿Cómo es que hay ciertos dominios de la actividad humana que excluyen la posibilidad de recurrir al poder de un atajo? Resulta recurrente que el factor limitante es el cuerpo humano. Para cambiar el cuerpo, entrenarlo o forzarlo a hacer cosas nuevas normalmente hay que invertir tiempo y repetir ciertos ejercicios, y no existen atajos para acelerar las transformaciones físicas. A lo largo de nuestro viaje a través de los diversos atajos que han descubierto los matemáticos, se intercala en cada capítulo una parada en boxes para explorar los atajos, cuando existen, en otros campos de la actividad humana.

El éxito de Gauss en el aula cuando sumó los números del 1 al 100 utilizando aquel ingenioso atajo avivó su deseo de alimentar su talento matemático. Su maestro no estaba por la labor de cultivar las capacidades del joven matemático en ciernes, pero el señor Büttner tenía un ayudante de diecisiete años, Martin Bartels, que compartía con Gauss una gran pasión por las matemáticas. Aunque había sido contratado para cortar las plumas de ganso y ayudar a los estudiantes en sus pinitos en el arte de la escritura, Bartels se dedicó con entusiasmo a compartir sus libros de matemáticas con el pequeño Gauss, y exploraron juntos el terreno matemático, disfrutando de los atajos que proporcionaban el álgebra y el análisis para alcanzar su destino.

Bartels vio pronto que Gauss necesitaba un ambiente más estimulante para poner a prueba sus capacidades y consiguió que el duque de Brunswick le concediera una audiencia. El duque quedó impresionado por el joven Gauss y aceptó ser su mecenas, financiando sus estudios en el instituto local y después en la Universidad de Gotinga. Fue allí donde Gauss aprendió algunos de los grandes atajos que los matemáticos habían descubierto a lo largo de los siglos y que pronto servirían de trampolín para sus propias y maravillosas contribuciones matemáticas.

Este libro es una guía personal a través de dos mil años de esfuerzos por mejorar el pensamiento. Es el fruto de décadas de estudio de estos astutos túneles o desfiladeros secretos que jalonan el paisaje, proyectados y coordinados por los matemáticos a lo largo de miles de años. He intentado, no obstante, entresacar de estas ingeniosas estrategias algunas que sirvan para abordar los problemas complejos con los que topamos en la vida cotidiana. Este libro es por tanto un atajo hacia el arte del atajo.

LOS ATAJOS DE LOS PATRONES

☞ *Tenemos en casa una escalera con 10 peldaños. Puede subirse peldaño a peldaño o salvando ocasionalmente 2 peldaños de golpe. Por ejemplo, podemos llegar arriba en 10 pasos, subiendo uno a uno los peldaños, o en 5 pasos, subiendo los peldaños de dos en dos. ¿Cuántas combinaciones diferentes hay para llegar arriba? Podríamos encontrar la respuesta a esta cuestión por el camino largo, tratando de hacer la lista de todas las combinaciones, subiendo y bajando una y otra vez por la escalera. Pero ¿cómo lo haría el pequeño Gauss?*

¿Queremos descubrir un atajo para conseguir cobrar un 15 % más por hacer exactamente el mismo trabajo? ¿O para conseguir que una pequeña inversión se convierta en un fondo suculento? ¿Qué nos parecería disponer de un atajo para comprender qué pasará con la cotización de unas acciones en los próximos meses? ¿No tenemos a veces la impresión de que estamos inventando la rueda una y otra vez y de que todas esas ruedas tienen algo en común? ¿Qué tal nos vendría un atajo para mejorar nuestra malísima memoria?

Voy a sumergirme, para compartirlo con el lector, en uno de los atajos más potentes que hemos descubierto los humanos. Se trata del poder que confiere descubrir un patrón. La capacidad de la mente humana para espigar un patrón en medio del caos reinante ha proporcionado a nuestra especie el atajo más sorprendente de todos: conocer el futuro antes de que se convierta en presente. Si descubrimos un patrón en los datos que describen el pasado y el presente, extendiendo un poco más el patrón tendremos la posibilidad de conocer el futuro. No hace falta esperar. El poder de los patrones está en el núcleo de las matemáticas y es su atajo más efectivo.

Los patrones nos permiten ver que, aunque los datos numéricos sean distintos en distintas situaciones, la regla que siguen al variar puede ser la misma. Si localizamos la regla subyacente en el patrón, ya no es necesario repetir el mismo trabajo cada vez que nos enfrentamos a nuevos datos. El patrón se encarga de hacer la labor por nosotros.

En la economía abundan los datos con un cierto patrón y, si sabemos leerlo correctamente, nos puede guiar a un futuro próspero. No obstante, como también explicaré, algunos patrones pueden ser engañosos, como se vio en la crisis financiera del año 2008. Los patrones en el número de personas que caen enfermas por culpa de un virus nos permiten comprender la trayectoria de una pandemia y actuar consecuentemente antes de que mueran demasiadas personas. Los patrones que rigen el cosmos nos ayudan a comprender nuestro pasado y nuestro futuro. Al estudiar los números que describen cómo se alejan de nosotros las estrellas ha aparecido un patrón que nos dice que el universo nació con una gran explosión y que morirá en un futuro muy frío que llamamos la muerte térmica.

La capacidad de rastrear los patrones en los datos astronómicos es lo que lanzó al joven aspirante Gauss al gran teatro del mundo aureolado como el maestro del atajo.

PATRONES PLANETARIOS

El día de Año Nuevo de 1801 se detectó un octavo planeta orbitando en torno al sol, entre Marte y Júpiter. Bautizado como Ceres, su descubrimiento fue saludado por todos como un buen augurio para el futuro de la ciencia a principios del siglo XIX.

Pero del entusiasmo se pasó a la desesperación unas semanas después, cuando al acercarse al sol el pequeño planeta (que no era más que un minúsculo asteroide) desapareció de la vista, perdido entre una plétora de estrellas. Los astrónomos no tenían ni idea de adónde había ido a parar.

Entonces llegaron noticias de que un joven de veinticuatro años de Brunswick había anunciado que sabía dónde se podía encontrar el planeta desaparecido. Este joven indicó a los astrónomos a qué punto del firmamento deberían apuntar sus telescopios. Y como por arte de magia, allí estaba Ceres. El joven no era otro que mi héroe, Carl Friedrich Gauss.

Desde sus éxitos en el aula cuando tenía nueve años, Gauss había seguido haciendo numerosos descubrimientos matemáticos fascinantes. Desarrolló por ejemplo un método para construir un polígono regular de 17 lados usando solamente la regla y el compás. Este reto había permanecido irresoluto durante dos mil años, desde que los antiguos griegos empezaron a desarrollar métodos ingeniosos para dibujar figuras geométricas. Gauss estaba tan orgulloso de esta proeza que inició un diario matemático, que en los años siguientes fue llenando con sus sorprendentes descubrimientos sobre los números y las figuras. Los datos sobre este nuevo planeta habían fascinado a Gauss. ¿Había algún modo de encontrar una lógica en las observaciones anotadas sobre Ceres antes de que desapareciera tras el sol que pudiera revelar su posición? Finalmente logró desvelar el secreto.

Por supuesto, este gran logro de predicción astronómica no se basaba en la magia, sino en las matemáticas. Los astrónomos habían descubierto Ceres por azar. Gauss utilizó el análisis matemático para descifrar el patrón subyacente en los números que describían las sucesivas localizaciones del asteroide y saber así hacia dónde se dirigiría después. Obviamente Gauss no fue el primero en detectar patrones en la dinámica del cosmos. Los astrónomos llevaban usando estos patrones, que servían como atajo para desentrañar las variaciones en los cielos nocturnos, para hacer predicciones y planificar el futuro desde el momento en que nuestra especie comprendió que el pasado y el futuro estaban interconectados.

Los patrones estacionales permitieron a los agricultores planear cuándo convenía sembrar los campos. Cada estación coincidía con una configuración concreta de las estrellas. Los patrones en el comportamiento de los animales migratorios mostraron a los primeros humanos el momento óptimo para cazarlos, gastando la mínima cantidad de energía con el máximo beneficio. La capacidad de predecir eclipses de un miembro de la tribu elevaba su estatus a altas cotas. De hecho, es famoso el caso de Cristóbal Colón, que, al conocer la llegada inminente de un eclipse lunar, logró salvar a su tripulación cuando fueron capturados por los nativos después de quedarse varado en Jamaica en 1503. Los indígenas se quedaron tan sobrecogidos por su capacidad para predecir la desaparición de la luna que accedieron a dejarlos en libertad.

¿CUÁL ES EL NÚMERO SIGUIENTE?

El reto de buscar patrones queda perfectamente reflejado en esos problemas que seguramente todos conocemos de nuestros años escolares que consistían en, dada una sucesión de números, averiguar cuál era el siguiente en la serie. A mí me gustaban mucho estos retos que el profesor escribía en la pizarra, y cuanto más me costaba analizar el patrón, más satisfacción sentía al desvelar el atajo. Fue ésta una lección que aprendí pronto: lleva mucho tiempo y cuesta mucho esfuerzo descubrir los mejores atajos. Pero una vez descubiertos, pasan a formar parte del repertorio de miradores desde los que contemplamos el mundo y podemos recurrir a ellos una y otra vez.

Para que el lector active las neuronas de detectar patrones, voy a presentar unos cuantos retos. ¿Cuál es el número siguiente en esta sucesión?

$$1, 3, 6, 10, 15, 21\ldots$$

No es demasiado difícil deducirlo. Normalmente se ve pronto que cada número sale del anterior sumando 2, 3, 4 y así sucesivamente. De modo que el número siguiente es 28, ya que 28 es 21 + 7. Estos números se llaman números triangulares, porque representan el número de piedras que se necesitan para formar triángulos, añadiendo cada vez una nueva fila al triángulo anterior. ¿Hay algún atajo para conocer el centésimo número de la lista sin necesidad de recorrer los 99 anteriores? En realidad, este reto es el mismo que encaró Gauss cuando el maestro pidió a los alumnos que sumaran todos los números del 1 al 100. Para llegar al resultado, Gauss descubrió el ingenioso atajo que consistía en sumar los números por parejas. En términos más generales, si nos interesa el n-ésimo número triangular, el truco de Gauss queda recogido en la fórmula siguiente:

$$\tfrac{1}{2} \times n \times (n + 1)$$

Los números triangulares siguieron fascinando a Gauss después de haberlos encontrado en el aula del señor Büttner. De hecho, en un apunte del 10 de julio de 1796 de su diario matemático, escribió entusiasmado la palabra «¡Eureka!» en caracteres griegos, seguida de la fórmula

$$\text{num} = \Delta + \Delta + \Delta$$

Gauss había descubierto el hecho extraordinario de que cualquier número puede escribirse como suma de tres números triangulares. Por ejemplo, $1.796 = 10 + 561 + 1.225$. Este tipo de observaciones puede llevar a atajos muy potentes; por ejemplo, si deseamos probar una propiedad para todos los números, podría ser suficiente probarla para los números triangulares y explotar después el resultado descubierto por Gauss de que todo número es la suma de tres números triangulares.

He aquí otro reto. ¿Cuál es el número siguiente en esta sucesión?

$$1, 2, 4, 8, 16\ldots$$

No tiene ningún misterio. El número siguiente es 32. Cada número es el doble del anterior. El tipo de crecimiento que muestra esta sucesión se llama crecimiento exponencial. Controla el crecimiento de muchas cosas y es importante para comprender cómo evolucionan este tipo de patrones. Por ejemplo, la sucesión parece muy inocente al principio. Seguro que esto fue lo que pensó el rey indio cuando aceptó conceder al inventor del ajedrez el premio que éste solicitaba como recompensa. Había pedido que colocaran un grano de arroz en el primer escaque del tablero de ajedrez, dos en el segundo, cuatro en el tercero y así sucesivamente, poniendo siempre en cada escaque el doble de granos que habían puesto en el anterior. La primera fila parecía harto inocente: en ella había solamente un total de $1 + 2 + 4 + 8 + 16 + 32 + 64 + 128 = 255$ granos. No llega casi ni para una pieza pequeña de sushi.

Pero cuando los servidores del rey continuaron con su labor, muy pronto se quedaron sin suministros. Para llegar a la mitad del tablero se precisan 280.000 kilogramos de arroz. Y ésa es la mitad fácil. ¿Cuántos granos de arroz necesita el rey en total para pagar al inventor? Da la sensación de que estamos ante uno de esos problemas que el señor Büttner podría haber propuesto a sus indefensos alumnos. El camino difícil para resolver la cuestión consiste en sumar los 64 números. Pero ¿quién está dispuesto a asumir este trabajo tan pesado? ¿Cómo habría abordado Gauss este tipo de desafío?

Hay un bonito atajo para hacer el cálculo, pero a primera vista da la sensación de que más bien complica las cosas. Es un rasgo común a muchos atajos: al principio parece que parte en dirección opuesta a la deseada. Empecemos por asignar un nombre al número total de granos de arroz: llamémosle X. Éste es uno de los nombres favoritos de las matemáticas, y representa por sí solo un poderoso atajo en el arsenal matemático, como explicaré en el capítulo 3.

Empezaremos multiplicando por 2 la cantidad que quiero determinar:

$$2 \times (1 + 2 + 4 + 8 + 16 + \ldots + 2^{62} + 2^{63})$$

Parece que esto complica las cosas. Pero un poco de paciencia. Vamos a hacer la cuenta. La expresión anterior es igual a

$$2 + 4 + 8 + 16 + \ldots + 2^{63} + 2^{64}$$

Ahora viene la parte bonita. A esta expresión vamos a restarle X. A primera vista parece que esto nos lleva simplemente a la situación de partida: $2X - X = X$. ¿En qué ayuda esto? La magia surge cuando reemplazamos $2X$ y X por las sumas que hemos escrito más arriba:

$$2X - X = (2 + 4 + 8 + 16 + \ldots + 2^{63} + 2^{64}) - $$
$$(1 + 2 + 4 + 8 + 16 + \ldots + 2^{62} + 2^{63})$$

¡Casi todos los sumandos se simplifican entre sí! Los únicos que se salvan son el 2^{64} en la primera suma y el 1 en la segunda, de modo que queda

$$X = 2X - X = 2^{64} - 1$$

Basta hacer, en vez de un montón de cálculos, uno solo para saber el número total de granos de arroz que el rey tendría que entregar al inventor del ajedrez, que es:

$$18.446.744.073.709.551.615$$

Esta cantidad de arroz supera con creces la producida en toda la Tierra durante el último milenio. La moraleja es que a veces se puede optar por trabajar duro para evitar el trabajo duro y conseguir algo que sea mucho más fácil de analizar.

Como aprendió el rey a su propia costa, la duplicación comienza de modo muy inocente y después se dispara. Éste es el poder del crecimiento exponencial. Su efecto lo sufren los que piden un préstamo para saldar sus deudas. A primera vista, si un banco nos ofrece un préstamo de 1.000 euros con un 5 % de interés mensual, parece que se trata de un buen salvavidas. Pasado el primer mes, deberíamos solamente 1.050 euros. El problema es que cada mes se multiplica la deuda por 1,05. A los dos años ya deberíamos 3.225 euros. Y al quinto año, la deuda ascendería a 18.679 euros. Fantástico para el prestamista, pero no tanto para el prestatario.

El hecho de que muchos no comprendan el patrón del crecimiento exponencial hace que pueda convertirse en un atajo hacia la bancarrota. La banca que en el Reino Unido se dedicó a los préstamos del día de pago explotó esta incapacidad a la hora de asimilar las consecuencias futuras del patrón exponencial para inducir a los clientes incautos a firmar contratos que al principio parecían muy atractivos. Es importante conocer de antemano los peligros de la duplicación reiterada y el camino cuesta abajo al que nos puede llevar para evitar vernos finalmente perdidos y sin esperanzas de encontrar el trayecto de vuelta hacia la salvación.

Todos hemos descubierto el poder sobrecogedor del crecimiento exponencial, a nuestra propia costa y demasiado tarde, con la llegada de la pandemia de coronavirus en 2020. De promedio, el número de personas infectadas se duplicaba cada tres días, y esto llevaba a la saturación del sistema sanitario.

En otro orden de cosas, el poder del crecimiento exponencial también puede ayudarnos a explicar por qué (probablemente) no existen los vampiros. Los vampiros necesitan alimentarse de sangre humana al menos una vez al mes para sobrevivir. El problema es que después de darse un banquete con alguien, la víctima se convierte a su vez en un vampiro, de modo que en un mes hay el doble de vampiros en busca de sangre humana para darse un festín.

Se estima que la población mundial ronda los 6.700 millones de personas. Cada mes se duplicaría la población de vampiros. El efecto devastador de la duplicación implicaría que la existencia de un único vampiro lograría transformar en vampiros a toda la población mundial en tan sólo treinta y tres meses.

Por si acaso alguien se topa alguna vez con un vampiro, damos aquí un útil consejo, extraído del arsenal del matemático, para ahuyentar al temido monstruo chupasangre. Además de los usos clásicos del ajo, los espejos y las cruces, otra de las maneras menos conocidas de repeler al Príncipe de las Tinieblas consiste en esparcir semillas de amapola en torno a su ataúd. Resulta que los vampiros sufren un desorden mental llamado aritmomanía, que consiste en el deseo compulsivo de contarlo todo. Teóricamente, antes de que Drácula haya terminado de contar las semillas de amapola que yacen dispersas en torno a su lecho, habrá salido ya el sol y lo habrá enviado de vuelta al ataúd.

La aritmomanía es una enfermedad grave. El inventor Nikola Tesla, cuyas investigaciones sobre la electricidad condujeron a la corriente alterna, sufrió este síndrome. Estaba obsesionado con los números divisibles por tres: quería exactamente 18 toallas limpias cada día y contaba sus pasos para estar seguro de que su número era múltiplo de 3. Quizá el caso más famoso de un personaje de ficción que sufre aritmomanía sea el Conde Draco de los teleñecos, un vampiro que ha ayudado a varias generaciones de jóvenes espectadores a dar los primeros pasos por la senda de las matemáticas.

PATRONES URBANOS

He aquí una serie de números algo más exigente. ¿Podrá el lector rastrear el patrón que oculta?

$$179, 430, 1.033, 2.478, 5.949...$$

El truco consiste en dividir cada número por el número anterior. Así se descubre que cada número se obtiene a partir del anterior multiplicando por 2,4. Sigue siendo una sucesión con crecimiento exponencial, pero lo más interesante es lo que representan en realidad estos números.

Son el número de patentes registradas en ciudades de 250.000, de 500.000, de 1 millón y de 2 millones de habitantes, respectivamente. Resulta que cuando se duplica la población de una ciudad, el número de patentes no sólo se duplica, como cabría esperar. Las ciudades grandes parecen ser más creativas. El duplicado de la población ¡parece aportar un 40 % extra de creatividad! Y no son sólo las patentes las que muestran este patrón de crecimiento. A pesar de las enormes diferencias culturales entre Río de Janeiro, Londres y Cantón, hay un patrón matemático que vincula a todas las ciudades del mundo, desde Brasil hasta China. Estamos acostumbrados a describirlas a partir de sus rasgos geográficos o históricos, que son los que resaltan las cualidades individuales de lugares como Nueva York o Tokio. Pero esos rasgos son sólo detalles, anécdotas interesantes que no explican casi nada. Sin embargo, si miramos las ciudades con ojos matemáticos, empieza a surgir un carácter universal que trasciende las fronteras políticas y culturales. Este punto de vista matemático desvela el atractivo de una ciudad... y prueba que cuanto más grande, mejor.

Las matemáticas muestran que el crecimiento de un cierto recurso en una ciudad está determinado por un único número mágico específico de dicho recurso. Cuando se duplica la población de una ciudad, los factores sociales y económicos no solamente se duplican, sino que aumentan un poco más. Resulta curioso que, para muchos recursos, ese poco más ronda el 15 %. Por ejemplo, si comparamos una ciudad de 1 millón de habitantes con otra de 2 millones, ésta no solamente posee el doble de restaurantes, de salas de conciertos, de bibliotecas y de colegios, sino un 15 % adicional más de lo que se esperaría al multiplicar simplemente por 2.

Incluso los salarios caen bajo el influjo de esta ley. Pensemos en dos trabajadores que realizan exactamente el mismo trabajo en dos ciudades de tamaño diferente: el que viva en una ciudad de 2 millones de habitantes cobrará de promedio un 15 % más que el que viva en una ciudad de 1 millón de habitantes. Y si pasamos a una ciudad de 4 millones de habitantes, el salario se incrementará de nuevo en un 15 %.

Cuanto más grande es la ciudad, más se cobra en ella por realizar un mismo trabajo.

La clave para que un negocio logre obtener los máximos beneficios a partir de los recursos invertidos puede estar en detectar un patrón como éste. Las ciudades se clasifican por formas y tamaños. Una empresa, si comprende que la forma es irrelevante pero el tamaño importa, podrá obtener muchos más beneficios a partir del mismo capital simplemente mudándose a una ciudad con el doble de habitantes.

Este extraño factor de escalado universal no fue descubierto por un economista o un especialista en ciencias sociales, sino por un físico teórico, que aplicó para ello el mismo tipo de análisis matemático que suele usarse en la búsqueda de las leyes fundamentales que rigen el universo. Geoffrey West nació en el Reino Unido y después de estudiar Física en Cambridge, se trasladó a Stanford para investigar las propiedades de las partículas fundamentales. Pero su nombramiento como presidente del Santa Fe Institute fue el catalizador que impulsó sus descubrimientos en el campo del crecimiento urbano. El instituto está especializado en abrir caminos que faciliten la mezcla y la discusión de ideas entre profesionales de diferentes disciplinas. Muchas veces el atajo para desentrañar los enigmas de un área de investigación pasa por tomar un desvío y sumirse en algún dominio aparentemente ajeno en el que trabajan otras personas.

Esa mezcla de matemáticas, física y biología que bullía en Santa Fe fue la que llevó a West a preguntarse si existen características universales comunes a todas las ciudades del globo, igual que un electrón o un fotón tienen propiedades universales, independientemente de su localización en el universo.

Es posible creer que las matemáticas están en el núcleo de las leyes fundamentales del universo, que pueden explicar la gravedad o la electricidad; sin embargo, una ciudad parece una masa inabarcable de personas, cada una con sus propias motivaciones y deseos en la gestión de sus vidas. Pero al buscar un sentido al mundo que nos rodea, hemos descubierto que las matemáticas son la clave que no solamente controla el mundo y todas las cosas que contiene, sino también a nosotros mismos. Hay incluso un patrón que regula las fuerzas que controlan la babel de millones de individuos.

West y su equipo recogieron datos de miles de ciudades de todo el mundo. Lo recopilaron todo: desde la longitud total de cables eléctricos que recorren Fráncfort hasta el número de licenciados universitarios de Boise, en Idaho. Registraron los datos estadísticos de las gasolineras, de las rentas personales, de los brotes de gripe, de los homicidios, de las cafeterías y hasta de la velocidad de los peatones. Y eso que no todo estaba en Internet. West tuvo que lidiar con el chino mandarín en su intento de descifrar un almanaque enorme con los datos de las ciudades chinas de provincia. Cuando comenzaron a analizar los números, el código secreto empezó a emerger. Si la población de una ciudad era el doble que la de otra, independientemente de en qué lugar del mundo estuvieran situadas, sus recursos sociales y económicos no sólo se duplicaban, sino que aumentaban además ese 15 % mágico adicional.

Actualmente más del 50 % de la población mundial vive en ciudades. Esa cantidad extra de crecimiento exponencial que recoge el factor de escalado de West podría muy bien explicar por qué las ciudades resultan tan atractivas. Cuando se junta un colectivo de personas, parece que el resultado supera la simple suma de los individuos que lo forman. Probablemente por eso la gente suele mudarse a las ciudades grandes, porque al trasladarse por ejemplo de una ciudad a otra con el doble de habitantes, consigue de golpe ese 15 % adicional en todo.

Las infraestructuras también resultan afectadas por esta ley, pero en sentido contrario. El coste por persona del cableado eléctrico, del asfalto y de los colectores de aguas fecales desciende un 15 %. Contrariamente a la creencia popular, esto implica que la huella de carbono individual disminuye a medida que aumenta el tamaño de la ciudad en la que uno vive.

Desgraciadamente, no son únicamente los aspectos positivos los que se benefician de este escalado matemático. La delincuencia, las enfermedades y el tráfico rodado aumentan en la misma medida. Por ejemplo, el número de casos de sida en una ciudad de 10 millones de habitantes no solamente duplica el correspondiente a una ciudad de 5 millones de habitantes, sino que aparece un 15 % adicional de casos. Otra vez ese 15 % mágico.

¿Hay alguna explicación para este factor universal de escalado que afecta a las ciudades? ¿Algo parecido a la ley de gravitación universal de Newton, que se aplica por igual a las manzanas, a los planetas y a los agujeros negros?

La clave para comprender por qué una ciudad depende mucho más del tamaño de su población que de sus dimensiones físicas radica en que una ciudad no consiste sólo en sus edificios y avenidas, sino también en las personas que la habitan. La ciudad es el escenario donde unos actores de carne y hueso representan el drama de la civilización. El valor de las ciudades reside en el hecho de que actúan como un entramado que facilita las relaciones humanas.

Esto quiere decir que si queremos crear un buen modelo matemático de una ciudad no hay que fijarse en si está erigida en una isla, emplazada en un valle o dispersa a lo largo del desierto, sino en la red de interacciones entre sus habitantes. Parece que es la calidad de la red producida por las interacciones entre los ciudadanos la que posee la propiedad de escalado universal descubierta por West. Aquí reside el poder de las matemáticas: ellas ven las estructuras sencillas que hay detrás de un entorno complejo.

Si pensamos en el caso extremo en el que, al crecer la ciudad, todos los ciudadanos tienen contacto entre sí, veremos por qué una ciudad grande da lugar a un patrón de crecimiento más rápido que el crecimiento lineal. Si la población de la ciudad consta de N personas, ¿cuántos apretones de mano pueden darse? Este número será una medida del valor máximo posible de la conectividad entre los ciudadanos. Imaginemos que los colocamos a éstos en fila, numerados del 1 a N. El ciudadano número 1 estrecha la mano a todos los ciudadanos que hay detrás de él en la fila, y eso hace un total de N − 1 apretones de mano. Pasemos ahora al ciudadano 2: éste ya ha estrechado la mano del ciudadano 1, luego al estrechar la mano a todos los ciudadanos que tiene detrás, tenemos que contar N − 2 apretones de mano. Al continuar con la fila, vemos que para cada ciudadano tenemos que contar un apretón de manos menos que para el anterior. El número total de apretones de mano será entonces la suma de todos los números comprendidos entre 1 y N − 1. ¡Lo mismo otra vez! Se trata del cálculo al que se enfrentó Gauss. Su atajo produce una fórmula para este número:

$$\tfrac{1}{2} \times (N - 1) \times N$$

¿Qué le ocurre a este número, que representa la conectividad, cuando duplicamos N? Que no se duplica a su vez, sino que esencialmente se multiplica por 2^2, esto es, por 4. El número de apretones de mano es proporcional al cuadrado del número de habitantes.

Éste es un ejemplo fantástico de por qué las matemáticas pueden ahorrarnos el trabajo de estar reinventando la rueda a cada paso. Aunque buscábamos la respuesta a una

cuestión completamente diferente, que tiene que ver con
las conexiones en una red, descubrimos que ya teníamos las
herramientas apropiadas, es decir, el análisis de los números triangulares, para saber cómo crece el número que nos
interesa. Una y otra vez los protagonistas pueden cambiar,
pero el libreto sigue siendo el mismo. Si comprendemos el
libreto, tenemos un atajo para comprender el comportamiento de cualquier personaje que aparezca en el drama.
En este caso, el número de conexiones entre los ciudadanos crece cuadráticamente en función del número de habitantes.

Por supuesto, es casi imposible que en una ciudad todos los habitantes se conozcan entre sí. Una suposición
más realista sería que cada ciudadano conoce a los ciudadanos de su entorno más inmediato. Pero esto conduciría
a un crecimiento lineal, que no depende realmente del tamaño total de la ciudad.

Parece que las conexiones entre los habitantes de una
ciudad responden a un esquema que está a medio camino
entre esos dos hipotéticos extremos. Un ciudadano tiene
contacto con sus vecinos más próximos y, además, con otras
personas que viven más alejadas, por otras zonas de la ciudad. Parece que estas relaciones a más larga distancia son
las que hacen que el crecimiento de la conectividad alcance
ese 15 % extra al duplicarse la población. Como explicaré
más adelante, este tipo de red aparece en muchas situaciones diferentes y resulta ser un contexto muy eficiente para
la creación de atajos.

PATRONES ENGAÑOSOS

Aunque los patrones son increíblemente potentes, hay que
tener cuidado al usarlos. Podemos echarnos a andar por

un sendero pensando que sabemos hacia dónde nos lleva, pero a veces se puede desviar hacia una dirección inesperada y extraña. Consideremos la sucesión que ya planteamos más arriba:

$$1, 2, 4, 8, 16...$$

¿Qué pasaría si alguien dijera que el número siguiente de esta sucesión es el 31 en lugar del 32?

Si tomamos un círculo, señalamos unos cuantos puntos en su borde y luego unimos estos puntos entre sí formando segmentos, ¿cuál es el número máximo de regiones en que puede quedar dividido el círculo? Si marcamos un solo punto en la circunferencia, no hay ningún segmento y simplemente tenemos una región. Si añadimos un punto, al unirlo con el primero dibujamos un segmento que divide el círculo en dos regiones. Al añadir un tercer punto y trazar los segmentos que unen los tres puntos entre sí, se obtiene un triángulo con tres secciones del círculo que lo rodean, o sea, cuatro regiones.

1.1. Los cinco primeros números de división del círculo.

Si continuamos con este proceso, parece que empieza a surgir un patrón. He aquí el número de regiones que se obtienen cuando sigo añadiendo puntos en la circunferencia:

$$1, 2, 4, 8, 16...$$

En este momento, una hipótesis razonable sería que cada vez que se añade un punto se duplica el número de regiones. El problema es que este esquema se rompe en cuanto añadimos un sexto punto a la circunferencia. Por muchas vueltas que le demos, resulta que el número máximo de regiones es 31 ¡y no 32!

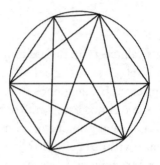

1.2. El sexto número de división del círculo.

Hay una fórmula que proporciona el número de regiones, pero es más complicada que la que expresa la duplicación. Si marcamos N puntos en la circunferencia, el número máximo de regiones que se obtienen al unir los puntos entre sí es

$$1/24(N^4 - 6N^3 + 23N^2 - 18N + 24)$$

La moraleja es que también resulta importante saber de dónde provienen los datos y no apoyarse solamente en los números mismos. La ciencia de los datos es peligrosa si no se combina con una comprensión profunda de qué describen exactamente.

He aquí otro aviso sobre este tipo de atajos. ¿Cuál es el número siguiente de esta sucesión?

$$2, 8, 16, 24, 32\ldots$$

Todos estos números son potencias de 2, salvo el 24, que es una especie de intruso. El que averigüe que 47 es el siguiente número de la serie haría bien en comprar un billete de lotería primitiva en cuanto pueda. Estos seis números son los que salieron en el sorteo de la lotería primitiva en el Reino Unido el 26 de septiembre de 2007. Somos tan adictos a la búsqueda de patrones que acabamos viéndolos donde es imposible que los haya. Los billetes de lotería se rigen por el azar. Con ellos no valen patrones ni fórmulas secretas. No hay atajos para hacerse millonario. Pero, dicho esto, explicaré en el capítulo 8 que también los fenómenos aleatorios admiten patrones que pueden explotarse para la búsqueda de posibles atajos. Cuando se trata de cosas aleatorias, el atajo consiste en dar un paso atrás para tener una visión de conjunto.

El concepto de patrón puede usarse como un atajo para comprender si algo es verdaderamente aleatorio o no, y tiene que ver con lo fácil o difícil de recordar que puede ser una serie de números.

UN ATAJO PARA CONSEGUIR
UNA BUENA MEMORIA

Al haber tantos datos que se vierten cada segundo en Internet, las empresas están muy interesadas en encontrar métodos ingeniosos para almacenarlos. Si en ellos se detecta algún patrón, éste puede proporcionar un medio de comprimir la información de modo que no sea preciso tanto espacio para almacenarla. Ésta es la clave que hay detrás de tecnologías como JPEG o MP3.

Pensemos en una imagen que consista simplemente en píxeles blancos y negros. Podría haber en ella una o varias zonas en las que solamente haya píxeles blancos. Si registramos cada píxel individualmente como blanco, usaremos tanta memoria para este registro como datos hay en la imagen. Sin embargo, existe un posible atajo para ahorrar memoria. Podríamos registrar la localización del contorno de la zona con píxeles blancos y sencillamente añadir la instrucción de rellenar toda esa zona de blanco. El programa necesario para conseguir este relleno ocupa en general muchas menos líneas que el que se precisa para registrar que cada píxel de la zona en cuestión es blanco.

Cualquier patrón de este tipo que se pueda discernir en los píxeles puede explotarse para escribir un programa que registre la imagen utilizando mucha menos memoria que la precisa para registrarla píxel a píxel. Pensemos por ejemplo en un tablero de ajedrez. La imagen tiene un patrón muy obvio, que nos permite escribir un programa que diga sencillamente que hay que ir alternando blanco y negro a lo largo de las 32 casillas del tablero. Aunque tuviéramos un tablero enorme, el programa seguiría teniendo el mismo tamaño.

Estoy convencido de que los patrones son también la clave que explica cómo registramos los datos los humanos. Reconozco que tengo muy mala memoria. Creo que ésta fue una de las razones que me llevó a las matemáticas. Ellas han sido siempre el arma para compensar mi desastrosa memoria para los nombres, las fechas y la información aleatoria a la que no encuentro sentido. Por ejemplo, en historia, no tengo ninguna pista para saber en qué año murió la reina Isabel I, y si me dicen que fue en 1603, se me olvida a los diez minutos; en francés, siempre he tenido dificultades para acordarme de todas las formas del verbo irregular *aller*; en química, nunca recordaba si era el potasio o el sodio el que ardía con una llama violeta. Pero en matemáticas podía reconstruirlo todo a partir de los patrones y de la lógica que había identificado en la asignatura. El hecho de descubrir patrones suplía la necesidad de poseer una buena memoria.

Sospecho que éste es uno de los medios mediante los cuales retenemos datos en la memoria. La memoria depende de la capacidad del cerebro para identificar un patrón o una estructura que nos ayude a retener un programa condensado a partir del cual regenerar el recuerdo completo. He aquí un pequeño reto. Examínense atentamente los garabatos que figuran en el tablero 6 × 6 adjunto y ciérrese después el libro. ¿Seremos capaces de reproducir el esquema de memoria? La clave no está en recordar individualmente cada una de las 36 casillas del tablero, sino en detectar un patrón que nos ayude a generar la imagen.

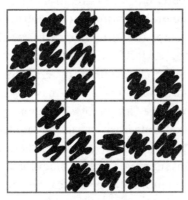

1.3. ¿Seremos capaces de memorizar dónde están los garabatos?

Aunque esta imagen tiene aproximadamente la misma proporción de garabatos que escaques negros tiene un tablero de ajedrez 6 × 6, la falta de un patrón obvio hace que sea mucho más difícil acordarse de dónde están. La configuración ha sido generada lanzando sucesivamente una moneda y marcando un garabato en la casilla correspondiente si salía cara. Matemáticamente, la misma probabilidad hay de que la moneda produzca un patrón regular como el del tablero de ajedrez, cuando vayan alternándose regularmente caras y cruces, o un patrón aleatorio de garabatos como el de la figura de más arriba. Aunque, por supuesto, el patrón del tablero de ajedrez es mucho más fácil de recordar.

Cuando identificamos un patrón en una imagen, podemos escribir una receta para reproducirla. En matemáticas llamamos algoritmos a este tipo de recetas. Esta idea del tamaño del algoritmo necesario para memorizar una imagen es una medida muy poderosa de la aleatoriedad que contiene la misma. El patrón del tablero de ajedrez es muy ordenado, y el algoritmo que lo genera, muy corto. La imagen creada lanzando una moneda al aire requiere probablemente un algoritmo que sea igual de largo que el que recoge el color individual de cada una de las 36 casillas del tablero.

Es fácil comprobar que una fotografía que recoge una imagen obvia tiene un JPEG mucho más pequeño que el original, mientras que es imposible conseguir comprimir una imagen con píxeles aleatorios usando el algoritmo JPEG, ya que no existen patrones que ayuden en la tarea.

Lo mismo los humanos que las máquinas, alguien o algo que pretenda memorizar algo aplica una zona del cerebro de carácter marcadamente matemático. La memoria conlleva el reconocimiento de patrones, conexiones, asociaciones y lógica en los datos que se intentan retener. Los patrones son el atajo de una buena memoria.

SUBIR LAS ESCALERAS

Volvamos a la cuestión planteada al principio del capítulo. ¿Cuántas maneras distintas hay de subir un tramo de escalera de 10 peldaños si combinamos pasos en los que subimos un solo escalón con pasos en los que subimos dos a la vez? Hay varios modos de afrontar este problema. Uno sería ponerse sencillamente a escribir un poco al azar todas las posibilidades. Está claro que con un planteamiento tan poco sistemático como éste se nos escaparán inevitablemente algunas opciones, por no hablar del tiempo que nos llevaría registrarlas todas. ¿Hay alguna estrategia mejor?

Un ataque un poco más sistemático consistiría en decir: empecemos examinando el caso en el que solamente damos pasos en los que subimos un solo escalón cada vez. Solamente hay una manera de hacer esto, representada esquemáticamente así: 1111111111. ¿Qué pasa si permitimos ahora que haya un paso en el que subamos 2 escalones a la vez? En este caso daríamos un total de 9 pasos: 8 pasos en los que subiríamos 1 escalón y 1 paso en el subiríamos 2 a la vez, de modo que podríamos escoger en qué momento dar este último. Hay 9 posibilidades distintas para colocar ese paso doble en la sucesión completa de los 9 pasos.

Ésta parece una estrategia bastante prometedora. Podríamos considerar a continuación las combinaciones en las que hay 2 pasos en los que subimos 2 escalones de golpe entreverados entre los 6 pasos en los que subimos un solo escalón; en este caso, subiríamos las escaleras en un total de 8 pasos. Esto nos lleva a tener que calcular cuántas maneras hay de elegir entre los 8 pasos en total dónde dar los 2 pasos dobles. Hay 8 posibilidades para uno de los pasos dobles y quedarían 7 posibilidades para el otro. Parece entonces que el total de posibilidades es 8 × 7. Pero hay que tener cuidado, porque hemos contado cada opción dos veces; en efecto, por ejemplo, podríamos haber dado un paso doble en la posición 1 y el otro en la posición 2 o, al revés, haber dado un paso doble en la posición 2 y el otro en la posición 1, y el resultado hubiera sido el mismo. De modo que el número total de posibilidades es definitivamente $(8 \times 7)/2 = 28$. De hecho, este número tiene un nombre matemático. Se llama coeficiente binomial «8 sobre 2» y se denota así:

$$\binom{8}{2}$$

Más generalmente, el número de maneras en las que se pueden escoger dos números entre un total de $N + 1$ números está dado por la fórmula $\frac{1}{2} N(N + 1)$, que es la misma fórmula que Gauss encontró para los números triangulares. ¡Aquí aparece de nuevo la rueda que ya estaba inventada! Hay un modo de trasladar la cuestión de escoger dos números entre un total de $N + 1$ números a la cuestión de calcular los números triangulares. En el capítulo 3 explicaré por qué cambiar un problema por otro puede ser muchas veces un gran atajo para resolverlo.

Estos instrumentos para calcular el número de posibles opciones, llamados coeficientes binomiales, formaban parte de las fórmulas que Gauss y Bartels, el ayudante de su clase, analizaron juntos en los libros de álgebra.

Pero, para resolver el problema, lo siguiente que habría que hacer es calcular cuántos modos hay de seleccionar tres posiciones entre las siete totales para colocar en ellas tres pasos dobles. Aunque esto parezca un buen modo de proceder sistemáticamente para descubrir finalmente todas las posibilidades, nos exigiría en el siguiente paso conocer una fórmula para calcular cuántos modos hay de seleccionar cuatro posiciones entre las seis totales, y vemos que se nos va a hacer pesado avanzar por este camino. No parece que sea realmente un atajo.

He aquí un camino mejor que aprovecha lo que estamos exponiendo en este capítulo. Con rompecabezas como éste, creo que una estrategia muy eficaz es considerar escaleras con menos de 10 escalones y comprobar si surge algún patrón que ligue entre sí los números que aparecen. Escribamos las posibilidades que hay para escaleras de 1, 2, 3, 4 y 5 escalones, respectivamente, que son muy fáciles de calcular a mano:

Con 1 escalón: 1.
Con 2 escalones: 11 o 2.
Con 3 escalones: 111 o 12 o 21.
Con 4 escalones: 1111 o 112 o 121 o 211 o 22.
Con 5 escalones: 11111 o 1112 o 1121 o 1211 o 2111 o 122 o
212 o 221.

Así que el número de posibilidades será 1, 2, 3, 5, 8... El lector seguramente ya habrá advertido un patrón. Cada número se obtiene sumando los dos números anteriores. Muchos sabrán incluso cómo se llaman estos números. ¡Son los números de Fibonacci! Se llaman así en honor del matemático del siglo XII que descubrió que son la clave que explica cómo crecen muchos de los seres vivos: los pétalos de las flores, las piñas piñoneras, las conchas, las poblaciones de conejos. En todos estos casos, los números parecen seguir el mismo patrón.

Fibonacci descubrió que la naturaleza usaba un algoritmo muy sencillo a la hora de regular el crecimiento de los seres vivos. La regla de sumar los dos números previos era el atajo para construir estructuras complejas como una concha, una piña piñonera o una flor. Todos estos organismos usan sencillamente sus dos últimas etapas como componentes para el paso siguiente.

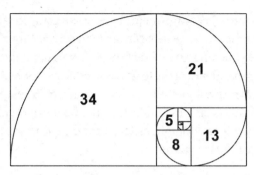

1.4. Cómo usar los números de Fibonacci para construir una espiral.

El uso de un patrón para desarrollar una estructura es un atajo clave de la naturaleza. Pensemos por ejemplo en cómo la naturaleza crea un virus. Los virus presentan una estructura muy simétrica. Esto es así porque la simetría simplifica mucho el algoritmo necesario para crear la estructura. Si un virus tiene la forma de un dado simétrico, lo único que tiene que hacer el ADN que replica la molécula es producir varias copias de la misma proteína, que constituirán las caras del dado, y la misma regla sirve para los distintos componentes del virus que acabarán constituyendo su estructura. No hay instrucciones especiales para las distintas caras. La existencia de un patrón hace que la construcción del virus sea rápida y eficiente, y eso es lo que lo vuelve potencialmente tan letal.

Pero ¿cómo podemos estar seguros, habiendo utilizado tan pocos datos, de que la regla de Fibonacci desvela realmente el secreto del problema de la escalera?

De hecho, la regla explica exactamente cómo deducir el número de posibilidades en el caso siguiente a los examinados más arriba, cuando la escalera tiene un número total de 6 peldaños. Consideramos todas las formas posibles de subir una escalera de 4 peldaños y añadimos al final un paso en el que subimos 2 peldaños a la vez. O consideramos to-

LOS ATAJOS DE LOS PATRONES

das las formas posibles de subir una escalera de 5 peldaños y añadimos al final un paso en el que subimos un solo peldaño. De este modo, obtenemos todas las maneras posibles de subir una escalera con 6 peldaños. Así que el sexto número es la suma de los dos números anteriores de la sucesión.

La solución del problema está entonces en buscar el décimo número de la sucesión:

$$1, 2, 3, 5, 8, 13, 21, 34, 55, 89$$

Hay 89 maneras diferentes. El patrón es el atajo para saber cuántas maneras distintas hay de subir las escaleras. Y serviría para resolver el rompecabezas aunque nos dijeran que la escalera tiene un total de 100 o de 1.000 escalones.

Aunque estos números llevan el nombre de Fibonacci, él no fue el que los descubrió. Los descubrieron los músicos indios. Los intérpretes de tabla se sintieron interesados por conocer los distintos ritmos que se pueden interpretar con sus tambores. Cuando exploraron los distintos tipos de ritmos que se pueden conseguir combinando golpes breves y largos, se encontraron con los números de Fibonacci.

Si el golpe largo dura el doble que el golpe breve, el número de ritmos distintos que puede crear el intérprete de tabla a partir de esos golpes coincide con el número que obtuvimos al resolver el problema de la escalera. Los pasos en los que se sube un solo peldaño corresponden a los golpes breves y los pasos en los que se suben 2 peldaños a la vez corresponden a los golpes largos. De modo que el número de ritmos posibles viene dado por la regla de Fibonacci, que proporciona también al intérprete de tabla un algoritmo para generarlos a partir de ritmos más cortos.

Hay algo fascinante en el hecho de que el mismo patrón

pueda explicar situaciones tan diferentes. Para Fibonacci era así como crecían los organismos vivos. Para los intérpretes indios de tabla, este patrón generaba los distintos ritmos. También explica de cuántas maneras distintas se puede subir un tramo de escaleras combinando pasos de un solo peldaño con pasos de 2 peldaños. Hay incluso algunos analistas de los mercados financieros que piensan que estos números pueden usarse para predecir cuándo unas acciones que van a la baja tocarán fondo y empezarán a remontar. Este patrón financiero es controvertido y ciertamente no siempre funciona, pero ha ayudado a algunos inversores a tomar las decisiones correctas. Lo que hace tan poderosos a los atajos basados en un patrón es la capacidad que tienen éstos de desvelar la estructura subyacente bajo muy diversas apariencias. Un mismo patrón puede resolver multitud de retos aparentemente muy distintos entre sí. Cuando uno se enfrenta a un nuevo problema, suele merecer la pena examinar si podría ser de hecho un problema viejo vestido con ropas nuevas que ya sabemos resolver.

CONECTANDO ATAJOS

No puedo evitar añadir un colofón a esta historia, ya que en él voy a aprovechar los conceptos más profundos tratados antes. La estrategia inicial para calcular de cuántos modos es posible subir la escalera nos llevó al problema de calcular de cuántas maneras es posible elegir 3 objetos de entre un total de 7. De hecho, los matemáticos han encontrado un atajo para calcular estos números combinatorios: se llama el triángulo de Pascal (aunque, como en el caso de Fibonacci, a Pascal se le habían adelantado los antiguos chinos).

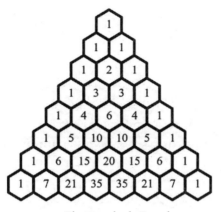

1.5. El triángulo de Pascal.

El triángulo funciona con una regla parecida a la de Fibonacci: ahora los números de cada fila se construyen sumando los dos números que tiene justo encima, en la fila anterior. La tabla se construye muy fácilmente usando esta regla, pero lo fantástico es que contiene todos los números combinatorios que buscábamos. Supongamos que tenemos una pizzería y que queremos presumir del número de pizzas diferentes que ofrecemos al público. Si queremos saber de cuántos modos se pueden elegir 3 ingredientes entre un total de 7, no hay más que ir al número que ocupa el lugar 3 + 1 en la fila que ocupa el lugar 7 + 1 y ver que es 35. Éste sería el atajo para saber que podemos ofrecer 35 pizzas diferentes. En general, para saber de cuántos modos se pueden elegir *m* objetos entre un total de *n*, hay que ir al número que ocupa el lugar *m* + 1 en la fila que ocupa el lugar *n* + 1. Como estos números combinatorios eran un camino para resolver el problema de la escalera, seguro que los números de Fibonacci están agazapados de algún modo en el triángulo de Pascal. Así es: si sumamos los números del triángulo siguiendo unas ciertas diagonales, aparecen los números de Fibonacci.

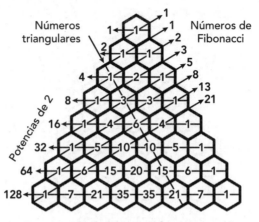

1.6. Los números de Fibonacci, los números triangulares y las potencias de 2 en el triángulo de Pascal.

Este tipo de conexiones es de las cosas que más me gustan de las matemáticas. ¿Quién iba a pensar que los números de Fibonacci estaban escondidos en el triángulo de Pascal? Sin embargo, al examinar el mismo problema de dos formas distintas, ¡hemos encontrado un túnel secreto, un atajo, que conecta entre sí estos dos rincones tan aparentemente distintos del universo matemático! Y es de admirar cómo los números triangulares y las potencias de 2 están ocultos también en el triángulo de Pascal. Los números triangulares aparecen en algunas de las diagonales del triángulo y las potencias de 2 surgen al sumar los números de cada fila. Las matemáticas están llenas de estos extraños túneles, que proporcionan atajos que podemos utilizar para transformar unos problemas en otros.

La búsqueda de patrones en los datos no es sólo útil para resolver problemas más o menos simpáticos como el de las escaleras. Es la clave para predecir cómo evolucionará el universo, tal y como descubrió Gauss cuando adivinó la trayectoria de Ceres. Es crucial para comprender el cambio climático. Resulta fundamental para aprovechar ciertas ventajas en los negocios, siempre envueltos en las incertidumbres que encierra el futuro. Podría servirnos incluso para tener un atisbo de la evolución de la historia de la humanidad. En esta era, tan increíblemente rica en datos, cada día se vuelca en Internet un exabite (10^{18}) en datos. Son muchos números para explorar. Pero si se detecta un patrón, se tiene ya un atajo para transitar por este inmenso paisaje digital.

El atajo proporcionado por un patrón se basa en identificar una regla o algoritmo subyacente que sea clave para generar los datos que deseamos comprender. Es el tipo de atajo que sigue funcionando aunque el problema se complique cada vez más y parezca escapar a nuestro control. La escalera podría ser cada vez más larga, pero el atajo sigue dándonos la respuesta.

Los atajos no se aplican solamente a los números. Muchos aspectos de la vida presentan patrones que podemos explotar para transferir una buena comprensión de unas áreas a otras. Entender bien los patrones musicales es crucial para llegar a dominar un instrumento. Para Natalie Clein, violonchelista de fama internacional, un patrón musical puede ayudar a predecir hacia dónde se encamina una pieza musical antes de leer toda la partitura.

Más adelante tendré ocasión de recrear una conversación que mantuve con Susie Orbach sobre los atajos en la psicoterapia. Resulta que esta psicoanalista explota en su trabajo multitud de patrones del comportamiento humano. En principio, puede aprovechar los patrones detectados en el historial de un paciente previo para intentar ayudar a uno nuevo. Pero las personas suelen ser un poquito más caóticas y singulares que los números, y los patrones que nos muestra Orbach hay que manejarlos con cuidado. Resultan óptimos cuando traducimos el mundo a números, algo que cada día hacemos mejor. Nuestras señas de identidad digital traducen cada vez más rápido el comportamiento humano al lenguaje numérico. Si encontramos el patrón en los números, tendremos un atajo para ser capaces de predecir los próximos pasos que dará el género humano.

Atajo hacia el atajo

Detectar un patrón supone un sorprendente atajo para guiarse con acierto hacia el futuro. Si localizamos un patrón en el precio de las acciones, podríamos tener una gran ventaja a la hora de invertir. Allí donde haya números, lo mejor será examinar los datos por si escondieran algún patrón. Y no sólo los números presentan patrones: también las personas. Si descubrimos el patrón de los golpes a los que suele recurrir nuestro contrincante en un partido de tenis, estaremos mejor preparados para recibir su siguiente revés cruzado. Si tenemos un restaurante y comprendemos los patrones alimentarios de nuestros clientes, podremos servirlos sin un excesivo derroche de platos no deseados. La capacidad de rastrear los patrones ha supuesto un atajo fundamental para la especie humana desde que dio sus primeros pasos para salir de la sabana.

Parada en boxes: la música

Hace unos años decidí aprender a tocar el violonchelo, pero me está llevando más tiempo del previsto, de modo que estoy muy interesado en descubrir cualquier atajo ingenioso que pueda ayudarme en la tarea. Si las matemáticas son la ciencia de los patrones, la música es el arte de éstos. ¿Podría estar la clave en explotar estos patrones?

El violonchelo no es el primer instrumento que he aprendido a tocar. El mismo año que el señor Bailson nos contó la historia de Gauss, el profesor de Música del instituto preguntó en clase si había alguien que quisiera aprender a tocar un instrumento. Tres de nosotros levantamos la mano y al final de la clase el profesor nos llevó hasta el almacén donde se guardaba el material musical. Estaba prácticamente vacío; allí solamente había tres trompetas apiladas. Así que los tres terminamos tocando la trompeta.

No me arrepiento de aquella decisión. La trompeta es un instrumento de una flexibilidad maravillosa. Me fogueé tocando en la banda municipal, luego pasé a la orquesta del condado y hasta hice alguna que otra incursión en el jazz. Pero cuando me quedaba sentado en silencio contando compases y esperando la próxima entrada de la trompeta, miraba los violonchelos que tenía enfrente y me parecía que estaban tocando todo el tiempo. Confieso que me daban un poco de envidia.

Ya adulto, decidí adquirir un violonchelo con un dinero que mi madrina me dejó en su testamento y dedicar lo que sobrara a pagar algunas lecciones; sin embargo, me preocupaba un poco pensar si estaría todavía en condiciones de aprender a mi edad. Cuando era niño, no me inquietaba lo más mínimo la cantidad de tiempo necesaria para aprender a tocar un instrumento. Estaba en el colegio y quedaban todavía un montón de años para seguir estudiando. Pero los adultos tenemos muchos menos años por delante y nos volvemos más impacientes. Yo quería saber tocar el violonchelo ya, y no tener que esperar siete años para conseguirlo. ¿Había algún atajo para aprender a tocar un instrumento?

El libro *Fuera de serie (Outliers)* de Malcolm Gladwell popularizó la teoría de que para convertirse en experto en algo es preciso invertir en el proceso un mínimo de diez mil horas de práctica. Más polémica fue su afirmación de que este número de horas de práctica serían suficientes para llegar a ser reconocido internacionalmente en una cierta área, aunque el equipo que desarrolló la investigación original sobre este asunto dijo que se trataba de una malinterpretación de sus resultados. ¿De verdad no había ningún modo de acortar esas diez mil horas de práctica para poder interpretar las suites de violonchelo de Bach en un escenario? Practicando una hora diaria, tardaría, para completar ese número de horas, ¡veintisiete años!

Decidí pedir consejo a Natalie Clein, una de mis violonchelistas preferidas de todos los tiempos. Clein consiguió notoriedad internacional cuando en 1994 fue una de las ganadoras más jóvenes del prestigioso concurso BBC Young Musician of the Year, en el que interpretó el concierto de violonchelo de Elgar. ¿Cómo había sido el camino que la llevó a la fama internacional?

Natalie empezó a tocar el violonchelo a los seis años, pero no se dedicó de lleno a él hasta unos años más tarde. «Cuando tenía catorce o quince años—me contó—, trataba de practicar entre cuatro y cinco horas al día. Hay quien le dedica mucho más tiempo. Hay adolescentes que practican unas ocho horas al día a los dieciséis años. Muchos colegas de lugares como Rusia o Extremo Oriente se acostumbran a este ritmo de trabajo tan duro y disciplinado a edades mucho más tempranas que en Occidente».

Este nivel de disciplina, me explicó Clein, es necesario para conseguir la memoria motora y el control que exige el dominio de un instrumento. «Ciertamente existe un número mínimo de horas que deben invertirse necesariamente en el aprendizaje de un instrumento, tres o cuatro horas en la adolescencia, porque si no, es físicamente imposible adquirir la habilidad motora imprescindible». Pensemos, por ejemplo, en el caso de Jascha Heifetz, uno de los más grandes violinistas de todos los tiempos. Como es bien sabido, practicó escalas por la mañana durante casi toda su vida, miles de horas en total, solamente escalas.

Visto así, los violonchelistas son como los atletas. No se puede correr una maratón o ganar una carrera de cien metros lisos sin invertir antes las horas necesarias para preparar físicamente el cuerpo. Este aspecto de compaginar el cuerpo y la mente para poder interpretar pasajes rápidos requiere repetición y más repetición. Sé por experiencia que solamente puedo tocar ciertas piezas gracias a que antes he repetido cada pasaje una y otra vez hasta que el cuerpo casi sabía lo que tenía que hacer de manera inconsciente.

Pero Clein estaba muy interesada en dejar claro que el trabajo duro no es suficiente por sí solo. «Es muy importante qué y cómo se repite—cuenta—. Está muy bien dedicar diez mil horas, pero tienen que ser diez mil horas bien invertidas. No se trata sencillamente de completarlas. Yo les digo a mis estudiantes que hay que volcarse en cuerpo y alma en cada una de esas diez mil horas».

La práctica diligente quizá no parezca un atajo, pero sí lo es. ¿Cuántas veces malbaratamos el tiempo haciendo algo porque lo hacemos mal, porque desperdiciamos parte del esfuerzo invertido o porque perdemos el norte en un exceso de horas de trabajo?

Cuando se trata de dilucidar qué hace que la práctica sea eficiente, se suele oír hablar mucho del llamado flujo, que es un término acuñado por el psicólogo húngaro Mihály Csíkszentmihályi en 1990 para describir el estado subjetivo en el que uno se siente completamente absorto en una actividad. En sus propias palabras:

Los mejores momentos de la vida no son los momentos pasivos, receptivos o relajantes… Los mejores momentos suelen llegar cuando el cuerpo y la mente de una persona rozan los límites en un esfuerzo voluntario por sacar adelante una tarea difícil y que merece la pena.

El flujo vive en ese punto de encuentro entre la habilidad extrema y el desafío supremo. Si intentamos algo demasiado ambicioso sin la capacidad suficiente, acabaremos sumidos en la ansiedad, y si algo es demasiado fácil para nuestras capacidades, podremos caer fácilmente en el aburrimiento. Pero si damos con el reto apropiado y tenemos la capacidad idónea para abordarlo, podemos alcanzar el estado de flujo o de «estar en la zona». A todos nos gustaría alcanzar ese estado, y muchas personas han escrito guías para conseguirlo: a base de meditación, de música que favorece el flujo, de complementos dietéticos, de procesos mentales que desencadenan el flujo o de cafeína.

Pero Clein no cree en las soluciones rápidas. «No existe un atajo para llegar al flujo—dice—. Hay que conocer las reglas para poder romperlas, y es en el momento de romperlas cuando uno se libera y está en disposición de alcanzar el flujo. La disciplina es la que te lleva a la inspiración».

Aunque no haya atajos en lo que concierne al entrenamiento necesario para dominar un instrumento, lo que sí creo es que los intérpretes pasan tanto tiempo practicando escalas y arpegios porque éstos les proporcionan atajos cuando están tocando. Si uno ve en las notas de la partitura un patrón que corresponde a una escala o a un arpegio, no hace falta leer las notas una a una: basta recurrir al atajo que tantas horas ha costado aprender.

Aunque no haya atajos para conseguir las sutiles habilidades motoras imprescindibles para interpretar un instrumento al más alto nivel, podría haberlos para aprender una pieza nueva. Clein me señaló los trabajos del analista musical Heinrich Schenker. Resulta que ya me había cruzado antes con Schenker, en un contexto diferente. Los científicos de la computación han utilizado sus trabajos para tratar de enseñar a la inteligencia artificial a componer música convincente. El propósito del análisis de Schenker es identificar una estructura profunda tras la fachada de una pieza musical, lo que se conoce como *Ursatz*, que es algo así como el patrón que se esconde en una sucesión de números. La generación de música por medio de la inteligencia artificial pretende revertir este proceso, creando música partiendo del *Ursatz* y rellenándolo luego de sustancia. Pero para Clein, este análisis proporciona también un modo más eficiente de explorar la pieza musical que toque estudiar.

«Le gusta reducir una pieza hasta su mínima expresión para entenderla cabalmente—explica—. Podríamos decir que es un patrón para comprender su estructura básica, algo así como verla a escala macro y no a escala micro».

Vemos así que los patrones forman parte del arsenal de herramientas que usa el músico para explorar las complejidades de una pieza. Planteé entonces la cuestión de si existe o no algún atajo para memorizar una composición musical. Identificar la estructura subyacente de una sucesión de números me permite evitar recurrir a la repetición para memorizarla. Para Clein, solamente se consigue memorizar un concierto recurriendo a la disciplina de practicar cada pasaje una y otra vez hasta que se incorpora a la memoria motora. Pero para otros los patrones pueden desempeñar un papel más destacado. «Tengo un amigo—me contó Clein—, Vadym Kholodenko, que es todo un genio. Lo he visto leer por encima, después de comer, una partitura de una obra que ha oído una o dos veces y tocarla después en un concierto por la noche, y mucho mejor que otros que habían estado meses preparándose. Ve su estructura global, tiene una confianza férrea en que sabrá interpretarla y los huecos se van llenando solos. En definitiva, la ve a escala macro y no a escala micro, eso seguro».

Mi profesor de violonchelo me enseñó otro atajo interesante para aprender una pieza nueva. Normalmente hay múltiples maneras de interpretar un pasaje con el violonchelo, porque es posible obtener la misma nota en cuerdas diferentes. Casi siempre la primera y más obvia de las posiciones para conseguir cierta nota no es eficiente, y uno acaba saltando de un lado a otro del instrumento. Pero si se piensa más estratégicamente, se pueden encontrar alternativas para tocar el mismo pasaje sin necesidad de estar todo el tiempo subiendo y bajando la mano. Descubrir cómo ha de interpretarse una pieza puede convertirse en un auténtico rompecabezas: ¿cuál es el modo más eficiente de colocar los dedos sobre las cuerdas para tocarla fácilmente?

Clein lo confirma: «Puede ser muy creativo. No recuerdo que nadie me lo sugiriera, pero en cualquier caso yo llegué a la conclusión de que era una buena idea acostumbrarme a usar el pulgar lo más posible. Esto me ha ayudado mucho. Hay un par de violonchelistas que lo hacen, empezando por el gran Daniil Shafran. Pensaba que era algo que se me había ocurrido a mí, pero no era así. Es como resolver un problema. Cuanto más imperioso sea éste, más creativa puede ser la solución».

Pero a pesar de que existan estos medios tan útiles para explorar la música, la conclusión última de Clein es que no hay atajos para lo que hace ella: «Para llegar a ser un buen violonchelista profesional, especialmente si tiene que actuar como solista, a la vista de todos y con su destreza puesta a examen, no hay vuelta de hoja, no hay atajos, y eso es lo que me gusta. Es bien sabido que Pau Casals ensayó toda su vida y que alguien le preguntó cuando tenía noventa y cinco años: "Maestro, ¿por qué sigue ensayando?", a lo que él contestó: "Porque siento que finalmente estoy mejorando. Me voy superando". Pienso que esto es lo que te hace seguir. Hay detrás mucho trabajo duro y seguirá siendo así. Hay que prestar mucho interés al trabajo diario y mantenerse firme durante toda la vida. Nunca se alcanza la cima».

Por eso para muchos expertos los atajos no tienen demasiado interés. Como me dijo Clein: «La idea de un atajo resulta atractiva a corto plazo, pero no lo es a más largo plazo. Creo que, si hubiera muchos atajos, podríamos perder interés por los desafíos».

Reconozco esta tensión entre el deseo de alcanzar nuestro objetivo y la facilidad con la que podría conseguirse. Si es demasiado fácil, se le pierde el gusto. Pero tampoco quiero embarcarme en un trabajo ciego y penoso. Para mí los atajos más satisfactorios son precisamente los que surgen después de haber estado atascado un tiempo preguntándome cuál será el mejor camino para llegar al destino. La descarga de adrenalina que se produce en el momento de ver una solución astuta es una droga a la que me he vuelto totalmente adicto en el viaje de perfeccionamiento de mi desempeño matemático. Pero cuando se trata del violonchelo, aunque pueda ser de ayuda explotar ciertos patrones, me doy cuenta de que verdaderamente no hay atajos para sortear el trabajo duro.

2

LOS ATAJOS EN LOS CÁLCULOS

☞ *Supongamos que tenemos una tienda de comestibles y queremos poder determinar todos los posibles pesos entre 1 y 40 kg usando una balanza romana y una serie de pesas. ¿Cuál es el número mínimo de pesas necesarias para que esto sea posible y cuánto pesarían éstas?*

Encontrar un atajo adecuado para captar una idea puede ser una poderosa herramienta para acelerar el pensamiento. Damos por sobreentendido cómo podemos recoger el concepto de un millón con siete símbolos: 1.000.000. Pero alrededor de esos siete símbolos hay toda una historia de atajos fascinantes que se idearon para explorar los números y calcular eficazmente con ellos. A lo largo de toda la historia y todavía hoy día, lleva ventaja el empresario, el constructor o el banquero que conozca algún medio más rápido y más eficaz que el de sus competidores para hacer sus cuentas. En este capítulo quiero compartir con el lector algunos métodos ingeniosos que los humanos hemos descubierto para explorar los números y hacer cálculos. Y lo más interesante es que estos atajos pueden ser también estrategias poderosas en ámbitos en los que no aparecen los números.

La mayoría de personas suele pensar que la tarea de un investigador matemático como yo es hacer divisiones con un montón de decimales. Pero, si fuera así, ¿no me habría ido ya hace tiempo al paro? Esta interpretación errada del matemático como un calculador infatigable es muy común. Esto no quiere decir que el cálculo no forme parte de las tareas habituales de la profesión. Muchas de las ideas matemáticas más ingeniosas han nacido del reto de encontrar métodos inteligentes para acortar los cálculos aritméticos, como el atajo que Carl Friedrich Gauss encontró de niño. La historia de los atajos que los humanos hemos descubierto para calcular con más eficacia es larga. Incluso las calculadoras a las que recurrimos hoy han sido programadas utilizando algunos de los hábiles atajos que los matemáticos han descubierto a lo largo de los años.

Tendemos a creer que los ordenadores son todopoderosos, que pueden hacer cualquier cosa, pero también tienen sus límites. Pensemos en el reto de Gauss de sumar los 100 primeros números. Está claro que un ordenador no tiene ningún problema para superarlo. Pero habrá un número que será demasiado grande incluso para el ordenador. Si le pidiéramos que sumase todos los números hasta ese punto, se quedaría también paralizado. En general, los ordenadores dependen todavía de los humanos para encontrar el atajo que, una vez implementado en sus programas, les permita conseguir más cosas y más rápido. En este capítulo revelaré una aplicación bastante sorprendente de unos entes matemáticos aparentemente abstrusos, los llamados números imaginarios, que proporcionó a los ordenadores un atajo crucial para realizar un gran abanico de tareas, entre ellas ayudar a aterrizar a los aviones a tiempo para que no se estrellen contra el suelo.

UN ATAJO PARA CONTAR

La propia manera de escribir los números ya nos anuncia si un cálculo es fácil o terminará convirtiéndose en una tarea ardua susceptible de generar errores. Un momento importante para el progreso humano fue aquél en el que nos percatamos de que el uso de buenos símbolos para ideas complejas era un atajo para mejorar el pensamiento. Históricamente parece que todas las civilizaciones comprobaron que la escritura y el registro del habla eran medios poderosos para conservar, comunicar y aplicar nuevas ideas. Cada nuevo desarrollo en el arte de la escritura de las palabras habladas ha venido acompañado generalmente de mejoras en los métodos empleados para registrar los números. Y las civilizaciones que descubrieron los mejores medios de representar los números fueron también las que dispusieron de un atajo para realizar los cálculos y controlar los datos de un modo más eficaz y más rápido.

Uno de los primeros atajos que descubrieron los matemáticos fue el poder del sistema posicional. Al contar ovejas o días, lo primero que se nos ocurre es hacer una marca por oveja o por día. Así es como parece que empezaron a contar los primeros humanos. Hay huesos de hace cuarenta mil años que presentan muescas alineadas y se cree que son reliquias de nuestros primeros pasos en el arte de contar.

Aquél fue un momento fascinante. Estaba surgiendo el concepto abstracto de número. Los arqueólogos no saben exactamente qué contaban con esas muescas, pero su sola presencia implica que comprendían que su número y el número de ovejas o de días, o de aquello que contaran, tenían algo en común. El problema es que es bastante difícil distinguir de golpe, por ejemplo, si hay 17 o 18 muescas en el hueso; habría que contarlas de nuevo cada vez. En casi todas las culturas saltó en algún momento la chispa y surgió la brillante idea de crear un atajo para que fuera más fácil leer esas filas de muescas.

Cuando viví en Guatemala hace unos años, me llamó la atención una extraña serie de puntos y rayas que aparece en los billetes del país. Pregunté a mi vecina si se trataba de un extraño código Morse o algo así. Ella me dijo que un código sí que era, pero un código que representaba sencillamente el valor del billete en cuestión. Los puntos y rayas eran la manera tradicional de representar los números en la cultura maya. Los mayas se percataron de que al cerebro humano le resulta difícil discernir de golpe cuántos puntos hay a partir de cinco o más. Así que, en vez de seguir marcando más y más puntos, al alcanzar cinco se traza una raya que pasa por los cuatro puntos anteriores, igual que haría un prisionero que llevara la cuenta de los días que le faltan para salir. De este modo la raya se convirtió en un símbolo del número cinco.

Pero ¿qué ocurre si queremos ir más allá? Los antiguos egipcios desarrollaron una lista impresionante de jeroglíficos para denotar las diferentes potencias de 10. El número 10 lo representaban con un grillete (una pieza que utilizaban para inmovilizar al ganado), el 100 con una cuerda enrollada, el 1.000 con una flor de loto, el 10.000 con un dedo, el 100.000 con un renacuajo y finalmente el 1.000.000 es un hombre de rodillas con las manos alzadas como si acabara de tocarle la lotería.

Se trata de un atajo inteligente. En vez de representar un millón con un millón de muescas en un hueso, el escriba egipcio lo representaba sencillamente dibujando en el papiro a un hombre arrodillado. Esta facilidad para registrar números muy grandes fue uno de los factores que contribuyeron a convertir a Egipto en una civilización poderosa que podía cobrar impuestos a sus ciudadanos y construir ciudades con gran eficacia.

Sin embargo, el sistema egipcio tiene un inconveniente. Para representar el número 9.999.999, un escriba necesitaría escribir 63 símbolos. Si se sumara uno a este número, alguien tendría que inventar otro nuevo dibujillo para representar 10.000.000. Compárese esto con nuestro moderno sistema de numeración, en el que son suficientes siete símbolos para representar un número tan grande como el 9.999.999, y usando solamente 10 símbolos diferentes (0, 1, 2, ..., 9) podemos alcanzar la cifra que queramos. La clave está en el *sistema posicional*, un atajo extraordinario al que llegaron tres culturas diferentes en diversos períodos históricos.

La primera en dar con este atajo fue una civilización rival de la egipcia: la de los babilonios. Resulta interesante destacar que no trabajaron con las potencias de 10, como hicieron los egipcios o hacemos nosotros hoy en día, sino con las potencias de 60. Usaban números hasta el 59 antes de sentir la necesidad de reagrupar. Los números del 1 al 59 los escribían solamente con dos símbolos: Υ, que representaba el 1 y $\triangleleft$, que representaba el 10. Esto implicaba que para registrar el 59 necesitaban escribir catorce símbolos.

Esto parece muy poco eficiente a primera vista. Pero la elección del número 60 tenía detrás otro atajo de un tipo muy diferente, que proviene de la gran divisibilidad que posee este número. El hecho de que el 60 pueda dividirse de tantas maneras (2×30, 3×20, 4×15, 5×12 o 6×10) proporcionaba a los comerciantes que usaban este sistema muchas posibilidades para dividir en lotes su mercancía, y esta rica divisibilidad del 60 es también la razón por la que terminamos usándolo para medir el tiempo. Los sesenta minutos de una hora y los sesenta segundos de un minuto provienen de los antiguos babilonios.

La auténtica idea revolucionaria de los babilonios fue sin embargo su método para registrar los números mayores que 59. Una opción era empezar a crear nuevos símbolos, como hicieron los egipcios. Pero los babilonios tuvieron una idea diferente: el significado de un símbolo cambiaría según fuera su posición relativa con respecto a otros símbolos. En nuestro sistema moderno, el numero 111 tiene el mismo símbolo repetido tres veces, y la genialidad de este atajo es que, al leer el número de derecha a izquierda, el primer 1 representa 1, pero el segundo representa 10 y el tercero 100. Cada vez que añadimos un dígito a la izquierda su valor se multiplica por 10.

Para los babilonios, sin embargo, como trabajaban en base 60 y no en base 10, cada vez que uno se desplaza a la izquierda el valor se multiplica por 60. De modo que, en el sistema babilonio, 111 significaría $1 \times 60^2 + 1 \times 60 + 1$, es decir, 3.661. Éste fue un atajo de un poder excepcional. Usando los dos símbolos Υ y $\triangleleft$, se podían representar números todo lo grandes que uno deseara. Pero no se podían representar todos los números: para ello se necesitaba un nuevo símbolo. Porque, ¿cómo representar, por ejemplo, el número 3.601? Habría que indicar que no hay ningún 60. Se necesitaba un símbolo que representara el vacío. En la escritura cuneiforme de los babilonios la ausencia de una potencia concreta de 60 se representaba con dos pequeños dardos: $\triangleleft$.

Los mayas también descubrieron este atajo para escribir números grandes. Ya tenían un símbolo para el 5, que era una raya. Tres rayas denotaban 15. Tres rayas y cuatro puntos, 19. Pero entonces los mayas pensaron que las cosas se estaban embrollando demasiado, y decidieron que las siguientes posiciones de los números denotaran las potencias de 20. De modo que, en el sistema maya, 111 significaría $1 \times 20^2 + 1 \times 20 + 1$, es decir, 421. También ellos se dieron cuenta de que era preciso un símbolo para representar el vacío en ciertas posiciones y se eligió para él la imagen de una concha de caracol.

Los mayas fueron grandes astrónomos y sabían controlar enormes períodos de tiempo. Este sistema numérico tan eficiente que explota la posición de los símbolos les permitió manejar números astronómicos muy grandes sin necesidad de ampliar desmesuradamente el número de símbolos diferentes necesarios para conseguirlo.

Sin embargo, tanto al sistema babilonio como al sistema maya les faltaba todavía algo: un símbolo para el vacío. Éste fue el paso revolucionario que dieron los indios, la tercera civilización que descubrió el sistema posicional.

Los números que usamos hoy se suelen llamar números arábigos, pero este nombre no es correcto, o al menos no refleja bien su historia. Los árabes aprendieron este sistema de los escribas hindúes y lo exportaron a Europa. Estos números deberían llamarse en realidad números indoarábigos. Los números de los hindúes usan los símbolos del 1 al 9 y, cada vez que se pasa de una posición a la siguiente de derecha a izquierda, el valor se multiplica por 10. También tenían un símbolo para el vacío: el 0.

Cuando esta idea llegó a Europa, hubo muchas dificultades para asimilarla. ¿Por qué se necesita un símbolo si no hay nada que contar? Pero para los hindúes la nada, el vacío, era un concepto filosófico muy importante y por eso estaban tan satisfechos de disponer de un nombre y de un símbolo para él.

En Europa se usaban todavía los números romanos y el ábaco para realizar los cálculos. Pero el uso del ábaco exigía habilidad y experiencia, y por eso no era algo accesible al ciudadano medio, de modo que el monopolio de los cálculos ofrecía al orden establecido un medio de conservar el poder. Además, el ábaco daba el resultado buscado, pero no dejaba constancia del cálculo realizado, lo que favorecía los abusos de poder.

Por todo ello, las elites intentaron restringir la llegada de ese nuevo sistema numérico de Oriente, que daría a los ciudadanos corrientes la oportunidad de acceder a los cálculos y conservar un registro de ellos. La introducción en Europa de este atajo para manejar los números supuso probablemente un avance tan significativo o más que la invención de la imprenta, ya que con él las matemáticas llegaron a las masas.

Nuestros atajos para calcular hoy son los ordenadores y las calculadoras, pero las personas que tengan ahora más de cincuenta años recordarán otro instrumento que se enseñaba para facilitar los cálculos difíciles: las tablas de logaritmos. Durante siglos, estas tablas fueron el atajo preferido de los comerciantes, los navegantes, los banqueros y los ingenieros, la herramienta que les daba ventaja frente a los competidores que trataban de hacer los cálculos directamente.

El poder de los logaritmos fue revelado por el matemático escocés John Napier. Me habría gustado conocer a Napier, no por haber descubierto este atajo tan ingenioso para abreviar los cálculos, sino porque parece que fue un personaje curioso. Nacido en 1550, era un apasionado de la teología y del ocultismo. Paseaba por sus tierras con una araña negra encerrada en una pequeña jaula. Sus vecinos pensaban que tenía un pacto con el diablo. Cuando les amenazó con encarcelar a sus pichones por comerle el grano, ellos decidieron hacer caso omiso de este aviso, pues creían que era imposible atrapar a los pájaros. Pero a la mañana siguiente vieron estupefactos cómo permanecían posados en el prado mientras Napier se paseaba tranquilamente entre ellos y los iba metiendo en sacos. ¿Los había embrujado? Resulta que los había drogado dejando a su alcance guisantes empapados de brandy.

Napier supo sacar provecho del hecho de que sus vecinos pensaran que era un brujo. Para pillar a un ladrón entre sus sirvientes, les dijo que su gallo negro podía identificar al criminal. Les hizo entrar uno a uno en una estancia para acariciar al animal. Napier les había asegurado que el gallo cantaría cuando el ladrón le tocara. Cuando todos hubieron visitado al gallo, él les pidió que le enseñaran las manos. Todos menos uno las tenían manchadas de hollín. Napier había cubierto al gallo de hollín, sabiendo que solamente el ladrón no tendría el coraje de tocar al animal.

Además de los estudios teológicos, a Napier le fascinaban las matemáticas. El caso es que su interés por los números no era más que una afición y se lamentaba de que sus estudios teológicos no le dejaran tiempo libre suficiente para llevar a cabo sus cálculos. Pero descubrió una estrategia muy ingeniosa para eludir los largos cálculos que pretendía culminar.

Como escribió en el libro que publicó sobre este atajo:

Viendo que no hay nada—mis muy amados estudiantes de Matemáticas—que sea tan incómodo para la práctica matemática, ni que moleste y entorpezca más a los calculadores, que las multiplicaciones, divisiones, extracciones de raíces cuadradas y cúbicas de grandes números, que además del tedioso gasto de tiempo que suponen están en su mayor parte sujetas a abundantes e incómodos errores, comencé en consecuencia a considerar con qué arte seguro y decidido podría eliminar esos obstáculos.

Lo que Napier descubrió fue un medio de convertir la complicada labor de multiplicar dos números muy grandes en la tarea mucho más sencilla de sumar dos números. ¿Cuál de estas dos operaciones se hace más rápidamente a mano?

$$379.472 \times 565.331$$

o

$$5,579179 + 5,752303$$

La clave de esta transformación mágica es la función logaritmo. Una función es como una pequeña máquina matemática que toma de partida un número, lo manipula siguiendo las reglas internas de la función en cuestión y acaba devolviendo un nuevo número. La función logaritmo parte de un número y devuelve el número al que habría que elevar 10 para obtener el número original. Por ejemplo, si introducimos el número 100, la función logaritmo nos devuelve el número 2, porque si elevamos 10 al cuadrado obtenemos 100, y si introducimos el número 1 millón, la función logaritmo nos devuelve el número 6, porque si elevamos 10 a la sexta obtenemos 1 millón.

La función logaritmo es un poco más sutil cuando introducimos números que no son potencias obvias de 10. Por ejemplo, para obtener el número 379.472 hay que elevar 10 a la potencia 5,579179, y para obtener el número 565.331 hay que elevar 10 a la potencia 5,752303. De modo que, como ocurre con muchos atajos, hay que trabajar bastante antes de poder utilizar el atajo. Napier se pasó muchas horas preparando las tablas en las que poder buscar el logaritmo de un número, pero una vez elaboradas las tablas, el atajo empezó a funcionar a pleno rendimiento.

Porque si consideramos dos potencias de 10, por ejemplo 10^a y 10^b, y queremos multiplicarlas, la respuesta es muy sencilla: el resultado es 10^{a+b}. Simplemente hay que sumar los exponentes. Esto significa que, en vez de hacer la multiplicación, que es complicada, podemos sumar los logaritmos $5,579179 + 5,752303 = 11,331482$ y usar las tablas que preparó Napier para ver cuánto vale $10^{11,331482}$.

La idea de usar tablas con cálculos ya hechos para acelerar las operaciones aritméticas no era nueva. De hecho, parece que algunas de las tablillas con escritura cuneiforme de los antiguos babilonios se usaban también con este fin. En ellas explotaban otra fórmula para determinar el producto de dos números grandes. Si tenemos dos números grandes A y B, la relación algebraica

$$A \times B = \tfrac{1}{4} \times \{(A + B)^2 - (A - B)^2\}$$

convertía el problema de multiplicar en el problema de determinar la diferencia entre dos cuadrados. Aunque esta notación algebraica no surgió hasta el siglo IX, los babilonios comprendieron esta relación entre el producto y la elevación al cuadrado, y la usaron como un atajo para calcular el producto de A y B. En vez de calcular los cuadrados, sencillamente miraban lo que valían en alguna de las tablas que había calculado previamente un escriba.

Napier describió el atajo que había descubierto en su libro *Mirifici logarithmorum canonis descriptio* ('Descripción de la maravillosa ley de los logaritmos'). Y, ciertamente, cuando las ideas del libro se difundieron entre los lectores, muchos de ellos se quedaron maravillados. Henry Briggs, matemático de Oxford, el primero en detentar la prestigiosa cátedra Saviliana de Geometría en el New College, al que pertenece también hoy la cátedra que ocupo, quedó tan prendado del poder de los logaritmos que emprendió un viaje de cuatro días para visitar a Napier en Escocia, y escribió: «Nunca había leído un libro que me gustara tanto y que despertara tanto mi admiración».

Estas tablas proporcionaron durante siglos a los científicos y a los matemáticos un atajo muy útil para los cálculos complicados. El gran matemático y astrónomo francés Pierre-Simon Laplace declaró, doscientos años después de su invención, que los logaritmos «habían alargado por dos la vida de los astrónomos, al acortar el trabajo inherente a los cálculos largos y complejos y al librarlos de los errores y del sinsabor que conllevan».

Laplace capta así la cualidad esencial de un buen atajo: libera la mente para que pueda consagrar su energía a empeños más interesantes. Pero lo que verdaderamente liberó a los científicos del tedio de los cálculos fue la llegada de las máquinas.

Uno de los primeros en reconocer el poder de las máquinas para facilitar los cálculos fue el gran matemático del siglo XVII Gottfried Leibniz: «No es propio de grandes hombres malgastar horas como esclavos trabajando en cálculos que podrían delegarse tranquilamente en cualquiera si se hiciera uso de máquinas».

Leibniz tuvo la idea de la máquina que finalmente construiría al ver un podómetro: «Cuando vi un instrumento que podía contar automáticamente los pasos, me vino inmediatamente la idea de que todos los cálculos aritméticos se podrían hacer igualmente con un aparato similar».

El podómetro se basaba en una idea sencilla: cada vez que una rueda dentada con diez dientes completaba una vuelta, hacía que otra conectada con ella avanzara una posición, que registraba así diez pasos. El sistema posicional en acción mediante engranajes. Leibniz llamó a su máquina de calcular *Staffelwalze*, y era capaz de realizar sumas, multiplicaciones e incluso divisiones. Pero la plasmación física de sus ideas resultó ser todo un reto: «Ojalá hubiera un artífice capaz de construir el instrumento con la misma precisión con la que yo ideé el modelo».

Leibniz llevó a Londres un prototipo de madera de su máquina para mostrárselo a sus colegas de la Royal Society. Robert Hooke, que ya tenía fama de cascarrabias, se mostró muy poco impresionado y después de haber desarmado la máquina afirmó que él podría hacer un artilugio más sencillo y más eficiente. Leibniz no se desalentó y finalmente consiguió implicar a un hábil relojero en la construcción de una máquina capaz de encarnar el atajo para los cálculos que había prometido.

Sin embargo, Leibniz tenía una visión mucho más amplia. No solamente quería mecanizar la aritmética sino todo

el pensamiento. Pretendía reducir los argumentos filosóficos a un lenguaje matemático que pudiera implementarse
en una máquina. Vislumbró un futuro en el que, cuando
dos filósofos disintieran en una idea, bastaría recurrir a la
máquina para resolver sus diferencias y saber cuál de los
dos estaba en lo cierto.

En una visita que hice a Hanóver, la ciudad natal de Leibniz, tuve la feliz oportunidad de ver una de sus máquinas.
Es un objeto bellísimo y es una suerte que se conserve. Durante algunos años, esta máquina original yació olvidada
en una buhardilla de Gotinga, la ciudad en la que trabajó
Gauss, y no fue redescubierta hasta 1879, cuando unos trabajadores que trataban de reparar una gotera en el tejado
del edificio la vieron arrumbada en un rincón.

La máquina de Leibniz es el comienzo de lo que conduciría a las calculadoras y ordenadores de hoy. Pero no creamos que el poder de los ordenadores es ilimitado. En nuestros días tendemos a pensar que los ordenadores son tan
eficaces a la hora de hacer cálculos rápidamente que para
ellos no existe ningún límite en este campo. Como afirmaba la revista *Time* en 1984: «Si implantamos los programas
adecuados en un ordenador, éste hará absolutamente todo
lo que queramos». Pero los ordenadores tienen sus limitaciones, y a veces necesitan la ayuda de un programador humano para idear un atajo ingenioso que les libre de realizar
cálculos que les llevarían toda una eternidad.

Uno de los atajos más intrigantes que han sabido aprovechar los ordenadores es el proporcionado por un nuevo
tipo de números, que aparentemente no tienen nada que
ver con el mundo práctico de la computación. Me refiero a
los números imaginarios.

¿Podrá el lector resolver la ecuación $x^2 = 4$? Seguro que no habrá tenido problema en encontrar la solución $x = 2$, porque si elevamos 2 al cuadrado obtenemos 4. Con un poco más de ingenio se encuentra una segunda solución, pues –2 también sirve. En efecto, el cuadrado de un número negativo es positivo, por lo que –2 al cuadrado es también 4.

Esta ecuación era muy sencilla. Pero podríamos plantearnos resolver por ejemplo la siguiente:

$$x^2 - 5x + 6 = 0$$

Seguramente a muchos lectores les habrá recorrido el espinazo un escalofrío al reconocer aquí a una de aquellas ecuaciones cuadráticas—ecuaciones en las que aparece x al cuadrado—que tuvieron que aprender a resolver en el colegio. De hecho, los antiguos babilonios habían descubierto ya un procedimiento algorítmico general para obtener la respuesta. Aunque no dispusieran todavía de un lenguaje algebraico preciso para expresar sus ideas, lo que sabían, en términos modernos, es que si deseamos encontrar las soluciones de una ecuación cuadrática general

$$ax^2 + bx + c = 0$$

hay una fórmula que nos da la respuesta:

$$x = \frac{-b \pm \sqrt{b^2 - 4ac}}{2a}$$

De modo que en el caso de la ecuación $x^2 - 5x + 6 = 0$, introducimos $a = 1$, $b = -5$ y $c = 6$ en la fórmula y nos saldrán las soluciones, que son: $x = 2$ y $x = 3$.

Fue en la época babilónica cuando empezó a emerger el poder de las matemáticas para acortar los trabajos pesados. Antes del descubrimiento de esta fórmula, había que resolver las ecuaciones cuadráticas una a una, y cada vez el escriba tenía que reinventar la rueda, sin caer en que, aunque los números fuesen distintos, lo que hacía era siempre lo mismo. Pero en algún momento uno de ellos se percató de que había un proceso algorítmico general que funcionaba para números cualesquiera.

En ese momento surgen las matemáticas, que son el arte de ver el patrón que hay detrás de esa colección infinita de ecuaciones. El patrón revela que no hay que abordar, como podría temerse, un trabajo infinito, sino que en esencia solamente es preciso trabajar una vez. Si aprendemos el algoritmo o la fórmula para resolver la ecuación, tendremos un atajo para resolver un conjunto infinito de ecuaciones diferentes. Con el nacimiento de las matemáticas en la civilización babilónica somos testigos de que las matemáticas son realmente el arte del atajo.

Pero ¿sirve este atajo para resolver todas las ecuaciones cuadráticas?

¿Qué pasa si nos planteamos el desafío de resolver $x^2 = -4$? Durante muchos siglos se consideró que esta ecuación era irresoluble. Al fin y al cabo, los números que usamos para contar tienen la propiedad de que elevados al cuadrado siempre son positivos. En este caso el algoritmo o fórmula de los babilonios no sirve porque no tiene sentido la raíz cuadrada de -4.

Pero a mediados del siglo xvi ocurrió algo bastante extraño. En 1551, el matemático italiano Rafael Bombelli se encontraba trabajando en un proyecto para drenar las marismas de la Valdichiana, que pertenecía a los Estados Pontificios. Todo iba bien hasta que un imprevisto vino a paralizar los trabajos. Sin nada que hacer, Bombelli decidió escribir un libro de álgebra. Su interés se despertó gracias a unas fórmulas fascinantes para resolver ecuaciones que había visto en un libro escrito por su compatriota Gerolamo Cardano.

Los babilonios descubrieron la fórmula para resolver las ecuaciones cuadráticas. Pero ¿qué pasa con las ecuaciones cúbicas como $x^3 - 15x - 4 = 0$? Unas décadas antes algunos matemáticos habían anunciado que habían descubierto fórmulas para resolver estas ecuaciones. En vez de publicar sus resultados en revistas académicas, los matemáticos de entonces preferían enfrentarse cara a cara en público para defender sus ideas. Me imagino lo fantástico que sería encaminarse el sábado por la tarde a la plaza mayor de la ciudad para animar al matemático de tu equipo en su último enfrentamiento con otros cerebros. Había un matemático cuya fórmula era claramente superior a la de los demás competidores. Este campeón de las matemáticas se llamaba Niccolò Fontana, más conocido por el apodo de Tartaglia. Lógicamente era muy reacio a confiar el secreto de su éxito, pero finalmente se dejó convencer por Cardano, al que comunicó su fórmula con la condición de que no la publicara.

Cardano cumplió su promesa durante varios años, pero al final no pudo aguantar más. La fórmula apareció revestida de gloria en su famoso libro *Ars magna*, publicado en 1545. Cuando Bombelli leyó el libro de Cardano y aplicó su fórmula a la ecuación $x^3 - 15x - 4 = 0$, sucedió algo muy extraño. En un momento dado, la fórmula pedía extraer la raíz cuadrada de -121. Bombelli sabía extraer la raíz cuadrada de 121. Muy sencillo: la respuesta era 11. Pero ¿cuál era la raíz cuadrada de -121?

No era la primera vez que los matemáticos se habían encontrado en la situación de tener que extraer la raíz cuadrada de un número negativo, pero la reacción normal hasta entonces había sido dejarlo por imposible. Cardano se había topado con el mismo obstáculo y había dejado esos cálculos a un lado: esos números no existían. Sin embargo, Bombelli sostuvo el pulso. Siguió trabajando con la fórmula que aparecía en el libro de Cardano, dejando estos números imaginarios tal como aparecían en ella. Y, milagrosamente, al concluir las manipulaciones, los números imaginarios se simplificaban entre sí y se obtenía la solución $x = 4$, que ciertamente era válida, ya que colocando el valor $x = 4$ en la ecuación se obtiene 0.

Para lograr llegar al destino final de $x = 4$, Bombelli tuvo que viajar a través del mundo de los números imaginarios. Es como atravesar un espejo mágico y encontrar nuevas y extrañas tierras al otro lado, con un camino que conduce a otra puerta de vuelta hacia la tierra de los números normales y el destino que perseguimos. Y no hay ningún otro camino posible que no sea el que pasa por este mundo imaginario. Bombelli empezó a especular sobre la posibilidad de que esto no fuera un mero truco y que esos números del otro lado del espejo existieran de verdad. Lo único importante era que los matemáticos tuvieran el coraje de admitirlos en el mundo de los números de siempre.

El texto de Bombelli supuso una carta de naturaleza para los números imaginarios. Al número más básico, la raíz cuadrada de −1, se le acabó bautizando con el símbolo i. Esta i significa 'imaginario', un término peyorativo acuñado unos años más tarde por el filósofo y matemático francés René Descartes, que no era un gran entusiasta de estos números tan extraños y elusivos.

Sin embargo, Bombelli había puesto de manifiesto su poder. En su libro ofreció un análisis completo de cómo manejar estos números imaginarios. Si uno quería resolver estas ecuaciones cúbicas, podía tomar un atajo para llegar a la respuesta, siempre y cuando estuviera dispuesto a atravesar el espejo para adentrarse en el mundo de los números imaginarios. Los matemáticos los acabarían llamando números complejos, en contraste con los números reales a los que todos estamos acostumbrados.

Leibniz quedó impresionado por la perseverancia de Bombelli y lo proclamó como un destacado maestro del arte analítico:

Aquí vemos a un ingeniero, Bombelli, haciendo un uso práctico de los números complejos, seguramente porque le proporcionaban resultados útiles, mientras que Cardano consideró inservibles las raíces cuadradas de los números negativos. Bombelli es el primero que se ha ocupado de los números complejos [...] Es muy notable su concienzuda presentación de las leyes que rigen el cálculo con estos números.

Durante siglos, los matemáticos siguieron sintiendo un gran recelo hacia estos números. Si pensamos en la raíz cuadrada de 2, aunque éste es un número con un desarrollo decimal infinito, todavía sentimos que sería posible localizarlo sobre una regla graduada, en algún punto situado entre 1,4 y 1,5. Pero ¿dónde estaba la raíz cuadrada de –1? No podía verse sobre una regla graduada. Mi héroe Carl Friedrich Gauss fue el que finalmente descubrió un modo de ver los números imaginarios.

Antes de Gauss, los números que usaban los matemáticos se representaban sobre una línea horizontal; los negativos iban hacia la izquierda y los positivos hacia la derecha. Gauss tuvo la inspirada idea de utilizar una dirección más. Los nuevos números recorrían la página verticalmente. En la visión de Gauss, los números no eran ya unidimensionales, sino bidimensionales. Esta nueva representación resultó extremadamente útil. El comportamiento algebraico de estos números quedaba reflejado en su interpretación geométrica. Como explicaré en el capítulo 5, un buen diagrama puede suponer un asombroso atajo a la hora de explicar ideas complejas.

Gauss descubrió la mencionada descripción geométrica de estos números al demostrar una extraordinaria propiedad que poseen. Si consideramos cualquier ecuación, por complicada que sea, en la que aparezcan potencias de x, no solamente cubos, siempre se puede encontrar una solución en el ámbito de los números imaginarios. No es preciso construir nuevos números: los números imaginarios son suficientes para resolver todas las ecuaciones. Este gran descubrimiento de Gauss recibe hoy el nombre de teorema fundamental del álgebra.

La interpretación geométrica de Gauss supuso un atajo fantástico para explorar el extraño nuevo mundo de los números imaginarios, pero, misteriosamente, éste mantuvo en secreto su visión bidimensional de estos números. Fue sin embargo redescubierta más tarde e independientemente por dos matemáticos aficionados, el danés Caspar Wessel y el suizo Jean Argand. Hoy la representación geométrica de los números complejos se conoce como el diagrama de Argand. Rara vez la historia es justa en la asignación de reconocimientos.

El matemático francés Paul Painlevé escribió posteriormente en su libro *Analyse des travaux scientifiques*:

El desarrollo natural de sus trabajos indujo pronto a los geómetras a incluir en sus estudios tanto los números reales como los números complejos. Así se vio que el camino más fácil y más corto entre dos verdades en el dominio de los números reales suele pasar casi siempre por el dominio de los números complejos.

Además de matemático, Painlevé fue también primer ministro de la República francesa. Su primer mandato, en

1917, solamente duró nueve semanas, pero en él tuvo que afrontar el impacto de la Revolución rusa y de la entrada de Estados Unidos en la Primera Guerra Mundial, además de sofocar una rebelión del ejército francés.

Aunque yo no utilizo los números complejos explícitamente en mi trabajo, sí que recurro con frecuencia a su filosofía. Los atajos de este tipo se parecen un poco a los agujeros de gusano que les gusta crear a los escritores de ciencia ficción para pasar de un lado a otro del universo. En cualquier circunstancia merece la pena explorar si hay, oculto en algún sitio, un espejo que nos permita conseguir nuestra meta.

En mis investigaciones matemáticas intento comprender todas las simetrías que es posible construir. Pero, curiosamente, el método que he encontrado para abordar este problema consiste en crear un nuevo objeto, la llamada función zeta en teoría de grupos, que tuvo su origen en otra rama completamente distinta de las matemáticas. Y sin embargo este objeto me ha proporcionado una visión de mis pesquisas que no habría podido conseguir si hubiese seguido apegado al mundo de la simetría. Como explicaré en la próxima parada en boxes, en conversación con el emprendedor Brent Hoberman, la llegada de Internet procuró un fantástico mundo especular al cual pasar y suprimir así intermediarios en muchas y muy diversas transacciones comerciales.

A veces el agujero de gusano que ayuda a encontrar un camino hacia una solución puede consistir simplemente en cambiar el terreno que pisamos. Cuando estoy atascado con algún problema matemático, suelo escuchar algo de música o tocar un rato el violonchelo: ésta es una manera de dejar que mi mente vuele libre. Muchas veces, cuando vuelvo a sentarme a la mesa, mi visión del problema ha sufrido una extraña transformación. El recurso a la música, que me traslada a un entorno completamente diferente, es como dejarse llevar al mundo de los números imaginarios y, como decía Painlevé, ver que el camino hacia mi destino es allí más corto. Merece la pena experimentar qué sendas alternativas podría haber cerca que puedan ayudarnos a acceder a una escotilla de escape que nos conduzca hacia una nueva manera de pensar.

El mundo de los números imaginarios es hoy la clave para comprender un amplio abanico de conceptos que serían casi imposibles de abarcar sin este atajo a través del espejo. La física cuántica, que es la física de lo extremadamente pequeño, sólo tiene realmente sentido si se explica usando estos números imaginarios. Las corrientes eléctricas alternas se manipulan con mucha más facilidad si se describen usando la raíz cuadrada de -1. Otro ejemplo sorprendente del atajo que proporcionan estos números se encuentra en los ordenadores que ayudan a aterrizar a los aviones en todos los aeropuertos del planeta.

BA 107... TIENE VÍA LIBRE PARA ATERRIZAR

Hace unos años tuve la inmensa suerte de poder visitar la torre de control aéreo de uno de los principales aeropuertos del Reino Unido. Las pantallas repletas de dibujitos de aviones danzando alegremente hacían pensar en un fabuloso juego de ordenador, pero enseguida me di cuenta de que los operadores tenían miles de vidas humanas en sus manos. ¡Me advirtieron que permaneciera muy callado mientras miraba! Cuando por fin tuve ocasión de hablar con uno de los controladores, después de haber terminado su turno, me quedé boquiabierto al saber que el sistema que controlaba el aterrizaje de los aviones utilizaba los números imaginarios para acelerar los cálculos involucrados en la detección mediante el radar de los aviones que iban llegando.

El primero que descubrió que las ondas de radio se reflejaban en los objetos metálicos fue el físico alemán Heinrich Hertz. Este logro lo consiguió en 1877, durante sus experimentos para probar la existencia de las ondas electromagnéticas y en su honor se bautizó con su nombre a la unidad con ayuda de la cual se expresa la velocidad a la que vibra una onda.

Pero fue un compatriota de Hertz el que vislumbró las posibilidades prácticas que prometía este descubrimiento científico. Christian Hülsmeyer logró patentar en Alemania y en Inglaterra un dispositivo electromagnético que, según él, podría servir para que un barco detectase la presencia de otro en sus cercanías cuando la niebla reduce la visibilidad. Se cuenta que presenciar la pena de una madre que había perdido a un hijo en un choque entre dos barcos en el mar fue lo que lo indujo a crear ese aparato.

Hülsmeyer probó su invención en un experimento que realizó desde un puente sobre el Rin el 18 de mayo de 1904. El dispositivo tenía que detectar la presencia de una barca que navegaba río abajo en cuanto entrase en un radio de tres kilómetros a partir del puente. Pero el aparato era un invento que se adelantaba mucho a su tiempo, en parte porque no incorporaba las matemáticas necesarias para poder detectar la distancia a la que se encontraba la barca y en qué dirección se movía, de modo que durante unos años la idea quedó reservada para los escritores de ciencia ficción al estilo de Julio Verne. Su implementación en el mundo real llevaría décadas y una guerra mundial.

Decidir quién inventó exactamente el radar (que es un acrónimo de *radio detection and ranging*, esto es, detección y localización por radio) es una cuestión espinosa. Su desarrollo simultáneo por varios países se mantuvo en secreto mientras duró la guerra, ya que estaba claro que aquel que desarrollara la idea con éxito tendría una clara ventaja a la hora de detectar la llegada de aviones enemigos. Pero en todo caso, es seguro que el físico escocés Robert Watson-Watt fue uno de los pioneros de esta tecnología. Cuando le preguntaron sobre un rumor que circulaba acerca de la posibilidad de que los alemanes hubieran desarrollado un rayo mortal a base de ondas de radio, él descartó de inmediato la idea, pero ésta le llevó a explorar lo que sería posible y lo que no con esta tecnología. Su demostración de cómo combinar las matemáticas con las señales de radio para rastrear la llegada de aviones condujo al establecimiento de un sistema de estaciones con radares para detectar los aviones que se aproximaban a Londres desde el mar del Norte. Se acepta universalmente que esta red de radares dio una ventaja decisiva a la Royal Air Force en la Batalla de Inglaterra.

Si se desea rastrear la llegada de un avión, ya sea en tiempos de guerra o de paz, lo decisivo es actuar con rapidez. Resulta crucial disponer de algún atajo para calcular su posición a partir de las ondas de radio que rebotan sobre su fuselaje. Los cálculos básicos dependen de la trigonometría (un atajo que explicaré en el capítulo 4). Las formas de onda transmitidas y las detectadas se describen con ayuda de la función seno y la función coseno de las matemáticas, y resultó que los cálculos necesarios son increíblemente intrincados y lentos. Aquí es donde los números imaginarios llegaron al rescate.

El gran matemático dieciochesco Leonhard Euler, natural de Suiza, había descubierto que si colocamos números imaginarios en la función exponencial—la función que consiste sencillamente en elevar un número a la potencia x, como 2^x—, se obtiene un resultado muy curioso. El resultado era una combinación de funciones de onda que se parecen mucho a las ondas que se emplearían en el radar. Esta conexión es la clave de la que muchos matemáticos consideran la ecuación más bonita de la historia. En efecto, un ejemplo de esta relación entre las ondas y la función exponencial produce una ecuación que vincula entre sí a cinco de los números más importantes de la historia de las matemáticas: 0, 1, i (la raíz cuadrada de -1), $\pi = 3,14159\ldots$ y $e = 2,71828\ldots$ (quizá el segundo número más famoso después de π, que será presentado con más detalle en el capítulo 7):

$$e^{i\pi} + 1 = 0$$

Elevamos el número e a la potencia i multiplicado por π y mágicamente (o matemáticamente) si sumamos 1 al resultado todo se simplifica y da 0. Éste es un caso concreto curioso de esa conexión entre la función exponencial y las funciones de onda que proporcionan los números imaginarios.

Entonces los matemáticos se dieron cuenta de que los cálculos se podían simplificar y acelerar si, en vez de tratar directamente con las complicadas funciones de onda, se integraban en una sola función por medio de los números complejos. Al usar estos extraños números, los cálculos se convertían simplemente en cálculos con funciones exponenciales, que podían implementarse con rapidez y eficacia. Incluso ahora, que disponen del poder extraordinario de los ordenadores modernos, los controladores aéreos siguen explotando este atajo a través de los números imaginarios para poder detectar los aviones y ayudarlos a aterrizar con seguridad en todos los aeropuertos del mundo. Sin él, se habrían estrellado antes de conseguir completar los cálculos precisos para detectar su localización.

Ésta es una muestra muy gráfica de la tesis de Paul Painlevé que afirmaba que «el camino más fácil y más corto entre dos verdades en el dominio de los números reales suele pasar casi siempre por el dominio de los números complejos».

LOS NÚMEROS BINARIOS Y ALGUNOS MÁS

Otro de los atajos que los ordenadores han explotado para mejorar la eficacia de los cálculos es el uso de un método muy económico para representar los números. Como hemos visto antes, los diez dígitos de los números decimales no son los únicos utilizables con este fin. Podemos elegir para ello las potencias de cualquier número, no solamente del 10, como hacemos en el caso del sistema decimal. Los babilonios tenían símbolos para todos los dígitos desde el 0 hasta el 59 y trabajaban en base 60. Los mayas tenían símbolos para todos los dígitos desde el 0 hasta el 19, y crearon un sistema para trabajar usando las potencias de 20. La elección del 10 para representar los números vino sencillamente de un capricho de la anatomía, que nos dotó de 10 dedos en las manos.

El sistema de los babilonios podría estar también vinculado a nuestra anatomía. Cada dedo tiene 3 nudillos. Podemos usar entonces el pulgar de la mano derecha para señalar en ésta cualquiera de los 12 nudillos de los 4 dedos restantes. Una vez contado un lote de 12 con la mano derecha, podemos contabilizar un 1 con la mano izquierda y empezar a contar un nuevo lote de 12 con la mano derecha. Dado que tenemos 5 dedos en la mano izquierda, podemos contar así 5 lotes de 12 nudillos, lo que nos da ¡un total de 60!

Para representar el número 29, estiraríamos 2 dedos de la mano izquierda y señalaríamos con el pulgar de la dere-

LOS ATAJOS EN LOS CÁLCULOS

cha el quinto nudillo de ésta, que es el nudillo central del dedo anular.

Pero los ordenadores se limitan a un solo dedo. Esencialmente trabajan basándose en el principio de alternancia entre encendido y apagado. Necesitan un sistema que use solamente dos símbolos: el 0 para el apagado y el 1 para el encendido. Usando únicamente estos dos símbolos, el ordenador puede también representar cualquier número. En el sistema posicional, las posiciones representan ahora potencias de 2 en vez de potencias de 10, y así es como funciona el llamado sistema binario. Por ejemplo, el número 11.011 representa

$$1 \times 2^4 + 1 \times 2^3 + 0 \times 2^2 + 1 \times 2 + 1 = 27$$

Dado que hemos encontrado un modo de traducir nuestras conversaciones, fotografías, piezas musicales y libros al lenguaje digital, este atajo que usa el sistema binario ha traducido el mundo que nos rodea a sucesiones de ceros y unos.

Esta idea del sistema binario es también la clave para resolver el problema que encabezaba este capítulo. ¿Cuál es el número mínimo de pesas que precisa el tendero para poder pesar desde 1 hasta 40 kg? El truco consiste en pensar en el sistema ternario, basado en las potencias de 3, en vez de hacerlo en el sistema binario. Una balanza admite tres situaciones: una pesa en la bandeja derecha (+1), una pesa en la bandeja izquierda (–1) o ninguna pesa en ninguna de las bandejas (0). Pensando en el sistema ternario, es posible probar que el tendero solamente necesita 4 pesas, de 1, 3, 9 y 27 kg, respectivamente, para pesar cualquier mercancía cuyo peso oscile entre 1 y 40 kg.

Por ejemplo, para pesar un saco de 16 kg, pondríamos el saco en una de las bandejas acompañado de las pesas de 3 y de 9 kg, y en la otra las pesas de 1 y de 27 kg, quedando así la balanza equilibrada. En vez de usar el 0, el 1 y el 2 para representar los números, usamos ahora los símbolos –1, 0 y 1, de modo que el 16 está representado por

$$1(-1)(-1)1$$

que significa 1 unidad, menos un lote de 3, menos un lote de 9, más un lote de 27, lo cual hace un total de $27 - 9 - 3 + 1 = 16$.

Ante un problema, encontrar la mejor notación para representar un concepto complejo, se trate de números o de otro tipo de cosas, puede ser el atajo para llegar a la solución. Al tendero que comprenda el sistema ternario le bastará comprar 4 pesas para regentar su negocio, mientras que los competidores que no comprendan este atajo perderán dinero al adquirir más pesas de las necesarias.

Atajo hacia el atajo

Encontrar una buena notación para representar conceptos complejos ha supuesto un atajo crucial a lo largo de la historia, y no solamente a la hora de registrar números. Al tomar notas durante una conferencia o en un congreso, probablemente todos hemos acabado inventando abreviaturas para registrar las ideas claves que aparecen una y otra vez. Pero ¿podría haber un modo mejor de anotar las ideas, que haga más fácil su manejo? A veces los datos presentados de una cierta forma resultan insulsos, pero presentados de otra podrían desencadenar nuevas ideas. Las gráficas realizadas a escala logarítmica suelen decir más sobre un conjunto de datos que ellos mismos en bruto, y por eso se usa por ejemplo la escala logarítmica de Richter para medir la intensidad de los terremotos. Y si estamos atentos ante la aparición de un espejo, como el de los números imaginarios, él nos podría sacar del mundo en el que estamos retenidos y proporcionarnos un mundo alternativo en el que haya un atajo que nos lleve fácilmente a nuestro destino.

Parada en boxes: la innovación

«Como solía decir a mis directores de *marketing*, tendrás éxito de verdad cuando logres que te arresten. Ninguno de ellos lo consiguió».

Esto es lo que me dijo Brent Hoberman, fundador de la incubadora de proyectos de empresa Founders Factory, durante una visita que le hice hace poco. Hoberman (que, todo hay que decirlo, no ha sido arrestado todavía) atribuye el éxito de lastminute.com, su proyecto más famoso, fundado en colaboración con Martha Lane Fox en 1998, a haber sabido llegar en su implantación hasta el límite mismo de la legalidad. Romper las reglas del juego forma parte de lo que Hoberman considera el «espíritu emprendedor» y en eso consiste para él el atajo que permite poner en marcha un proyecto de negocio exitoso.

Las oficinas de Founders Factory están sumidas en un maravilloso ambiente lúdico. Las paredes aparecen decoradas con pizarras blancas repletas de garabatos de aspecto disparatado, muy parecidas a las que existen en muchos departamentos de Matemáticas, en cualquier parte del mundo. El concepto de espacio abierto conforme al cual están distribuidos los puestos de trabajo sugiere que aquí los diferentes proyectos de innovación se desarrollan hombro con hombro y compartiendo ideas. En todo momento hay comida, bebida y juegos al alcance de la mano para estimular las ideas. Pero Hoberman opina que la ruptura de las reglas del juego es el mejor atajo hacia el éxito de los proyectos que se cocinan en Founders Factory: «Históricamente, hay muchos emprendedores que primero rompieron las reglas y pidieron perdón después—afirma Hoberman—. Eso hicieron Uber y Airbnb, ambos se saltan la ley. ¿Por qué no van a poder las personas alquilar su propia casa? Y a la postre la sociedad piensa un poco y dice: "Pues sí, ¿por qué no?". Ése fue su atajo».

Romper las leyes es una estrategia que les ha salido bien a no pocos matemáticos. Las leyes matemáticas establecían que al elevar al cuadrado un número, el resultado es siempre positivo. Pero Rafael Bombelli tuvo el coraje de empezar a trabajar con un número cuyo cuadrado es –1. Saltándose las reglas del juego se tiene acceso a una gran cantidad de resultados matemáticos nuevos e interesantes. Euclides, el matemático de la antigua Grecia, afirmó que los ángulos de un triángulo siempre suman 180 grados. Pero, como veremos más adelante, los matemáticos descubrieron nuevos tipos de geometrías en los que los triángulos violan la ley euclídea. La clave de saltarse la ley es que los beneficios que suponga hacerlo compensen su quebrantamiento.

Como me explicó Brent Hoberman: «Se trata de redefinir en qué consiste eso de romper las reglas. Las regulaciones pueden estar obsoletas, o puede ser que cambien demasiado lentamente. A veces la moral de las personas se redefine peligrosamente y éstas aceptan el beneficio que esa redefinición supone para la sociedad».

La clave del éxito de lastminute.com fue explotar el inventario de los servicios no contratados de las compañías aéreas, las empresas de alquiler de coches y los hoteles, para crear paquetes que salían más baratos que contratar *à la carte*. La idea se le ocurrió a Hoberman en sus días de estudiante, una vez que quiso obsequiar a su novia con una divertida escapada de fin de semana. Lo que hizo fue telefonear a varios hoteles en el último momento para preguntar cuántas habitaciones libres les quedaban para la noche siguiente. Si contestaban que 5 o 6, ya sabía que seguramente no se ocuparían todas, de modo que se ofrecía a reservar una con un 70 % de descuento en el precio. «El ardid funcionaba una de cada tres veces».

Entonces se preguntó por qué no todo el mundo hacía lo mismo. «Éramos todos muy ingleses. Un auténtico británico no hace eso», bromea. Recuerda que siendo estudiante fue acumulando experiencia y se dio cuenta de que se podía hacer a escala industrial. Y así nació lastminute.com. El hecho es que para acceder al inventario de los servicios no contratados a escala industrial había que aventurarse hasta el borde mismo de la legalidad. Como reconoce Hoberman, lastminute.com quebrantó técnicamente la *Computer Misuse of Information Act*, la ley de protección de datos británica, lo cual era un delito en potencia.

Apurar la ley hasta el límite es un atajo que han utilizado muchas empresas emergentes para aventajar a sus competidoras. Facebook se hizo famosa gracias a su mantra «Muévete rápido y rompe cosas». Como dijo una vez su director ejecutivo, Mark Zuckerberg: «Si no estás rompiendo cosas, no te estás moviendo lo suficientemente rápido». Richard Branson considera que su éxito en los negocios se lo debe a sus primeros conflictos con la ley, en la década de 1970, aunque lo que pasó en el caso de Branson fue que tenía que devolver 60.000 libras al fisco por una evasión de impuestos cometida en sus primeros negocios de venta de discos. Esta multa provocó en Branson el nacimiento de un enfoque mucho más sistemático a la hora de hacer dinero. «Incentivos los hay de todas formas y tamaños—escribió—, pero evitar la cárcel fue el incentivo más convincente que he tenido nunca».

No obstante, cuando las empresas innovadoras tratan de

irrumpir en industrias fuertemente reguladas, como las del sector sanitario, se hace más difícil justificar eso de «moverse rápido y romper cosas». La industria sanitaria trabaja bajo condiciones reguladoras estrictas por razones obvias. Para cimentar la confianza en una idea hay que trabajar respetando esas condiciones. El principio ético de «no hacer daño» está por encima del deseo de innovar. Nadie quiere «romper» a un paciente en su camino hacia el éxito.

Otra de las razones del éxito de Hoberman fue que supo aprovechar el sorprendente atajo que supuso Internet en aquellos primeros tiempos del auge de las empresas puntocom. Internet permitía una y otra vez eliminar intermediarios. En el caso de lastminute.com el intermediario era el agente de viajes. Otro de los proyectos de Hoberman, made.com, explotaba un atajo parecido. La idea de este portal era dar acceso a sus clientes a mobiliario de diseño sin necesidad de pagar también precios de diseño. El cofundador con Hoberman de este portal, Ning Li, se había encaprichado de un sofá que costaba 3.000 libras, pero descubrió por casualidad que un compañero suyo de colegio era el que dirigía la empresa que los fabricaba. Lo hacían por 250 libras. Así surgió la idea de poner en contacto a los clientes con los fabricantes y eliminar la carestía que suponían los intermediarios. Como dice Ning: «Hay una mentalidad elitista en la industria del mueble que sostiene que solamente los clientes que pueden permitirse gastar 3.000 libras tienen derecho a acceder a un sofá moderno y de calidad. Pero no hay razón alguna para pensar esto». Internet permitió a la empresa sortear a la cadena distribuidora.

Hoberman reconoce también otro atajo importante a la hora de poner en marcha proyectos como lastminute.com y made.com: «La ignorancia. Nunca hubiese emprendido la creación de lastminute.com si hubiera sabido lo difícil que iba a ser. Es mejor no saber demasiado. La ignorancia ayuda a pensar de otra manera».

La filosofía de Hoberman me recuerda a uno de los protagonistas de una de mis óperas favoritas. En el ciclo de *El anillo del Nibelungo* de Wagner el joven Sigfrido, que desconoce el miedo, aniquila con éxito al dragón Fafner y le arrebata el anillo que custodiaba. Finalmente descubre lo que es el miedo ¡cuando conoce por primera vez a una mujer!

Opino que una de las razones por las que los jóvenes suelen tener tanto éxito a la hora de descifrar grandes desafíos matemáticos sin resolver es que desconocen el miedo. Muchos de nosotros aprendemos a temer a una fiera matemática como la hipótesis de Riemann, el mayor problema no resuelto aún sobre los números primos, y pensamos que es una locura tratar de abordar algo tan difícil. Si varias generaciones de matemáticos han fracasado, ¿qué puedo ofrecer yo? El dragón sigue vivo. Se necesita un poco de ignorancia mezclada con un poco de atrevimiento: no sentirse abrumado por la historia del problema y estar convencido de que no hay motivo para pensar que no puede ser uno el que descifre ese gran misterio pendiente.

Hoberman piensa también que el perfeccionismo puede ser otro enemigo mortal del éxito. Ésta ha sido la filosofía de Amazon: no construir un palacio de ensueño y mostrárselo al consumidor en plan ¡tachán!, sino presentar un palacio muy básico y permitir a los clientes la iniciativa de visitarlo y sugerir qué se puede mejorar en él. Si un producto ya está preparado para su lanzamiento en un 70 %, lánzalo y ya se corregirán las carencias sobre la marcha. Si uno espera a que esté preparado al 99 %, ya será tarde. Esta filosofía tiene también sus límites. Cuando otras empresas empezaron a confiar en la plataforma de Facebook, por ejemplo, se hizo más costoso dejar sencillamente que algunos productos se estrellasen. Si una plataforma no es muy fiable,

las empresas pueden dejar de utilizarla. En 2014, Zuckerberg introdujo una nueva filosofía: «Muévete rápido con
una infraestructura estable». «Seguramente no es un lema
tan pegadizo como "Muévete rápido y rompe cosas"—dijo
Zuckerberg con una sonrisa burlona—, pero así es como
operamos ahora».

El perfeccionismo está considerado como algo esencial
en el ámbito de las matemáticas. La mayoría de los matemáticos piensa que no tiene sentido publicar una demostración que sea completa en una proporción del 99 %, porque ese 1 % que falta podría ser mortal. Pero quizá los matemáticos estamos demasiado obsesionados por el perfeccionismo. A lo mejor es preferible compartir ideas que no
están completas que esconderlas y guardárselas para uno
mismo. Isaac Newton y en cierta medida Carl Friedrich
Gauss frenaron ciertos avances porque se sintieron incómodos a la hora de compartir ideas incompletas y heréti-
cas en potencia.

Uno de los propósitos centrales de la llamada Chan
Zuckerberg Initiative (CZI), impulsada por el fundador de
Facebook y su esposa, Priscilla Chan, es cambiar estos valores de la comunidad de los investigadores científicos. La
razón de ser de CZI es fomentar mejores relaciones de colaboración entre diferentes grupos de investigación, ya que
ellos piensan que estas mejoras podrían resolver más rápidamente algunos de los desafíos médicos cuya solución se
encuentra ahora ralentizada por el miedo a compartir las
investigaciones que están en marcha.

Brent Hoberman ha seguido su camino y se ha convertido en un gran inversor en nuevos proyectos de innovación,
pero sigue creyendo que el perfeccionismo es peligroso a la
hora de decidir qué empresas merecen apoyo.

«Creo que el instinto es otro atajo—afirma Hoberman—.
Tomamos atajos cuando invertimos en una empresa. Segu-

ramente, tomamos nuestras mejores decisiones después de una conversación de cinco o diez minutos. GetYourGuide, de Johannes Reck, es ahora un negocio que vale más de 1.000 millones. A los diez minutos de conocerlo, les dije a mis colegas: "Tenéis que venir y hablar con él esta noche", porque ese hombre tenía algo especial. Y algo parecido sucedió con alan.eu, una próspera empresa sanitaria francesa. Sabía que el hombre que estaba tras ella era un genio. No necesito más. Muchos de mis mejores amigos, a los que traté de animar a invertir en esta empresa, la analizaron en exceso».

Queda claro, a partir de nuestra conversación, que Hoberman es un gran partidario de explotar cualquier atajo que le permita conseguir nuevos éxitos. «Creo que los atajos son brillantes y regaño a mis hijos cuando no piensan en ellos—confiesa—. A veces uno ve a personas haciendo cola. Aunque hay tres, todos se ponen en la primera. Si se pasaran a la tercera, que está a tres metros escasos, ahorrarían diez minutos, pero nadie lo hace. No piensan: "¿Qué hago para colocarme el primero de la cola, para encontrar otra cola o iniciar una nueva?". La vida es una serie de decisiones de este tipo y habría que estar siempre atentos para tratar de encontrar atajos».

3

LOS ATAJOS LINGÜÍSTICOS

☞ *Uno de los villancicos que me gusta cantar en las fiestas navideñas es «Los doce días de Navidad». «El primer día de Navidad mi verdadero amor me envió una perdiz en un peral». Luego la canción agrega cada día a los regalos del día anterior un número extra de regalos:*

El primer día: 1 perdiz.
El segundo día: 1 perdiz + 2 tórtolas.
El tercer día: 1 perdiz + 2 tórtolas + 3 gallinas francesas.
Etcétera.

Así pues, el duodécimo día de Navidad, ¿cuántos regalos me habrá enviado mi verdadero amor en total?

Uno de los atajos más poderosos que he descubierto en mis años de matemático es encontrar el lenguaje adecuado para hablar de un problema, pues con mucha frecuencia aparece envuelto en un lenguaje que oscurece lo que pasa. Al encontrar un modo alternativo de plantearlo y de traducir el rompecabezas a un nuevo idioma, la solución se vuelve de repente mucho más clara. Un cambio de lenguaje puede ayudar a detectar correlaciones extrañas en los datos de ventas de una empresa, oscurecidos por los números. Muchas cosas en la vida son como un juego, pero transformar el juego en otro que sabemos ganar nos puede dar sorprendentes ventajas. Una de las revelaciones más fascinantes de mi época de aprendiz de matemático consistió en descubrir cómo un diccionario que transforma la geometría en números puede proporcionar un atajo para llegar al ciberespacio: un universo multidimensional que desde entonces he seguido explorando como matemático profesional.

Cada vez hay más conceptos en las ciencias y en otras áreas que ni siquiera parece que existan a menos que encontremos el lenguaje adecuado para describirlos. La noción de fenómenos emergentes, la idea de que ciertas cualidades emergen a partir de las partes constituyentes, es un ejemplo de ello. La humedad del agua, por ejemplo, es difícil de captar cuando hablamos de moléculas individuales de H_2O. Aunque la ciencia parece implicar que todo puede reducirse al comportamiento de dichas partículas fundamentales y a las ecuaciones que lo determinan, este lenguaje suele ser totalmente inadecuado para describir muchos fenómenos. La migración de una bandada de pájaros no puede ser captada por las ecuaciones del movimiento de los átomos que constituyen los pájaros. La macroeconomía raramente es comprensible si nos ceñimos al lenguaje de la microeconomía. Aunque los cambios microeconómicos son los que producen los fenómenos macroeconómicos, no es posible comprender los efectos sobre la inflación de un aumento de las tasas de interés usando el lenguaje de los bienes de consumo individuales. Tampoco pueden captarse realmente nuestras ideas sobre el libre albedrío y la conciencia hablando solamente de neuronas y sinapsis.

Si encontramos un lenguaje diferente para referirnos a nuestro estado de ánimo, podemos cambiar radicalmente nuestra forma de vivirlo. En vez de decir «Estoy triste», fórmula rígida que parece identificarme con la tristeza, podría decir «La tristeza está conmigo», con lo cual se abre de repente la posibilidad de que pueda irse. Como escribió el psicólogo decimonónico estadounidense William James: «El gran descubrimiento de mi generación es que los seres humanos pueden transformar sus vidas transformando sus modos de pensar». Pero el poder del lenguaje no afecta solamente al ámbito personal. El lenguaje desempeña un papel fundamental en la construcción de la realidad social. Una sociedad puede hacer aparecer cosas con sólo nombrarlas. El concepto de nación nace tanto o más del lenguaje que de la geografía o de un colectivo de personas.

A veces hay ideas que resultan elusivas en un lenguaje pero que son articulables de algún modo en otro. El hecho de que en alemán los sustantivos tengan género hace posibles ciertos juegos lingüísticos que no funcionan en inglés. El poeta Heinrich Heine escribió un poema sobre el amor que sentía un pino nevado por una palmera oriental tostada por el sol. En alemán el pino es masculino y la palmera femenina, pero este matiz se pierde al traducirlo al inglés. A veces la pérdida se produce en sentido contrario. En inglés se puede hablar sobre «*his car and her car*» (esto es, 'el coche de él y el coche de ella'), pero Google Translate nos da en francés «*sa voiture et sa voiture*» porque el género femenino de *voiture* encubre el género de los poseedores. El ruso tiene una palabra diferente para cada posible tipo de nieve y de lluvia imaginable. Algunas lenguas tienen solamente 5 palabras para los colores, mientras que el inglés tiene muchas. Como he subrayado antes, el concepto de *pattern* ['patrón'] es muy importante para mí; sin embargo, cada vez que intento traducir esta palabra al francés resulta que no existe ningún equivalente que capte todos los matices que posee en inglés.

El significado de las diferencias entre las lenguas también fascinó a mi héroe, Carl Friedrich Gauss. En la escuela sus maestros quedaron muy impresionados por su dominio del latín y su brillante maestría en el conocimiento de los clásicos. De hecho, Gauss casi escoge filología, el estudio de la historia de las lenguas, en vez de matemáticas, como tema de los estudios que el duque de Brunswick le ofreció financiar.

Mi propio viaje hacia las matemáticas siguió un curso parecido. Cuando era adolescente quería ser espía de mayor y pensaba que las lenguas serían una herramienta importante para comunicarme con agentes de todo el mundo. En el colegio me matriculé en todas las lenguas que se ofrecían en el plan de estudios: francés, alemán y latín. Incluso empecé a seguir un curso de ruso que emitían en la BBC. Pero yo no tuve tanto éxito como Gauss a la hora de asimilar estas nuevas lenguas. No había más que verbos irregulares y palabras de ortografía imposible. Me sentí muy desalentado al ver cómo se esfumaba mi sueño de seguir la carrera de espía.

Entonces fue cuando el señor Bailson, mi profesor, me dio un ejemplar de un libro titulado *El lenguaje de las matemáticas*, y empecé a comprender que las matemáticas son también un lenguaje. Creo que pensó que anhelaba un lenguaje sin verbos irregulares en el que todo tuviera perfecto sentido, pero también percibió que no podría resistirme al poder de este lenguaje para describir el mundo que me rodeaba. En ese libro descubrí que las ecuaciones matemáticas podrían contar la historia de los planetas en su recurrido por el cielo nocturno, que la simetría podría explicar la forma de una burbuja, de un panal de abejas o de una flor, y que los números eran la clave de la armonía musical. Si uno quería describir el universo, no eran el alemán ni el ruso ni el inglés lo que necesitaba, sino las matemáticas. *El lenguaje de las matemáticas* también me enseñó que las matemáticas no son sólo un lenguaje, sino muchos, y que son muy efectivas para crear diccionarios que pasan de uno a otro, haciendo que aparezcan atajos en el nuevo lenguaje que hasta entonces permanecían ocultos en el antiguo.

La historia de las matemáticas ha estado jalonada por momentos brillantes de este estilo.

En la explicación de muchos de los patrones que hemos visto hasta ahora está implícito un sorprendente atajo matemático: el álgebra. El truco del álgebra consiste en pasar de lo particular a lo general. Esto significa que no tengo que abrir un camino nuevo cada vez que considere un caso diferente. En vez de tomar un número particular, puedo hacer que la letra x represente cualquier número.

Voy a hacerle un pequeño truco de magia al lector. Piense un número. Multiplíquelo por 2. Súmele 14. Divida el número obtenido por 2. Réstele el número con el que empezó. Le aseguro que el número en el que ahora está pensando es el 7. Usamos este pequeño truco al comienzo de una obra teatral en la que participé como asesor, *A Disappearing Number* ['El número desaparecido'], que trata sobre la colaboración entre el matemático indio Srinivasa Ramanujan y el matemático de Cambridge G. H. Hardy. Siempre me sorprendía el murmullo de sorpresa que provocaba este truco en el público, como si de verdad estuviera leyendo mágicamente sus mentes. Lo que había pasado, por supuesto, no era magia, sino matemáticas. La clave para entender cómo habían sido manipulados matemáticamente está en el álgebra.

El álgebra es la gramática que hay detrás del funcionamiento de los números. Un poco como el código fuente que hace que se ejecute un programa, el álgebra funciona siempre, sean los que sean los números de los que se alimente.

El álgebra fue desarrollada por el director de la Casa de la Sabiduría, en Bagdad, un hombre llamado Muhammad ibn Musa al-Juarismi. Fundada en 810, la Casa de la Sabiduría fue el centro intelectual más prominente de su tiempo y atrajo a sabios de todas las partes del mundo para estudiar astronomía, medicina, química, zoología, geografía, alquimia, astrología y matemáticas. Los estudiosos musulmanes recogieron y tradujeron muchos textos antiguos, salvándolos así para la posteridad. Sin su intervención, quizá nunca habríamos conocido las antiguas culturas de Grecia, Egipto, Babilonia y la India. Sin embargo, los sabios de la Casa de la Sabiduría no se conformaban con traducir las matemáticas desarrolladas por otros. Querían también crear matemáticas propias. Fue este deseo de nuevos conocimientos el que condujo a la creación del lenguaje del álgebra.

Cualquiera puede detectar patrones algebraicos propios, aunque no sepa que está haciendo álgebra. Aprendiendo de niño las tablas de multiplicar, empecé a detectar algunos patrones curiosos detrás de estos cálculos. Por ejemplo, puede uno preguntarse cuánto es 5 × 5 y luego mirar cuánto es 4 × 6. ¿Qué relación hay entre estos resultados? Hágase 6 × 6 y a continuación 5 × 7, y después 7 × 7 seguido por 6 × 8. Lo más seguro es que todos habrán detectado el patrón: el segundo resultado es 1 menos que el primero.

Para mí, el detectar patrones como éstos me servía para convertir el tedio de aprender las tablas de multiplicar en algo un poco más interesante. Estos patrones me ayudaban a acortar el aprendizaje memorístico que normalmente se esperaba de nosotros. Pero ¿este patrón funciona siempre? Si tomamos un número y lo elevamos al cuadrado, ¿nos dará siempre 1 más que el resultado de multiplicar el número anterior y el siguiente?

He usado palabras para tratar de describir este patrón, pero en el siglo IX se creó en Irak el nuevo lenguaje matemático del álgebra para poder hacerlo con más claridad. Sea x un número cualquiera. Si elevamos x al cuadrado, será 1 más el producto de $(x - 1)$ por $(x + 1)$. O escrito en forma de expresión algebraica:

$$x^2 = (x - 1)(x + 1) + 1$$

Este lenguaje algebraico también permitió a los matemáticos demostrar por qué este patrón se cumplirá siempre, elijamos el número que elijamos. En efecto, si desarrollamos $(x-1)(x+1)$ obtenemos $x^2 - x + x - 1 = x^2 - 1$, y si sumamos 1 a esto, ya tenemos x^2.

Este mismo planteamiento de permitir que x represente un número cualquiera es la clave que explica el sencillo truco de magia que condujo al lector hasta el número 7. El truco queda desvelado cuando traducimos las instrucciones al lenguaje algebraico:

Pensamos un número: x
Multiplicamos por 2: $2x$
Sumamos 14: $2x + 14$
Dividimos por 2: $x + 7$
Restamos el número que habíamos pensado: $x + 7 - x = 7$
Y resulta que estamos pensando en el número 7.

El quid es que esto funciona sea cual sea el número que pensemos de partida, incluso si nos hacemos los listos y pensamos en ¡un número imaginario! He aquí otro truco que me enseñó un matemático mago que es amigo mío, Arthur Benjamin. El álgebra es la clave para entender por qué funciona el truco. Arrojamos dos dados. Multiplicamos los dos números que salen en las caras superiores. Multiplicamos los números que están en la cara inferior de cada dado. Ahora multiplicamos el número que está en la cara superior del primer dado por el número que está en la cara inferior del segundo dado, y multiplicamos el número que está en la cara inferior del primer dado por el número que está en la cara superior del segundo dado. Finalmente sumamos los cuatro números que hemos obtenido. La respuesta es siempre 49. Lo que Benjamin ha explotado aquí es el bonito hecho de que los puntos de dos caras opuestas cualesquiera de un dado siempre suman 7. Si combinamos esto con un poco de álgebra, vemos que la respuesta es siempre 49, que es 7 al cuadrado.

$$x \times y + (7 - x) \times (7 - y) + x \times (7 - y) + (7 - x) \times y$$
$$= 7 \times 7 = 49$$

Pero el álgebra no sólo permitió hacer trucos de magia, sino que desencadenó una enorme ola de nuevos descubrimientos. En vez de tener solamente palabras, los matemáticos comprendimos entonces la gramática que nos permitía ensamblar entre sí esas palabras. Nos dio el lenguaje para describir cómo funciona el universo.

Como dijo Leibniz a propósito del poder del álgebra, este método ahorra trabajo a la mente y a la imaginación, en la cual debemos economizar ante todo. Nos permite razonar con poco esfuerzo, usando letras en lugar de objetos para aligerar la carga de la imaginación.

ILUMINANDO EL OSCURO LABERINTO

Una persona que percibió el poder de este lenguaje para descodificar la naturaleza fue el científico italiano del siglo XVI Galileo Galilei. De él suele citarse un pasaje muy famoso:

El universo no se puede entender si antes no se aprende a entender el lenguaje, a conocer los caracteres en los que está escrito. Está escrito en el lenguaje matemático y sus caracteres son triángulos, círculos y otras figuras geométricas, sin las cuales es humanamente imposible entender una sola de sus palabras. Sin ese lenguaje, deambulamos por un oscuro laberinto.

Una de las historias sobre el universo que Galileo deseaba poder leer versaba sobre el desafío de comprender cómo los objetos caen a tierra. ¿Existía una regla que regía cómo las cosas caen al suelo o se desplazan por el aire? Recoger datos sobre el movimiento de un objeto soltado desde lo alto de un edificio es delicado, porque suele caer demasiado deprisa. Galileo tuvo la ingeniosa idea de ralentizar el experimento para poder así recoger los datos que necesitaba. En vez de dejar caer una bola desde lo alto, se puso a examinar cómo rodaba a lo largo de una rampa, porque así se desplazaba con la lentitud suficiente para permitirle registrar qué distancia recorría cada segundo.

La rampa tenía que ser bastante lisa para que el rozamiento no ralentizara la bola. Galileo deseaba aproximarse lo máximo posible a la caída libre de la bola por el aire. Una vez que hubo montado una superficie lisa y comenzado a registrar la distancia que la bola recorría cada segundo, descubrió que surgía un patrón muy sencillo. Si en un segundo la bola había recorrido 1 unidad de distancia, en el siguiente segundo recorría 3 unidades y en el siguiente a éste, 5 unidades. Cada segundo subsiguiente la bola ganaba velocidad y recorría una distancia mayor, pero estas distancias obedecían al esquema de los números impares.

Cuando Galileo consideró la distancia total recorrida por la bola, salió a la luz el secreto de cómo caen las cosas a tierra.

Distancia total recorrida en el primer segundo = 1 unidad

Distancia total recorrida a los 2 segundos = 1 + 3 unidades = 4 unidades

Distancia total recorrida a los 3 segundos = 1 + 3 + 5 unidades = 9 unidades

Distancia total recorrida a los 4 segundos = 1 + 3 + 5 + 7 unidades = 16 unidades

¿Ha descubierto el lector el patrón? La distancia total es siempre un número al cuadrado. Pero ¿qué tienen que ver los números impares con los cuadrados? Podemos descubrirlo convirtiendo los números en figuras.

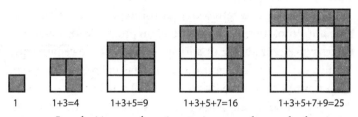

1   1+3=4   1+3+5=9   1+3+5+7=16   1+3+5+7+9=25

3.1. La relación entre los números impares y los cuadrados.

Para conseguir cuadrados cada vez más grandes, no hay más que envolver dos lados del cuadrado anterior de la serie con un número impar creciente de cuadraditos. De repente la conexión entre los números impares y los cuadrados resulta obvia. Este modo de ver las cosas geométricamente en vez de aritméticamente es un poderoso atajo.

Galileo pudo entonces elaborar una fórmula para expresar la distancia total que recorre una bola al caer a tierra: a los t segundos, la distancia total recorrida es proporcional al cuadrado de t. Había salido a la luz la ley cuadrática fundamental de la gravedad. El descubrimiento de esta ecuación nos llevó además a poder determinar dónde caerá una bala lanzada desde un cañón y predecir la trayectoria de los planetas en sus órbitas alrededor del sol.

EL N-ÉSIMO DÍA DE NAVIDAD

El truco de usar un método geométrico ingenioso para demostrar la relación entre números impares y cuadrados puede usarse también como un atajo para resolver el rom-

pecabezas planteado en el villancico presentado al inicio
de este capítulo. Para determinar cuántos regalos habré recibido de mi verdadero amor durante la Navidad, podría
decidirme por el largo camino de sumar lotes de tórtolas
y de gallinas francesas. Pero el atajo consiste en convertir
este problema aritmético en un problema geométrico. Empecemos mostrando cómo puede un punto de vista geométrico ayudar a hacerse una idea del número de regalos que
recibo cada día. Las cantidades diarias corresponden sencillamente a los números triangulares que encontramos en
el capítulo dedicado a los patrones. Ya expliqué entonces
cómo Gauss determinó estos números emparejando inteli-
gentemente los sumandos.

Pero hay otro modo de acortar el trabajo pesado, que
consiste en examinar el reto desde un punto de vista geométrico. Distribuyamos los regalos formando un triángulo,
con la perdiz del villancico en el vértice. Contar los regalos que hay en un triángulo es un poco delicado, pero ¿qué
pasa si juntamos dos triángulos? Obtenemos entonces una
forma que es un rectángulo. Y contar cosas que se distribuyen formando un rectángulo es muy fácil: basta multiplicar la base por la altura. Así que el triángulo contiene la
mitad.

Este atajo geométrico es esencialmente el mismo truco
que el de Gauss, consistente en emparejar los sumandos,
sólo que arropado de un modo ligeramente distinto. Esta
visión geométrica nos permite también crear una fórmula sencilla para calcular cualquier número de la serie. Si
queremos saber el n-ésimo número triangular, juntamos
2 triángulos de regalos y se crea así un rectángulo de dimensiones $n \times (n + 1)$. Ahora sencillamente dividimos entre 2 para saber el número de regalos que hay en el triángulo: $\frac{1}{2} \times n \times (n + 1)$.

Pero ¿cuál es el número total de regalos que voy acumulando día tras día? He aquí una lista de estos números, empezando por el primer día:

$$1, 4, 10, 20, 35, 56\ldots$$

Cada número se obtiene sumando al anterior el número triangular correspondiente. De modo que, para obtener el séptimo número de la serie, basta sumar el séptimo número triangular al sexto de la serie. Como el séptimo número triangular es 28, el séptimo número de la serie es $56 + 28 = 84$. Pero ¿habrá un atajo más ingenioso para llegar al duodécimo número de la serie, que es el número total de regalos de toda la Navidad, sin tener que estar sumando números triangulares uno tras otro?

De nuevo el truco consiste en pasar de los números a la geometría. Imaginemos que todos los regalos vienen en cajas del mismo tamaño; entonces, igual que antes agrupábamos los regalos formando triángulos, ahora podemos agruparlos formando pirámides de base triangular. En el vértice hay una sola caja con una perdiz en un peral dentro. Más abajo, en el piso siguiente, hay tres cajas; una con una perdiz y las otras dos con tórtolas. Cada vez que llegan los regalos del día, los vamos colocando en la base de la pirámide. ¿Hay algún modo de comprender cuántas cajas hay en la pirámide ahora que hemos transformado el problema aritmético en uno geométrico?

Curiosamente, sí lo hay. Igual que al juntar 2 triángulos obtenemos un rectángulo, es posible ensamblar 6 pirámides del mismo tamaño para construir un ortoedro. (Para conseguir esto hay que pensar un poco en cómo distribuir los regalos en cada pirámide para poder casar luego bien las pirámides entre sí). Si las pirámides tienen n pisos, el ortoedro tendrá dimensiones $n \times (n + 1) \times (n + 2)$. Pero el ortoedro está hecho con 6 pirámides. Así que la fórmula para el número de regalos que hay en una cualquiera de las pirámides es

$$1/6 \times n \times (n + 1) \times (n + 2)$$

¿Cuántos regalos en total recibí entonces de mi verdadero amor en Navidad? Si hacemos $n = 12$ en la fórmula, se obtiene $1/6 \times 12 \times 13 \times 14 = 364$. Eso hace ¡un regalo para cada día del año menos uno!

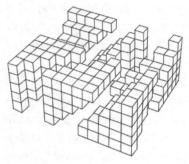

3.2. Seis pirámides hacen un ortoedro.

EL DICCIONARIO DE DESCARTES

Siempre me ha gustado cómo una imagen puede hacernos captar lo que oscurecían los números. Pero hay que ser cautos: a veces los ojos engañan. Obsérvese la figura 3.3. Parece que se han ensamblado las piezas que formaban el cuadrado de otra manera y que se ha obtenido así un bonito rectángulo. Pero esperen un momento. El área del cuadrado es 64 y el área del rectángulo, 65. ¿De dónde sale el cuadradito extra? Lo que disimula la figura es que la diagonal del rectángulo no es en realidad una línea recta: los bordes de las piezas no casan exactamente y dejan una grieta cuya

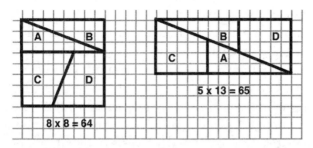

3.3. Al ensamblar de otro modo las piezas aparece un cuadradito extra.

área coincide con el área del misterioso cuadradito adicional. Como decía Descartes, las percepciones de los sentidos son también el engaño de los sentidos. Creo que después de haber visto este engaño visual no volví a confiar en mis ojos. Sólo me quedo plenamente satisfecho cuando puedo explicar de veras un patrón o una relación por medio del lenguaje del álgebra. ¿No podría ser que hubiera también algún truco visual traicionero detrás de los números impares con los que más arriba envolvíamos los cuadrados?

Para revelar este tipo de engaños visuales puede ser útil invertir el atajo y pasar de la geometría a los números. Descartes fue uno de los matemáticos a los que se les ocurrió la idea de un diccionario que traduce entre los números y la geometría. Este diccionario fue otro de los grandes descubrimientos lingüísticos, además del álgebra, que permitió encontrar atajos para explorar el universo.

De hecho, estamos muy acostumbrados a usar este diccionario cuando vemos un mapa o un GPS. Al usar una cuadrícula extendida sobre una ciudad o un país, podemos identificar cualquier punto del territorio: dos números determinarán en qué lugar de la cuadrícula se encuentra el punto. El GPS utiliza una retícula en la que el eje horizontal es el ecuador y el eje vertical el meridiano que pasa por Greenwich.

Por ejemplo, si queremos visitar la casa en la que nació Descartes, que se encuentra en un pueblo llamado Descartes (se empezó a llamar así después de su muerte, que nadie piense que se trata de una extraordinaria coincidencia), las coordenadas siguientes del GPS nos llevarán hasta allí: latitud 46,9726497 y longitud 0,7000201. Cualquier punto del planeta puede traducirse en dos números como éstos. La geometría del planeta traducida por medio de dos números.

En su libro *La geometría*, Descartes introdujo esta poderosa idea de usar coordenadas para describir propiedades geométricas. Estos números, que ahora se llaman coordenadas cartesianas en honor del hombre que propuso esta traducción, no sólo pueden usarse para localizar puntos en la superficie del planeta, sino también en cualquier imagen. El diccionario de Descartes facilitó un método para traducir entre álgebra y geometría.

El poder de esta traducción se evidencia cuando, por ejemplo, queremos describir cómo se mueve algo por el espacio. Si se lanza una pelota al aire, podemos usar dos números para describir en cada momento la altura a la que está con respecto al suelo en función de la distancia horizontal que la separa en ese instante de quien la lanzó. Hay una ecuación matemática que relaciona ambos números entre sí. Supongamos que x es la distancia que la pelota ha recorrido horizontalmente. Sea v la velocidad de la pelota en la dirección vertical y u su velocidad horizontal en el momento de ser lanzada. Si y es la altura sobre el suelo, estos componentes dan una fórmula para dicha altura:

$$y = (v/u)\, x - (g/2u^2)\, x^2$$

La letra g representa un número llamado constante de gravitación, que determina la intensidad con la que la pelota sería atraída hacia el suelo en cada planeta por efecto de la gravedad.

Por muy rápida o alta que se lance la pelota, la ecuación funciona igual. Lo único que habría que hacer es cambiar los valores de u y v, que son como selectores que podemos combinar para variar la forma de la trayectoria. El descubrimiento de este patrón que describe la trayectoria de cualquier pelota a través del aire abre la puerta a la posibilidad de predecir dónde aterrizará ésta. La ecuación es una ecuación cuadrática en x. Un futbolista que quiera saber dónde tiene que colocarse para que un balón colgado aterrice justo en su cabeza y poder enviarlo directo al fondo de la red de la portería contraria necesitará saber cómo resolver la x de una de estas ecuaciones. Como expliqué en el capítulo anterior, los antiguos babilonios encontraron hace dos mil años un algoritmo para hacerlo.

Pero estas ecuaciones cuadráticas no describen solamente la trayectoria de una pelota por el aire. Muchas veces la dependencia entre el precio de los bienes de consumo y las variaciones de la oferta y la demanda puede describirse con este tipo de ecuaciones. Saber cómo encontrar el punto de equilibrio en un sistema económico, esto es, el punto en el que el precio de un producto hace que se iguale la oferta y la demanda de éste, solamente es posible si conseguimos previamente describir los números que intervienen mediante ecuaciones. La empresa que no logre usar el lenguaje de las ecuaciones para cartografiar sus datos estará, como dijo Galileo, deambulando por un oscuro laberinto mientras sus competidores se embolsan los beneficios.

Si tenemos una base de datos, resulta muy útil buscar las ecuaciones que podrían relacionarlos entre sí. Desvelar esto puede proporcionarnos un sorprendente atajo para poder predecir el futuro.

Es extraordinario lo universales que pueden ser estos patrones. En el caso de una pelota que alguien lanza al aire, no importa quién ni cómo ni adónde la lanza. Y si cambiamos de pelota, la ecuación sigue teniendo la misma forma general.

Pero hay que ser cauto a la hora de adaptar las ecuaciones a los datos. Si se consideran los números que describen la población de Estados Unidos a lo largo del siglo pasado, se comprueba que pueden aproximarse muy adecuadamente por medio de una ecuación cuadrática, como la usada antes para describir la trayectoria de una pelota. Pero si usamos ecuaciones más complicadas, en las que permitimos que aparezcan todas las potencias de x, desde x hasta x^{10}, encontraremos una que se adapta como un guante a los datos. Esto podría animarnos a pensar que cuanto más complicada sea la fórmula, mejor funcionará a la hora de predecir el futuro. El único problema es que esta ecuación predice que la población de Estados Unidos caerá hasta cero a mediados de octubre de 2028. Quizá sabe algo que nosotros desconocemos.

Esta anécdota sirve de aviso para todos aquellos que piensan que puede hacerse ciencia recurriendo exclusivamente al poder de los datos masivos. Los datos pueden sugerir patrones, pero luego es preciso completar el trabajo con un examen analítico que verifique por qué un patrón dado viene verdaderamente dictado por cierta ecuación. La regla cuadrática que Galileo descubrió para describir la gravedad fue posteriormente explicada por el análisis teórico que de ella hizo Isaac Newton, que reveló por qué las ecuaciones cuadráticas son las ecuaciones correctas en este caso.

La idea de convertir la geometría en números no sólo nos permite explorar más eficazmente nuestro universo tridimensional, sino que proporciona también una puerta de entrada hacia mundos que nunca veremos. Uno de los momentos más emocionantes de mi viaje por el arte de los atajos se produjo cuando descubrí que podía estudiar el espacio hiperdimensional. El día que leí por primera vez sobre el poder de este lenguaje para construir un cubo de cuatro dimensiones se me ha quedado grabado en la memoria.

Esto explicaba por qué una nave espacial podía pasar de un extremo al otro del universo tomando un atajo en la cuarta dimensión. Resolvía también el enigma de cómo el universo puede ser finito sin estar confinado entre paredes. Y permitía incluso deshacer nudos que es imposible desatar en tres dimensiones.

Pero el diccionario permite hacer otras cosas aparte de viajar en el espacio. Al cartografiar los datos en mundos multidimensionales, aparecen estructuras ocultas. Cuando dibujamos un gráfico que representa ciertos datos, lo que vemos es una proyección bidimensional de algo que realmente debería representarse en un espacio de dimensión superior. Este atajo podría muy bien desvelar sutilezas que no se perciben con claridad en las proyecciones bidimensionales. Así que abrochémonos los cinturones antes de emprender este viaje al hiperespacio.

Para llegar a la cuarta dimensión hay que partir de dos dimensiones. Supongamos que queremos describir un cuadrado mediante el diccionario de coordenadas cartesianas: podemos decir que es una forma con cuatro vértices localizados en los puntos (0,0), (1,0), (0,1) y (1,1). Vemos que en este mundo plano bidimensional solamente necesitamos dos coordenadas para localizar cada posición, pero si queremos incluir también la altura sobre el nivel del mar podríamos añadir una tercera coordenada. Necesitaremos también esta tercera coordenada si queremos describir un cubo tridimensional usando coordenadas. Los ocho vértices de un cubo pueden describirse con los puntos (0,0,0), (1,0,0), (0,1,0), (0,0,1), (1,1,0), (1,0,1), (0,1,1) y finalmente el vértice extremo en (1,1,1).

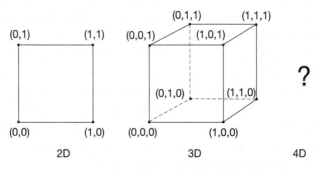

3.4. Construcción de un hipercubo usando coordenadas.

En un lado, el diccionario de Descartes tiene figuras y geometría, y en el otro, números y coordenadas. El problema es que el lado visual se queda sin opciones una vez traspasadas las figuras tridimensionales, ya que físicamente no existe una cuarta dimensión. Fue el gran matemático alemán decimonónico Bernhard Riemann, discípulo de Gauss en Gotinga, el que reconoció un rasgo maravilloso del diccionario de Descartes: el otro lado del diccionario sigue funcionando sin problemas.

Para describir un objeto tetradimensional solamente hay que añadir una cuarta coordenada a fin de registrar cuánto nos desplazamos en esta nueva dirección. Aunque no podamos nunca construir un cubo tetradimensional, podemos al menos describirlo con precisión usando números. Tiene dieciséis vértices, empezando en (0,0,0,0), pasando luego por los puntos (1,0,0,0), (0,1,0,0) y demás hasta el vértice extremo en (1,1,1,1). Los números son un código para describir la figura. Y, usando este código, podemos explorar la figura sin necesidad alguna de verla físicamente.

Y la cosa no se detiene ahí. Podemos pasar a cinco, seis o más dimensiones y construir hipercubos en esos mundos. Por ejemplo, un hipercubo en N dimensiones tendrá 2^N vértices. De cada uno de estos vértices saldrán N aristas, cada una de las cuales estamos contando dos veces. De modo que el cubo N-dimensional tiene $N \times 2^{N-1}$ aristas.

El gusto que le cogí a este cubo tetradimensional me abrió el apetito por descubrir más formas de este extraño universo multidimensional. Se convirtió en mi pasión perfilar nuevos objetos simétricos allí. Los que hayan visitado por ejemplo la Alhambra en Granada se habrán quedado extasiados (eso espero) por los maravillosos juegos simétricos que los artistas desplegaron sobre sus paredes. Pero ¿es posible entender estas simetrías? El atajo que a mí me sirve para entender a primera vista algo que parece muy visual es pasar la simetría a un lenguaje.

La creación de un nuevo lenguaje para comprender la simetría, llamado teoría de grupos, surgió a principios del siglo XIX. Y fue la invención de un joven extraordinario: el revolucionario francés Évariste Galois. Pero su vida, ay, fue segada trágicamente poco antes de que pudiera desarrollar completamente todo el potencial de su descubrimiento. Murió de un disparo, a los veinte años, en un duelo en el que se mezclaron el amor y la política.

Aunque dos paredes de la Alhambra pueden estar adornadas con mosaicos muy diferentes, las matemáticas de la simetría son capaces de dilucidar si tienen o no idénticas simetrías. Éste es el poder del nuevo lenguaje de Galois.

La simetría puede describirse como las acciones que podemos ejercer sobre un objeto de modo que su apariencia siga siendo la misma después de ejercida la acción. Lo que Galois comprendió fue que la característica esencial de la simetría era la interacción entre simetrías individuales, que si dábamos nombres a las simetrías, había una especie de gramática subyacente a todas ellas. Esta gramática era el atajo para desbloquear su mundo. Las imágenes desaparecían y en su lugar aparecía una especie de álgebra que expresaba cómo interactuaban las simetrías.

Con la teoría de grupos, los matemáticos pudieron demostrar, a finales del siglo xix, que solamente había 17 tipos diferentes de diseños simétricos con los que poder decorar las paredes de la Alhambra o de cualquier otro recinto. Mis propias investigaciones son una continuación de este viaje hacia el hiperespacio. Trato de comprender de cuántas maneras podríamos embaldosar una Alhambra en un espacio multidimensional. Se trata de un edificio hecho de lenguaje en vez de ladrillos.

Es posible vislumbrar estas figuras surrealistas en nuestro mundo tridimensional cotidiano. El gran arco de La Défense en París, construido por el arquitecto danés Johan Otto von Spreckelsen, es de hecho una proyección de un cubo tetradimensional, un cubo dentro de un cubo. Salvador Dalí representa a Cristo en su pintura *Crucifixión (Corpus hypercubus)* crucificado sobre la subestructura tridimensional de un cubo tetradimensional.

Hay incluso un juego de ordenador que promete proporcionar a los jugadores la experiencia de vivir en un universo tetradimensional. Se llama *Miegakure* y es obra del diseñador Marc ten Bosch, que ha estado desarrollando este hiperjuego durante una década. Los jugadores que se encuentren con una pared que parece que les impide avanzar por el entorno tridimensional de la pantalla pueden pasar a una cuarta dimensión y, moviéndose en esa nueva dirección, encontrar un mundo paralelo que ofrece un atajo para rodear la pared. El juego tiene pinta de ser extraordinario y estoy impaciente por que llegue el día de su lanzamiento, pero sospecho que buena parte de la extrema lentitud de su desarrollo se ha debido a la tremenda complejidad que entraña, para un programador con una mente hecha a las tres dimensiones, entretejer todos estos mundos en cuatro dimensiones.

GANAR LOS JUEGOS

Soy un gran amante de los juegos, y no sólo de los alocados juegos en cuatro dimensiones. Me gusta coleccionar los juegos que encuentro en mis viajes alrededor del mundo. Pero siempre me sorprende la frecuencia con la que algunos, a pesar de ser de distintos rincones del planeta y aparentemente muy diferentes entre sí, son el mismo juego con distintos trajes. Esto me condujo a la constatación de que muchos juegos se simplifican notablemente si sabemos transformarlos en otro juego aparentemente distinto.

Muchos de los desafíos de la vida son básicamente juegos disfrazados. La posible cooperación entre dos empresas rivales puede plantearse muchas veces como un ejemplo de un juego llamado el dilema del prisionero. Una competencia entre tres personas puede esconder el juego de piedra, papel o tijeras. Los que hayan visto la película *Una mente maravillosa* recordarán la escena en la que John Nash, uno de los inventores de la teoría de juegos, interpretado por Russell Crowe, convierte el reto de conquistar a una guapa mujer en un bar en un juego competitivo. Pero los juegos tienen reglas que las matemáticas permiten explorar con mucho éxito. Uno de los grandes atajos que las matemáticas han descubierto para ganar un juego consiste en convertirlo en algo completamente diferente, punto a partir del cual las posibles estrategias para ganarlo se vuelven mucho más transparentes.

Uno de mis ejemplos favoritos es el juego del 15. Cada jugador tiene que escoger por turno un número del 1 al 9 con el fin de conseguir tres números que sumen 15. Una vez que ha sido elegido un número, ese número deja de ser elegible. Hay que conseguir llegar a 15 con exactamente tres números. Por ejemplo: 1 + 9 + 5. No vale elegir, por ejemplo, 6 + 9. Es un juego bastante complicado, porque hay que seguir la pista de los diferentes modos de obtener 15 con los números que uno tiene disponibles y a la vez impedir que el contrincante llegue antes a 15. Merece la pena jugar una ronda con algún amigo para darse cuenta de lo difícil que puede ser llevar la cuenta de todas las posibilidades.

El atajo para este juego consiste en transformarlo en otro juego completamente distinto pero que es fácil de jugar: el tres en raya, también llamado ceros y cruces o tatetí, con la particularidad de que vamos a jugarlo sobre un cuadrado mágico.

2	7	6
9	5	1
4	3	8

El cuadrado mágico tiene la propiedad de que la suma de los números de cualquier fila, de cualquier columna y de cualquier diagonal siempre suman 15. Si jugamos al tres en raya sobre este tablero, en realidad estamos jugando al juego del 15. Pero la geometría del juego del tres en raya es mucho más fácil de controlar que la aritmética del juego del 15.

Hay otro juego, llamado *Overleaf*, que es fácil de jugar una vez que se encuentra el modo adecuado de abordarlo. Consideremos el mapa siguiente con 8 ciudades conectadas mediante carreteras. Las carreteras son las líneas rectas del mapa (de modo que una carretera puede tener 2, 3 o 4 ciudades en ella).

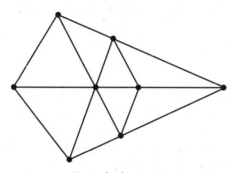

3.5. Retículo de carreteras.

Cada jugador va eligiendo por turnos una carretera. El primero que tenga tres carreteras que van a una misma ciudad gana. Aquí también merece la pena jugar algunas partidas para hacerse idea de alguna posible estrategia ganadora, pero de nuevo se trata del tres en raya con otro disfraz. Si etiquetamos las carreteras con los números que muestra la figura 3.6 es como si estuviéramos jugando de nuevo al tres en raya sobre el cuadrado mágico.

Otro juego clásico que resulta transparente una vez traducido a otro lenguaje es el nim. Hay tres montones de fichas. Los jugadores pueden llevarse por turnos las que deseen, siempre que sea una o más, de uno de los montones. Gana el que se lleva la última ficha. El juego puede empezar con cualquier número de fichas en cada montón.

Supongamos, por ejemplo, que los tres montones tienen 4, 5 y 6 fichas, respectivamente. ¿Hay alguna estrategia que

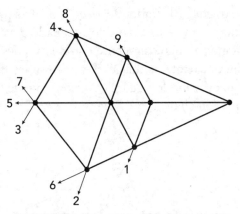

3.6. Retículo de carreteras etiquetado con ayuda
de un cuadrado mágico.

nos ayude a ganar la partida? El truco es pasar al sistema
binario el número de fichas que hay en cada montón. Recuérdese, del capítulo anterior, que los números binarios se
construyen usando las potencias de 2 en vez de las potencias de 10, como es el caso en los números decimales habituales. Así, en el sistema binario 100 representa 4, pues 4
es un lote de 2^2. Análogamente, $5 = 2^2 + 1$ es 101 y $6 = 2^2$
$+ 2$ es 110 en el sistema binario. Ahora hay que aplicar una
extraña regla para sumar estos números, lo cual nos ayudará a reconocer si estamos en una posición ganadora o no.
Sumamos los números por columnas, pero usando la regla
de que $1 + 1 = 0$. Entonces

$$
\begin{array}{r}
100 \\
101 \\
\underline{110} \\
111
\end{array}
$$

La estrategia consiste en llevarse unas cuantas fichas de
un montón, de modo que esta suma pase a ser 000. Resulta

124

que esto siempre es posible. Por ejemplo, si tomamos 3 fichas del montón de 5, quedan 2 en él. Como 2 en el sistema binario es 010, al mirar la suma de nuevo obtenemos 000:

$$
\begin{array}{r}
100 \\
010 \\
\underline{110} \\
000
\end{array}
$$

Lo fantástico es que ahora, haga lo que haga el oponente, en la suma es obligado que aparezca al menos un 1 en una de las cifras binarias, y en ese caso está claro que el oponente no ha ganado todavía la partida. Pero nosotros tenemos siempre una estrategia para que, después de nuestro turno, la suma vuelva a ser 000. En algún momento se dará necesariamente el caso de que retiremos todas las fichas restantes del juego y habremos ganado la partida.

El lenguaje de los números binarios traduce este juego en otro que sabemos siempre cómo ganar, aunque cambie el número de montones o de fichas en cada montón. Con la condición de que aprendamos a manejar los números binarios. Si antes de empezar a jugar la suma ya es cero, hay que ofrecerse a jugar el segundo. Y en caso contrario, hay que adelantarse, jugar el primero y hacer una jugada que haga que la suma dé cero.

Esta estrategia de usar el lenguaje de los números binarios para seguir la pista del estado de la partida ayuda a resolver multitud de juegos análogos. Uno puede probar, por ejemplo, el juego de dar la vuelta a las tortugas. Se colocan al azar unas cuantas tortugas en fila, unas sobre sus patas y otras patas arriba apoyadas sobre el caparazón. (El que no tenga tortugas en casa, puede usar monedas. Las caras serían tortugas sobre sus patas y las cruces tortugas patas arriba). Se juega por turnos y, en cada turno, el jugador tiene que poner patas arriba a una tortuga que esté sobre sus patas (o, el equivalente, dar la vuelta a una moneda que presente cara). Además, si lo desea, el jugador puede dar la vuelta a una segunda tortuga (o moneda) cualquiera que esté a la izquierda de la tortuga que acaba de poner patas arriba; esta segunda tortuga podría estar sobre sus patas o no (esta segunda moneda podría presentar cara o cruz). Consideremos, por ejemplo, la siguiente sucesión de $n = 13$ monedas:

XCXXCXXXCCXCX

Una posible jugada cuando uno se encuentra con esta disposición sería dar la vuelta a la novena moneda, esto es, cambiar la cara (C) de la posición nueve por una cruz (X) y dar la vuelta también a la cuarta moneda, esto es, cambiar la cruz de la posición cuarta por una cara.

Gana el jugador que vuelque a la última tortuga sobre su caparazón (o pase la última moneda de cara a cruz). A primera vista parece que este juego no tiene nada que ver con el nim, pero en realidad es el mismo juego disfrazado.

Cada tortuga que sigue en pie corresponde a un montón de fichas y su posición, numerada a partir del extremo izquierdo de la fila, es el número de fichas que hay en ese montón. En el caso de la disposición con 13 monedas descrita más arriba, tenemos 5 montones, con 2, 5, 9, 10 y 12 fichas respectivamente. Volcar sobre su caparazón a la tortuga (o hacer que pase a mostrar cruz la moneda) que ocupa la posición novena y colocar sobre sus pies a la tortuga que ocupa la posición cuarta viene a ser lo mismo que llevarse 5 fichas del montón de 9 fichas. El lenguaje de los números binarios que nos permite ganar al nim se traduce ahora en una estrategia para el volteo de tortugas, un juego que a primera vista parecía completamente ajeno.

Aunque uno no se encuentre nunca en situación de jugar al juego de las tortugas, merece la pena recordar la filosofía que hay detrás de la estrategia que permite ganar en dicho juego. Al enfrentarse a un reto, ¿hay algún modo de transformarlo en un juego que ya sabemos cómo ganar? ¿Hay algún diccionario disponible para traducir el reto a un lenguaje que haga la solución más accesible? Podríamos estar estancados en un lenguaje que supone toparse con una pared que obstruye el camino, pero si cambiando de lenguaje pasamos a un mundo paralelo, podría parecer un atajo que nos permita colarnos al otro lado de la pared.

Atajo hacia el atajo

Si un problema parece inabordable, hay que tratar de encontrar un diccionario que traduzca la descripción de éste a otro lenguaje que permita desvelar la solución más fácilmente. Si nuestro entusiasmo reciente hacia el bricolaje no se ve confirmado por los resultados obtenidos, quizá tendríamos que enriquecer los esbozos de los planos con números para ver si las medidas nos pueden decir por qué las cosas no encajan como esperábamos. Si un plan de negocios lleno de tablas numéricas no acaba de transmitir su posible impacto, habría que probar si un dibujo o una gráfica ayuda a las personas a compartir nuestra visión. ¿Podría un poquito de álgebra ingeniosa ahorrarnos horas de trabajo a la hora de volcar las finanzas de la empresa en interminables hojas de cálculo? ¿Es ese tira y afloja con un competidor en realidad un juego disfrazado y ya conocemos una estrategia para ganarlo? El mensaje de este capítulo es que siempre es bueno buscar el lenguaje adecuado que nos ayude a pensar mejor.

Parada en boxes: la memoria

Aunque he aprendido con éxito el lenguaje de las matemáticas, siempre me he sentido frustrado por no haber conseguido dominar otras lenguas más impredecibles, como el francés o el ruso, que traté de aprender con la esperanza de convertirme en un espía. Aunque también Gauss dejó atrás su afición a las lenguas para seguir la carrera de matemático, en las últimas etapas de su vida volvió al desafío de aprender nuevas lenguas, como el sánscrito o el ruso. A los sesenta y cuatro años, después de dos de estudio, había logrado dominar el ruso con la maestría suficiente para leer a Pushkin en el original.

Inspirado por el ejemplo de Gauss, he decidido reanudar mis intentos de aprender ruso. Uno de los problemas que tengo es sencillamente el recordar palabras nuevas tan extrañas. Mi atajo memorístico consiste en detectar patrones, pero ¿qué pasa si no hay patrones? Quería saber si podría haber atajos alternativos que explotan otros. ¿Y qué mejor persona a la que preguntar sobre esto que Ed Cooke, un gran maestro de la memoria y fundador de un nuevo método para aprender lenguas llamado Memrise?

Para ganar el título de gran maestro de la memoria hay que ser capaz de memorizar un número de 1.000 cifras en una hora. Durante la hora siguiente hay que enfrentarse a la tarea de memorizar el orden de 10 mazos de cartas. Y finalmente uno dispone de dos minutos para memorizar un solo mazo. En verdad, parece que tratar de adquirir capacidades como éstas es una tarea bastante fútil, pero me di cuenta de que si uno logra esas hazañas, luego lo de aprender una lista de palabras rusas se convierte en un juego de niños.

Dado que el número de 1.000 cifras se elige al azar, mi estrategia de buscar un patrón no ayuda mucho. ¿Cuál era entonces el atajo de Ed Cooke para memorizar 1.000 cifras elegidas al azar? Resulta que es lo que se conoce como un palacio de la memoria.

«El atajo consiste en transformar una cosa difícil de recordar en una representación de ésta que sea más fácil de retener—explica Cooke—. Recordamos lo que es sensorial, visual, táctil, lo que evoca una emoción. Eso es lo que queremos, transformarla en algo que ponga en marcha el recurso más poderoso del cerebro.

»Lo que hago para recordar un número de 1.000 cifras es distribuir un conjunto de imágenes en torno a un espacio, de modo que cada imagen represente un número de 2 cifras. Tratar de recordar un número como 7.831.809.720 suele ser una tarea muy difícil, porque solamente son números, todos parecen casi iguales y no tienen ningún significado. En mi mente el número 78 es un chico que solía acosarme en el colegio, colgándome boca abajo en calzoncillos y sujeto de una pierna sobre el ojo de la escalera. Y ese recuerdo es muy impactante. Mucho más que el número 78».

Cada número de dos cifras se convierte en un personaje. En el lenguaje privado de Cooke, el 31 es Claudia Schiffer «en ropa interior amarilla, tal y como aparece en el memorable anuncio de Citroën». Este añadido de un poco de color a la imagen es importante. «Cuanto más vívida y extravagante sea la imagen, mejor». El número 80 es un amigo que tiene una cara muy divertida. El 97 es el jugador de críquet Andrew Flintoff. El 20 es el padre de Cooke.

«Acopié este diccionario de números aproximadamente a los dieciocho años, de modo que se ha convertido en una versión fosilizada de mi imaginación adolescente, de mis humores, de famosos que vi en las revistas, de mi familia, de mis mejores amigos», afirma.

Aunque Cooke tiene razón cuando dice que para la mayoría de personas un número se parece mucho a otro, como matemático que pasa mucho tiempo deambulando por el mundo de los números, uno empieza a aprender a conocer las características especiales de cada uno. Comienzan a tener una personalidad propia. Se cuenta que Ramanujan, el gran matemático indio, conocía cada número como si fuera un amigo personal suyo. Su colaborador Hardy lo visitó una vez cuando estaba enfermo en el hospital, y sin saber qué decir para consolar al matemático, recurrió a comentarle que el número del taxi que lo llevó hasta allí, el 1.729, no parecía muy interesante. Ramanujan contestó inmediatamente: «Qué va, Hardy, es un número muy interesante. Es el número más pequeño que puede escribirse de dos formas distintas como suma de dos cubos». 1.729 = $1^3 + 12^3 = 9^3 + 10^3$. Pero la mayor parte de las personas no tiene este tipo de relación emocional tan íntima con los números. Claudia Schiffer en ropa interior amarilla es seguramente mucho más memorable que la suma de cubos.

Pero ¿cómo usa Cooke este reparto de personajes para recordar 1.000 cifras? La clave es colocar esos personajes en un espacio. «Si uno quiere hacer cadenas muy muy largas con información de cosas, necesita una columna vertebral sobre la cual proyectar las imágenes, y resulta que lo que tenemos es un poder extraordinario de memoria espacial. Los mamíferos desarrollaron una capacidad asombrosa para explorar y recordar un repertorio increíble de espacios. Aunque pensemos lo contrario, todos nosotros somos realmente hábiles para esto. Con sólo pasear unos minutos por un edificio complejo ya somos capaces de recordar su distribución. Así que podemos usar esta extraordinaria destreza como un atajo para acarrear sobre nuestros hombros todas esas imágenes que están representando números. Esto es lo que se llama construir un palacio de la memoria».

Un palacio de la memoria no es solamente una historia, sino una historia que se va desplazando en el espacio. Esta última parte es clave. «La ventaja de un palacio de la memoria sobre una simple historia es que las historias están más expuestas a rupturas de la cadena. Además, exigen el esfuerzo extra de aportar una lógica narrativa en lugar de dejarse llevar por la pura localización espacial, y por eso desgastan algo más la función imaginativa».

Yo había visto a Cooke construir uno de estos palacios hace unos años. Ambos habíamos participado en el maratón de memoria de la galería Serpentine, un fin de semana dedicado a la exploración del concepto de memoria, y lo recuerdo llevando al público por los alrededores de la galería, en un paseo asombroso en el que usó lo que veía para crear un palacio de la memoria que sirviese a los asistentes para recordar la lista de todos los presidentes de Estados Unidos. Cada nombre fue transmutado a una imagen sumamente vívida. Por ejemplo, el presidente John Adams se convirtió en la imagen de Adán y Eva bailando sobre un retrete; la explicación es que *john* es una de las palabras que se usan en la jerga popular para referirse al retrete. Estas imágenes se fueron repartiendo luego por los diversos rincones del parque. Para recordar la lista de los presidentes, lo único que tuvieron que hacer los asistentes fue rememorar mentalmente el paseo, algo que resulta muy apto para nuestros cerebros, y después usar las imágenes absurdas vinculadas a las distintas etapas del paseo para recordar los nombres.

El uso de la memoria espacial se presenta así como un atajo sorprendente para recordar listas muy largas de datos, ya sean números, presidentes o lo que fuere. Es un truco fantástico, porque recordar cosas de memoria parece ser una tarea cuya dificultad aumenta exponencialmente. Las 10 primeras son fáciles de recordar, las 10 siguientes más difíciles y más de 100 resulta ya imposible. Pero, como me explicó Cooke: «El rasgo absolutamente extraordina-

rio de la memoria espacial es que parece crecer en dificultad de modo lineal. Puedo memorizar un mazo de cartas
aproximadamente en un minuto o quizá dos, si lo que quiero es simplemente recordar las cartas en orden. El asunto
es que la dificultad de esta tarea aumenta linealmente, de
modo que en una hora sería capaz de memorizar 30 mazos de cartas».

Cuando dejé caer que quizá mis lectores no tengan precisamente deseos apremiantes de aprender a recordar mazos de cartas, Cooke se apresuró a hacer hincapié en que lo
de las cartas era lo de menos. La táctica funciona para memorizar todo tipo de cosas. Me explicó que cuando da una
charla sin notas usa exactamente la misma estrategia. Se trata de convertir la charla en un recorrido por un lugar familiar, como tu propia casa, y colocar los diversos puntos que
se quieren tratar en las habitaciones de la misma. A lo largo de la presentación, uno descubre que es mucho más fácil recordar el hilo del discurso rememorando el itinerario
por el palacio de la memoria que ha construido en su mente.

«En el palacio de la memoria, una vez emprendido el recorrido la escena de la acción avanza constantemente, de
modo que el peligro de que unos recuerdos interfieran con
otros se reduce al mínimo, ya que a cada paso hay un nuevo contexto que evoca nuevos recuerdos».

La técnica de traducir los números de 2 cifras a imágenes visuales es también la clave de una hazaña calculísti-
ca extraordinaria que mi amigo el mago Arthur Benjamin
es capaz de hacer. Benjamin se ha entrenado para ser capaz de multiplicar mentalmente dos números de 6 cifras.
Uno de los trucos que usaba era descomponer los números de 6 cifras en piezas que podían multiplicarse por separado para luego poder deducir de ahí el resultado utilizando ciertas fórmulas algebraicas. Pero para concluir esta
segunda etapa tenía que retener en la memoria los resulta-

dos parciales previos a fin de poder recurrir a ellos cuando los necesitara.

Lo que descubrió Benjamin fue que, si intentaba retener los números sin más, este esfuerzo interfería con los nuevos cálculos. Era como si la memoria numérica operara en el mismo sitio que los cálculos. Así que adoptó la solución de usar un código especial que traducía los números a palabras. La memorización de palabras parecía producirse en una región del cerebro que no se veía interferida por los nuevos cálculos numéricos y por lo tanto esas palabras podían ser recuperadas y traducidas de nuevo a números cuando se necesitaban.

Mi conversación con Ed Cooke tuvo lugar durante el confinamiento que vivimos en el Reino Unido provocado por la crisis del COVID-19. Cooke recordaba que fue en otro confinamiento médico—siendo adolescente tuvo que permanecer hospitalizado durante dos meses sin nada que hacer—cuando decidió embarcarse en el proyecto de convertirse en maestro de la memoria. «La motivación vino en parte por el placer de llevar una habilidad hasta sus últimas consecuencias. Cuando era estudiante, intentaba ganarme unas botellas de champán en los bares memorizando números grandes y mazos de cartas. Y empecé a presumir delante de mis compañeros de piso, asegurándoles que podría ser uno de los memorizadores de cartas más rápidos del mundo. Pero ellos replicaron que me callara y que lo demostrara, y esto es lo que me llevó a los concursos de memoria».

Los palacios de la memoria serán buenos para memorizar series de números o pronunciar charlas sin notas, pero ¿qué pasa con mi sueño de aprender ruso? ¿Es esto mismo lo que Cooke emplea en la empresa Memrise, su propuesta para aprender idiomas? ¿Podré finalmente descubrir un atajo secreto para aprender nuevas lenguas?

«Repetir y comprobar—dice Cooke—. Al repetir una misma cosa mostramos a nuestro cerebro que merece la pena recordarla. Las cosas importantes tienden a repetirse. Las comprobaciones son cruciales porque los recuerdos son movimientos del cerebro y se consolidan más cuanto más se practican».

Estos consejos no me sonaron a atajos, si soy sincero. Pero Cooke tenía más que añadir.

«Lo tercero es la técnica mnemotécnica. Pensemos en una palabra rusa extraña, como *ostanovka*, que significa 'parada de autobús'. ¿Cómo me meto esa palabra en la cabeza? Bueno, ¿por qué no relacionarla con palabras que conozco de mi propia lengua que conecten de algún modo con ella? Si queremos registrar algo en nuestra mente, tenemos que entretejerlo con la red de asociaciones existente. Por ejemplo, «*osta*» suena como «Austin», la fábrica inglesa de automóviles. Ya han hecho bastantes coches[1] y eso me da *novka*, de modo que tomaré el autobús, y ya tengo la «parada de autobús».

Esto parece más prometedor. Parece claro que, en lo tocante a la repetición y a la comprobación, no voy a poder aprender ruso en una hora. Pero la mnemotecnia podría realmente ser un atajo para retener una lista de palabras rusas que antes no eran nada pegadizas. Cooke tiene también un último consejo, que aprendió de su abuela, para acortar el proceso de aprender una lengua.

«El mejor modo de aprender una lengua es entre sábanas. Cuando uno está encantado, muy motivado, muy atento y realmente inmerso, aprende sumamente rápido».

---

[1] «Bastantes coches» es en inglés «*enough cars*», que suena parecido a «*novka*».

4

LOS ATAJOS GEOMÉTRICOS

☞ *Hay 10 personas en Edimburgo y 5 en Londres. La distancia entre las dos ciudades es de 400 millas. ¿Dónde deberían encontrarse para que la distancia total recorrida sea mínima?*

El concepto de atajo que manejo en la mayor parte del libro responde a la idea de un recorte mental abstracto del viaje que me lleva a mi destino. Pero en este capítulo quiero considerar algunos atajos con existencia física real. Si queremos ir de A a B en un territorio físico, una buena comprensión de la geometría subyacente de éste podrá ayudarnos a diseñar caminos que nos lleven más rápidamente a nuestro destino, incluso si a primera vista parecen apuntar hacia una dirección errónea.

Y aunque no se trate de planear un viaje real, a veces podemos transformar cierto reto en un modelo geométrico en el que hay un túnel o rodeo que, traducido al problema original, nos proporciona un atajo para éste. Por ejemplo, como explicaré más adelante, empresas digitales como Facebook o Google se han fijado en cómo un grupo grande de personas consigue encontrar colectivamente atajos sobre el terreno y han traducido esta filosofía a su mundo para diseñar un método de descubrir atajos en el paisaje digital que pisamos diariamente.

El diseño de atajos físicos se convertiría también en una pasión para Gauss en los últimos años de su vida. Aunque de estudiante se había enamorado de las matemáticas jugando con los números, también disfrutaba con los desafíos de la geometría. Pero para él la geometría no era simplemente los círculos y los triángulos abstractos de Euclides. Es bastante extraño ver a Gauss, un hombre entusiasmado por las ideas abstractas de las matemáticas, enfrascarse a los cuarenta años en la tarea eminentemente práctica de trazar un mapa del reino de Hanóver para el gobierno local. Como escribió Gauss en cierta ocasión: «Todas las mediciones del mundo no valen lo que un teorema, con el que la ciencia de la eterna verdad avanza genuinamente». El trabajo en el que se embarcó no era la bonita y exacta teoría de números por la que se había sentido atraído ya en la escuela, sino montañas de mediciones confusas e inexactas, y llenas de errores debidos a los dispositivos defectuosos o a los fallos humanos. Se mire por donde se mire, el plano de Hanóver que finalmente elaboró no era especialmente exacto.

No obstante, el tiempo que pasó haciendo mediciones por el territorio de Hanóver condujo al descubrimiento de nuevos tipos revolucionarios de geometría.

PARA IR DESDE A HASTA B

Como es bien sabido, en 1492 Cristóbal Colón se hizo a la mar con la idea de encontrar un atajo para llegar a las Indias. Las rutas comerciales tradicionales obligaban a un viaje por tierra largo y traicionero que limitaba la cantidad de productos que podían transportarse de una vez. Los comerciantes estaban sumamente interesados en encontrar alguna ruta marítima. Algunos creían que había un posible trayecto que rodeaba África, pero otros pensaban que por este camino se interponían tierras que impedían el acceso al mar de las Indias. Y aunque hubiera una ruta de este estilo, muchos opinaban que resultaría demasiado larga. Colón creía que poniendo rumbo al oeste acabaría llegando a China y a la India por el lado contrario y estableciendo así una ruta más cómoda para importar las especias y las sedas orientales que Europa anhelaba.

Había hecho en su gabinete los cálculos matemáticos necesarios. Pensaba que para ir desde las islas Canarias hasta las Indias Orientales bastaría desplazarse 68 grados hacia el oeste, lo cual equivalía en sus cálculos a unas 3.000 millas náuticas. Un atajo sin ninguna duda, si tenemos en cuenta que navegar desde Londres hasta el golfo de Arabia rodeando África supone un recorrido de 11.300 millas náuticas. Por desgracia, Colón cometió algunos errores cruciales en sus cálculos, lo que le hizo subestimar gravemente la verdadera distancia que tendría que cubrir si quería llegar a las Indias por el lado opuesto al habitual.

En la Antigüedad ya se hicieron estimaciones sobre la circunferencia de la Tierra. En el año 240 antes de Cristo el matemático griego Eratóstenes calculó que medía unos 250.000 estadios. ¿Cuánto medía un estadio? Éste es uno de los problemas a la hora de estimar distancias. ¿Qué unidad de longitud usa uno como estándar? En tiempos de Eratóstenes la unidad era el estadio, que era la longitud de un estadio de atletismo. El problema es que los estadios griegos tenían 185 metros de largo, mientras que los egipcios eran más cortos, ya que tenían 157,5 metros. Dado que Eratóstenes vivía y trabajaba en Egipto, podemos concederle el beneficio de la duda y aceptar que sus estadios corresponden a la medida egipcia, con lo cual se obtiene una medida de la circunferencia de la Tierra, que tiene de hecho 40.075 kilómetros, con un error de aproximación del 2 %.

Pero Colón partió de una estimación más moderna, del geógrafo persa medieval Abu al-Abbas Ahmad ibn Muhammad ibn Kathir al-Farghani, conocido como Alfraganus en los países occidentales. Colón supuso que la milla que había usado Alfraganus era la milla romana, que tiene una longitud de 4.856 pies. En realidad, Alfraganus usó la milla árabe, que era mucho más larga, ya que tenía una longitud de ¡7.091 pies!

Por suerte para Colón, en vez de verse perdido en medio del océano a sólo la mitad de camino hacia su destino y con las provisiones agotadas, tropezó con una pequeña isla de las Bahamas a la que llamó San Salvador. Durante cierto tiempo no cayó en la cuenta de su error y asumió que los habitantes de la isla eran indios, pues pensaba que había alcanzado las Indias Orientales.

El auténtico atajo hacia oriente resultó ser uno que los humanos tuvimos que excavar físicamente. Durante su estancia en Egipto, Napoleón empezó a acariciar la idea de abrir un canal entre el Mediterráneo y el mar Rojo. Pero, de nuevo por culpa de unos cálculos erróneos, se pensó que el mar Rojo se elevaba diez metros más que el Mediterráneo, y para evitar la inundación de los países ribereños del Mediterráneo sería preciso construir un complejo sistema de esclusas. La idea finalmente condujo a una propuesta demasiado cara para las arcas estatales francesas.

Una vez comprobado que ambos mares tenían el mismo nivel, la idea de un canal volvió a coger fuerza, y el atajo acabó inaugurándose el 17 de noviembre de 1869. Aunque el canal de Suez estaba bajo control del Gobierno francés, fue un barco inglés el primero que lo cruzó. La noche antes de la apertura, protegido por la oscuridad y sin encender sus luces, el capitán del barco de Su Majestad *Newport* maniobró con su nave entre la flotilla que esperaba para atravesar el canal y consiguió colocarla en primera posición. Cuando los tripulantes de los demás barcos se despertaron para celebrar la inauguración, se encontraron con que el *Newport* ya estaba de camino hacia el mar Rojo. El único modo de que pudieran pasar más barcos era permitir que el *Newport* pasara primero. El capitán del *Newport* fue oficialmente amonestado por la Armada británica, pero felicitado en privado por el almirantazgo por su golpe de efecto.

El canal de Suez acortó la travesía desde Londres hasta el golfo Pérsico en 8.900 kilómetros, reduciendo la duración del viaje en un 43 %. Puede calibrarse la importancia de este atajo a partir de las contiendas militares que ha ocasionado, como la guerra del Sinaí, la más famosa de todas ellas, que se declaró en 1956, cuando el presidente egipcio Gamal Abdel Nasser arrebató a los británicos el control del canal. Hoy el 7,5 % del transporte marítimo mundial pasa a través de esta vía y produce a la Autoridad del Canal de Suez, propiedad del Gobierno egipcio, unas ganancias de 5.000 millones de dólares anuales.

En 1914 fue inaugurado otro atajo igualmente importante que ahorró a los barcos el rodeo de toda Sudamérica hasta el cabo de Hornos. El canal de Panamá, que conecta el océano Atlántico con el océano Pacífico, posee de hecho un sistema de esclusas por el que deben pasar las naves, no porque el nivel del mar sea diferente a uno y otro lado, sino porque resultaba demasiado caro excavar hasta la profundidad necesaria, y la solución fue que los barcos cruzaran un lago artificial en su travesía por Panamá.

ALREDEDOR DEL MUNDO

Dado que la primera circunnavegación de la Tierra no se produjo hasta principios del siglo XVI, ¿cómo pudo Eratóstenes medir la circunferencia del planeta con tanta exactitud en el año 240 antes de Cristo? Obviamente no pudo rodear la Tierra con una cinta métrica. En lugar de esto, lo que hizo fue medir una corta distancia sobre la superficie terrestre y luego usar unas pocas ideas matemáticas ingeniosas para ahorrarse el tener que medir la Tierra entera.

Eratóstenes fue director de la Biblioteca de Alejandría e hizo contribuciones fascinantes a la ciencia en diversos campos, desde las matemáticas hasta la astronomía, desde la geografía hasta la música. Pero a pesar de sus trabajos innovadores, sus contemporáneos minusvaloraron sus méritos y le pusieron el sobrenombre de Beta, pretendiendo señalar así que no era un pensador de primera fila.

Una de sus inteligentes ideas fue un método sistemático para elaborar una lista de los números primos. Eratóstenes propuso el algoritmo siguiente para encontrar los primos en la lista de los números entre 1 y 100: partimos del 2 y tachamos todos los números a partir de él que sean múltiplos de 2. Esto puede hacerse sencillamente moviéndose hacia la derecha en la tabla y eliminando un número de cada dos. Ahora nos fijamos en el siguiente número después del 2 que no ha sido tachado; se trata obviamente del número 3. El paso siguiente es tachar todos los múltiplos de 3 mayores que el 3, lo cual se consigue recorriendo la tabla y tachando sistemáticamente un número de cada tres a partir del 6. En este punto el método empieza a mostrar sus rasgos más generales. El siguiente número de la lista que todavía no hemos tachado es el 5. Repetimos entonces el paso que hemos aplicado a los números anteriores: avanzamos en la tabla eliminando un número de cada cinco a partir del 10.

Ésta es la clave del algoritmo: considerar en cada paso el siguiente número *n* que no ha sido borrado previamente y luego eliminar los números que son múltiplos de *n*, avanzando hacia la derecha en la tabla tachando un número de cada *n*. Haciendo esto sistemáticamente, una vez que hayamos eliminado los múltiplos de 7, tendremos la lista de los números primos inferiores a 100.

Es un algoritmo inteligente. Evita tener que pensar demasiado. Es perfecto a la hora de implantarlo en un ordenador. El problema es que enseguida se convierte en un proceso demasiado lento para producir números primos. Es un atajo mental porque nos permite actuar como una máquina para elaborar la lista. Pero no es el tipo de atajo que yo quiero celebrar en este libro. Lo que querría es una estrategia ingeniosa para rastrear los primos.

Sin embargo, le daré un sobresaliente a Eratóstenes por su cálculo de la longitud de la circunferencia de la Tierra, porque es un cálculo inspirado. Había oído hablar de un pozo que existía en la ciudad de Swenet, en el que cierto día del año el sol caía a plomo sobre él iluminando el fondo. En el solsticio de verano, a mediodía, el sol iluminaba perpendicularmente el pozo, sin proyectar sombra alguna sobre el fondo. Swenet es hoy la ciudad de Asuán, próxima al trópico de Cáncer, que es el paralelo que marca los puntos más septentrionales del planeta, a 23,4 grados, en los que el sol puede caer directamente a plomo.

Eratóstenes se dio cuenta de que podría usar esta información sobre la localización del sol para hacer ese día concreto un experimento que le daría una estimación de la longitud de la circunferencia de la Tierra. Aunque se ahorraría el trabajo de tender una cinta métrica que rodeara el planeta, el experimento exigiría una buena caminata. En el solsticio de verano erigió un poste vertical en Alejandría. Él pensaba que Swenet y Alejandría estaban situados sobre un mismo meridiano, aunque el hecho es que Swenet está 2 grados más hacia el este. Sin embargo, lo que celebramos aquí es el espíritu que inspiró el experimento y no tanto la precisión de éste.

El día fijado, el sol caía a plomo sobre el pozo de Swenet, sin proyectar sombra alguna, aunque sí la producía al caer sobre el poste instalado en Alejandría. Midiendo la longitud del poste y la de su sombra, Eratóstenes construyó un triángulo a escala y midió el ángulo en su vértice superior. Con eso podría saber a qué distancia de Swenet, sobre la circunferencia de la Tierra, estaba situada Alejandría. El ángulo que midió tenía 7,2 grados, que corresponde a 1/50 de una circunferencia completa. Lo único que le quedaba por saber era la distancia física entre Swenet y Alejandría.

En vez de hacer él mismo el recorrido a pie, contrató para ello a un medidor profesional, lo que se llamaba un bematista, que se desplazaría en línea recta de una ciudad a la otra: cualquier desvío enturbiaría los cálculos. El resultado quedó registrado en una unidad de medida más grande que el paso humano: el estadio. Se demostró que Alejandría estaba situada a 5.000 estadios al norte de Swenet. Si esto era una parte entre cincuenta comparada con el viaje completo alrededor del planeta, eso daba un total de 250.000 estadios para la longitud de la circunferencia de la Tierra. Hoy no sabemos exactamente cuántos pasos dio el agrimensor contratado por Eratóstenes para determinar los estadios, pero como expliqué más arriba, consiguió una medición extraordinariamente buena. Usando un poco de geometría, sorteó la necesidad de contratar a alguien que recorriera andando todo lo ancho del planeta.

La palabra *geometría* tienen su origen en este experimento, pues si analizamos su composición vemos que proviene del griego y que significa 'medida de la tierra': *geo*, 'tierra', y *metría*, 'medida'.

LA TRIGONOMETRÍA: UN ATAJO
HACIA LOS CIELOS

Los antiguos griegos no usaron las matemáticas para medir solamente la Tierra. También se percataron de que podían usarse para medir igualmente los cielos. Y la herramienta esencial que hacía esto posible no era el telescopio o una sofisticada cinta métrica, sino la trigonometría.

Hay ya un atisbo de esta herramienta en el cálculo de Eratóstenes. La trigonometría es la teoría matemática de los triángulos, que explica las relaciones entre los ángulos y las longitudes de los lados de un triángulo. Este tipo de matemáticas proporcionó a los científicos del mundo antiguo un atajo extraordinario para medir el cosmos sin necesidad de salir de la comodidad de la superficie terrestre.

Por ejemplo, ya en el siglo III antes de Cristo, Aristarco de Samos había usado la trigonometría para determinar la relación entre la distancia de la Tierra al sol y la de la Tierra a la luna. Para conseguir esto, solamente tenía que calcular el ángulo que forman en la Tierra la recta que une la Tierra con la luna y la que une la Tierra con el sol (uno de los ángulos del triángulo que forman la Tierra, la luna y el sol), un día con la luna medio llena. Ésos son los días en los que el ángulo que forman en la luna la recta que une la luna con el sol y la que une la luna con el Tierra es exactamente de 90 grados (véase más abajo). Entonces, construyendo en pequeño el triángulo cuyos ángulos había medido, pudo calcular el cociente entre la distancia de la Tierra a la luna y la distancia de la Tierra al sol, ya que ese cociente era el mismo calculado en el triángulo pequeño. La brillantez de la idea radica en que, independientemente de lo grande o pequeño que sea el triángulo, siempre que tenga los mismos ángulos, ese cociente no varía. Este cociente es lo que de hecho se llama el coseno del ángulo que midió Aristarco.

Para calcular las distancias absolutas, y no ya las distancias relativas, se precisaba un ángulo y también una de las distancias. Fue Hiparco, al que se considera tradicionalmente el fundador de la trigonometría, el que descubriría un método muy agudo para dilucidar las distancias reales entre la Tierra, la luna y el sol. Explotó para ello una serie de eclipses solares y lunares, en particular el eclipse solar que se produjo el 14 de marzo del año 190 antes de Cristo.

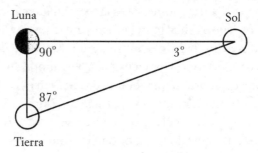

4.1. Un triángulo que sirve para medir el sistema
solar.

Como Eratóstenes, Hiparco usó observaciones realizadas en dos puntos diferentes de la Tierra. En el Helesponto el eclipse fue total, pero en Alejandría fue parcial: aquí la luna oscureció solamente cuatro quintas partes del sol. Igual que Eratóstenes, Hiparco tenía ahora una distancia que podía medir desde la Tierra. Al combinar la distancia entre las dos ciudades con los ángulos que había medido gracias al eclipse, pudo usar la trigonometría para calcular la distancia de la Tierra a la luna.

El poder del atajo trigonométrico fue extraordinario y animó a Hiparco a emprender la confección de las primeras tablas trigonométricas. En ellas uno buscaba un ángulo y, al formar un triángulo rectángulo con el ángulo en cuestión en uno de los vértices, obtenía cuáles eran las proporciones relativas entre sus lados. Y los matemáticos descubrieron además otros atajos para componer esas tablas sin que fuera necesario dibujar una gran cantidad de triángulos y ponerse a medir lados y ángulos en ellos.

Pensemos, por ejemplo, en un triángulo equilátero, que tiene los tres lados iguales y los tres ángulos iguales, los tres de 60 grados. Dibujemos un segmento que parta de uno de los vértices dividiendo su ángulo en dos ángulos iguales de 30 grados; al llegar a la base, formará con ésta un ángulo de 90 grados. El coseno de 60 es el cociente entre la base y la hipotenusa de este triángulo rectángulo nuevo que aparece. Como la base del nuevo triángulo es la mitad del lado del triángulo original, que coincide a su vez con la hipotenusa del nuevo triángulo, vemos fácilmente que dicho coseno es igual a ½.

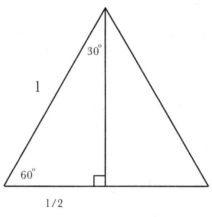

4.2. El coseno de 60.

Pero los matemáticos descubrieron una ingeniosa fórmula que relaciona el coseno de un ángulo con el coseno de la mitad de ese ángulo, y eso proporciona una herramienta para calcular otros cosenos. La fórmula es

$$\cos (x)^2 = \tfrac{1}{2} + \tfrac{1}{2} \cos (2x)$$

Usando estos atajos, se pudieron elaborar tablas para los cosenos de multitud de ángulos. Estas tablas son las que se convirtieron en el instrumento de medida más efectivo para explorar el cielo nocturno. También sirvieron como atajo para realizar mediciones en la superficie de la Tierra. Gauss las utilizó para cartografiar el territorio de Hanóver. Incluso hoy los agrimensores utilizan este atajo matemático en sus mediciones.

Por ejemplo, si quisiéramos determinar la altura de un árbol, sería bastante engorroso utilizar una estaca graduada que llegase desde las raíces hasta la copa. En vez de eso, un agrimensor se alejará del árbol hasta un punto y medirá el ángulo que en ese punto forma el suelo con la recta que lo une con el punto más alto del árbol. Mirando la tangente de este ángulo (que expresa el cociente entre los dos lados pequeños del triángulo, en este caso la altura del árbol y la distancia entre el tronco del árbol y el observador, que es mucho más fácil de medir), el agrimensor puede calcular la altura del árbol sin necesidad de subirse a una escalera.

Una muestra muy bonita del poder simplificador de la trigonometría lo proporciona la historia de la medida del metro. Puede parecer curioso, por cierto, esto de medir el metro, dado que el propio metro es una unidad de medida. Pero la historia comienza con la primera definición que se dio de lo que es realmente un metro.

MIDIENDO EL METRO

Desde el momento en el que las antiguas civilizaciones comenzaron a levantar las primeras ciudades, fueron precisas las unidades de medida para coordinar las construcciones. Las más tempranas datan de la antigua civilización egipcia, que usaba como unidades diversas partes del cuerpo. El cúbito era la distancia que hay desde el codo hasta el filo de la uña del dedo corazón. Este mismo uso de partes del cuerpo es evidente en las mediciones anteriores al metro. El pie es obvio. La pulgada proviene en castellano del dedo pulgar y lo mismo ocurre en muchas otras lenguas europeas. La yarda tiene mucho que ver con el paso humano. La unidad de medida conocida en Inglaterra como *rod*, utilizada en el tiempo de los sajones para medir tierras, respondía a una definición bastante intrigante: era la suma de las longitudes de los pies izquierdos de los primeros dieciséis hombres que salían de la iglesia el domingo por la mañana. Pero como personas hay de todas las formas y tamaños, esas medidas varían manifiestamente de una persona a otra.

El rey Enrique I trató de resolver este problema insistiendo en que se usara su propio cuerpo, el cuerpo del rey, para unificar las unidades. Estableció por decreto que una yarda era la distancia que había entre la punta de su nariz hasta el extremo de su dedo pulgar con el brazo extendido. Pero claramente esta definición planteaba problemas, ya que lo más probable era que la yarda cambiara de longitud cada vez que un nuevo monarca accediera al trono.

Los cabecillas de la Revolución francesa pensaron que había que establecer un sistema de medidas más igualitario, al que tuviera acceso todo el mundo. Galileo había demostrado que el período de oscilación de un péndulo depende de su longitud y no de su peso o su amplitud. En un principio se propuso definir el metro como la longitud de un péndulo que tarda dos segundos en realizar una oscilación completa. Pero resulta que el período de oscilación depende también de la fuerza de la gravedad, que varía de un punto a otro del planeta.

Lo que se decidió entonces es definir el metro como la diezmillonésima parte de la distancia del Polo al Ecuador. Aunque en principio cualquiera tiene acceso a medir esta distancia, enseguida salió a la luz lo impracticable de usar esta definición. Dos científicos, Pierre Méchain y Jean-Baptiste Delambre, fueron los encargados de medir la distancia desde el Polo hasta el ecuador y de regresar a París con la medida exacta del metro, pero igual que Eratóstenes se dio cuenta de que no era necesario medir la distancia completa, estos dos científicos decidieron medir la distancia entre Dunkerque y Barcelona, dos ciudades que están situadas casi sobre el mismo meridiano. Entonces, como hizo Eratóstenes, podrían utilizar este cálculo para deducir por proporcionalidad la distancia del Polo al ecuador.

Delambre comenzó su labor en Dunkerque, al norte, al tiempo que Méchain quedaba encargado de la sección sur, que partía de Barcelona. Acordaron encontrarse a medio camino, en la ciudad de Rodez, al sur de Francia. Pero ¿cómo hicieron sus cálculos? Para empezar, los dos precisaban una unidad de medida estándar para realizar las mediciones. Así y todo, era inviable ir desplegando esa unidad una y otra vez sobre el terreno desde Dunkerque hasta Barcelona.

Aquí es donde irrumpe el poder de la trigonometría y los triángulos. Oteando el paisaje desde lo alto de la torre de una iglesia de Dunkerque, Delambre buscó otros dos puntos elevados que pudieran servir como vértices para completar un triángulo. Habría que medir la distancia de la torre de la iglesia a uno de estos dos puntos. Este trabajo pesado era inevitable, pero a partir de ese momento podría usar la medida de dos de los ángulos del triángulo para calcular las longitudes de los otros dos lados. Para medir los ángulos, usó un instrumento que se llama el círculo de reflexión de Borda y que consiste en dos telescopios montados sobre un mismo eje, con una escala para medir el ángulo que forman ambos. Delambre sencillamente apuntó con los telescopios hacia los dos puntos elevados que había elegido desde lo alto de la iglesia y anotó el ángulo que formaban entre ellos.

Trasladándose luego a uno de los otros dos puntos elevados del triángulo, podía obtener el segundo ángulo. Con estos datos la trigonometría daba ya las longitudes de los

dos lados restantes. Y aquí viene la idea realmente inteligente. Uno de estos lados, del cual ya conocía la longitud,
sería el lado de un nuevo triángulo formado eligiendo otro
punto elevado que fuera visible desde los dos puntos que
había identificado originalmente desde la torre de la iglesia de Dunkerque. De este nuevo triángulo ya conocía uno
de los lados. Así que, midiendo dos ángulos con el círculo de reflexión de Borda, ya podía conocer las longitudes
de los lados que faltaban.

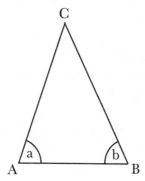

4.3. Conociendo la distancia
entre A y B y los ángulos a y
b, la trigonometría nos permite calcular las distancias
de C a A y de C a B.

Fue éste un atajo brillante. Ensamblando triángulos a lo
largo del camino entre Dunkerque y Barcelona, estos científicos solamente precisaron medir la longitud del lado de
un solo triángulo, ya que a partir de ese momento todo el
trabajo lo hicieron los ángulos. El arte de la triangulación
es un atajo extraordinario para medir la Tierra. La medición de ángulos puede realizarse cómodamente en los puntos elevados que definen los vértices de los triángulos. No
hay necesidad de recorrer a pie largas distancias ni de tender varas de medir sobre el terreno.

Pero subirse a puntos elevados para mirar a través de un telescopio no dejaba de entrañar ciertos riesgos. No era el mejor momento para estar inspeccionando el terreno con telescopios y otros extraños instrumentos, pues se estaba empezando a desatar una revolución. Ambos científicos sufrieron diversos ataques por parte de los lugareños, que sospechaban de ellos al verlos subidos a las torres y los árboles desde los que trataban de medir su camino a través de Francia. En Belle Assise, al norte de París, Delambre fue detenido como sospechoso de espionaje. ¿Quién, si no un espía, estaría dedicándose a escalar torres cargado con esos instrumentos tan extraños? Delambre trató de explicar que estaba midiendo el tamaño de la Tierra por encargo de la Academia de Ciencias, pero un miliciano borracho lo interrumpió: «Ya no hay academias. Ahora todos somos iguales. Venga con nosotros». Finalmente, tras siete años, Delambre y Méchain volvieron triunfantes con el metro a París.

Se fundió una barra de platino con la medida correspondiente a sus cálculos y desde 1799 quedó archivada en Francia como testimonio de la medida estándar del metro. Pero esta unidad de medida padeció en cierto sentido el mismo problema que la yarda de Enrique I. A pesar de la universalidad de su definición, a los científicos les resultaba mucho más sencillo viajar a Francia para hacerse con una copia del metro para realizar sus mediciones que ponerse a realizar sus propios cálculos de la distancia entre el Polo y el ecuador.

DE LONDRES A EDIMBURGO

Cuando Delambre y Méchain tuvieron que decidir dónde encontrarse, lo que tenía más sentido era hacerlo en el punto medio entre Dunkerque y Barcelona. Pero ¿cuál es la respuesta correcta en el caso de las 15 personas del problema con el que se abrió el capítulo? ¿Dónde debería reunirse ese grupo de 15 personas si 5 están en Londres, 10 en Edimburgo, y quieren minimizar la distancia total a recorrer? Puede sonar raro, pero la respuesta es que deberían quedar en Edimburgo. A primera vista, uno podría pensar que, dado que el grupo está dividido en dos sectores que están en proporción de 2 a 1, debería reunirse a dos tercios del camino entre Londres y Edimburgo. Pero, por cada milla que se alejara de Edimburgo el punto de encuentro, el grupo escocés recorrería en total 10 millas extras y ahorraría al grupo inglés solamente 5.

En general, si el grupo de 15 personas se encuentra esparcido al azar a lo largo de la línea que va de Londres a Edimburgo, la mejor solución para acortar la distancia total recorrida es que todos se dirijan al punto en el que se encuentra la persona de en medio, esto es, la octava persona que encontremos saliendo de Londres (o de Edimburgo). Basándonos en el mismo principio, por cada milla que se alejara de la octava persona el punto de encuentro, un grupo ahorraría 7 millas y el otro estaría obligado a desplazarse 7 millas más (y por esta parte habría empate), pero la octava persona sumaría 1 milla más a la cuenta total.

¿Qué pasaría en un contexto aún más general si tuviéramos a 15 personas dispersas por Nueva York, una ciudad de calles y avenidas distribuidas formando una cuadrícula? Si hacemos un recorrido de este a oeste, el punto de encuentro debería estar situado en la avenida en la que encontremos a la octava persona, y a su vez, en la calle en la que encontremos a la octava persona, que no tiene por qué ser la misma de antes, si hacemos un recorrido de norte a sur.

Este tipo de análisis es esencial cuando uno pretende determinar el emplazamiento de una red de intercambio de Internet que minimice la cantidad de cable necesaria para su correcto funcionamiento. Pero hay otra estrategia curiosa para encontrar atajos en espacios físicos o digitales que ha sido muy explotada a lo largo de la historia e incluso en los entornos tecnológicos de hoy.

LOS CAMINOS DEL DESEO

Los exploradores del siglo xv buscaban atajos geométricos que pudieran conducirlos eficazmente de un extremo a otro del mundo. En nuestra vida cotidiana solemos estar muy atentos para detectar atajos inteligentes que puedan llevarnos más rápidamente a nuestro destino. En el parque que hay cerca de mi casa, en Londres, los urbanistas planificaron toda una red de caminos asfaltados para guiar a los peatones que se dispusieran a atravesarlo. Seguramente sobre el papel esa red parecía perfectamente adecuada, pero una ojeada rápida al parque sugiere otra cosa. Además de los caminos asfaltados, hay en él un sendero de tierra seca que se abre sobre el césped y que demuestra que los paseantes han decidido que existe un itinerario mucho más rápido para atravesar el parque de un extremo al otro.

A los urbanistas les suelen gustar los caminos asfaltados que forman entre sí bonitos ángulos rectos, pero cuando vamos caminando tiene mucho más sentido acortar por la diagonal que tener que rodear por el ángulo recto. Los humanos preferimos la hipotenusa cuando vamos de A a B. Vemos y seguiremos viendo constantemente esos senderos de hierba aplastada que hace el paseante al buscar el camino más corto hacia su destino.

Un ejemplo interesante de estos atajos diagonales que recortan los ángulos rectos puede verse en Manhattan. La disposición de las vías en calles y avenidas que discurren en paralelo o perpendicularmente entre sí es indudablemente fruto de la planificación humana. Pero hay una calle que, curiosamente, corta diagonalmente el retículo que forman las otras: Broadway, que va de la esquina superior izquierda a la esquina inferior derecha de Manhattan atravesando los ángulos rectos que forman sus calles. Resulta que esta vía es un antiguo atajo que usaban los indígenas en sus desplazamientos antes de que los inmigrantes europeos fundaran Manhattan. Broadway sigue el llamado Wickquasgeck Trail, que al parecer era la ruta más corta entre los asentamientos de los indígenas americanos que había en esa zona en su tiempo y que evitaba los terrenos pantanosos y las colinas. Cuando llegaron los colonos europeos conservaron este atajo para atravesar Manhattan. Este sendero, hollado por los pies de la multitud de caminantes que iban de un lado a otro de la isla, se conserva ahora cubierto de asfalto para uso y disfrute de los coches y peatones de la ciudad.

Estos atajos creados por los usuarios tienen un nombre: son los llamados caminos del deseo. Algunos los llaman caminos de vacas o de elefantes, porque muchas veces fueron trazados por los rebaños que pasaban por allí. J. M. Barrie, el creador de *Peter Pan*, los describe como caminos que se hacen solos, ya que en ningún momento se ha visto a alguien diseñando su ruta. Nadie toma la decisión consciente de aplastar la hierba y abrir un camino. Surgen poco a poco, como si nacieran solos, tal como dice Barrie.

Algunos de estos caminos del deseo son bastante curiosos porque parecen hacer los itinerarios más largos de lo necesario. No parecen atajos en absoluto, pero, examinados más atentamente, se ve que son caminos creados para evitar algo. Aunque muchas veces ni siquiera está muy claro de qué se trata, si se escarba un poco en la cultura local seguramente se descubrirá que la clave está en algún tipo de superstición. Por ejemplo, muchas personas no pasan nunca por debajo de una escalera de mano porque consideran que trae mala suerte y prefieren rodearla. Las escaleras de mano no suelen permanecer en el mismo sitio el tiempo suficiente para que surja un camino del deseo permanente, pero en Rusia hay una superstición parecida que afecta a los postes que se yerguen apoyados el uno en el otro. A menudo las viejas farolas están colocadas en lo alto de este tipo de postes y uno se encuentra con caminos del deseo permanentes que han surgido para evitar pasar entre ambos postes.

Algunos urbanistas se percataron de que podían usar estos atajos como atajo. En vez de planificar los caminos asfaltados por adelantado para acabar comprobando que los transeúntes no los usaban, tuvieron la ingeniosa idea de dejar que fueran los habitantes del entorno los que decidieran el trazado de los caminos del deseo que les permitieran llegar a su destino, y una vez surgieran los itinerarios de este modo orgánico, proceder a asfaltarlos.

La Michigan State University utilizó las pisadas de los estudiantes para decidir el trazado de los senderos que conectarían entre sí los nuevos edificios universitarios que levantaron en 2011. Desde el punto de vista aéreo, esos caminos semejan un embrollo absurdo de hebras que se entrecruzan, como un plato de espaguetis. Nada que ver, desde luego, con lo que un diseñador habría decidido de antemano. Pero al permitir que los pies de los estudiantes hablasen (o más bien pisasen), la distribución final de los caminos creó una red que funciona perfectamente para todos los que cruzan diariamente el campus camino de sus clases.

El arquitecto Rem Koolhaas usó una estrategia similar para diseñar el campus del Illinois Institute of Technology, en Chicago.

La nieve proporciona también un modo efectivo de comprender cómo los vehículos y los peatones usan el espacio urbano. Después de que los ciudadanos lleven varios días desplazándose por la nieve, los patrones definidos por la que perdura en las calles pueden dar al Ayuntamiento la posibilidad de detectar las zonas de las carreteras, aceras o jardines que no se utilizan al moverse por la ciudad y de ofrecer a los urbanistas la oportunidad de usar esas parcelas para otras cosas, como instalar una isleta o una obra de arte urbano.

Vemos que este tipo de atajo se usa una y otra vez en el sector comercial: se deja que sea el público el que genere el material a partir del cual se extraerán luego las ideas valiosas. En cierto modo, la recogida y explotación de nuestros datos digitales que llevan a cabo empresas como Facebook, Amazon o Google ejemplifican cómo éstas observan los caminos del deseo digital que marcamos con nuestras pisadas y sacan luego provecho de esos atajos tan concurridos.

Twitter, por ejemplo, no introdujo la idea del *hashtag* o etiqueta actuando de arriba abajo. Fue algo que la empresa comenzó a observar que empleaban los usuarios para clasificar sus tuits. De hecho, parece que el *hashtag* nació con el usuario Chris Messina, que fue el primero que sugirió su utilidad, en agosto de 2007. Quería acortar así el trabajo que suponía encontrar a otras personas interesadas en los mismos asuntos sobre los que él tuiteaba. El *hashtag* proporcionó un modo ingenioso de facilitar el seguimiento de las conversaciones de interés. Cuando cada vez más personas empezaron a hacer uso de este camino del deseo digital inaugurado por Messina, Twitter cayó en la cuenta de este atajo que habían producido los usuarios y en 2009 lo convirtió en un camino oficial de su plataforma. Podríamos decir, si se quiere, que lo asfaltó.

Si miramos un mapamundi y nos piden que marquemos cuál pensamos que sería el camino más corto para volar desde Madagascar a Las Vegas, nuestra primera intuición podría ser dibujar una línea recta en el mapa que una los dos lugares en cuestión. Al fin y al cabo, parece que esta línea es la que seguiría el camino del deseo de una persona (o un pájaro) que volara de un punto al otro. Pero aquí no estamos teniendo en cuenta la curvatura de la Tierra. El auténtico camino del deseo, el camino de longitud mínima cuando consideramos la superficie de la esfera, es un camino que pasa por encima del Reino Unido y después sobre Groenlandia, bien distinto del descrito por la línea recta original que seguramente hubiéramos marcado en un mapa plano.

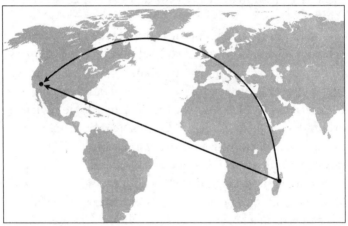

4.4. La ruta más rápida entre Madagascar y Las Vegas pasa por el Reino Unido.

Sobre una esfera, el camino más corto entre dos puntos siempre forma parte de lo que se llama un círculo máximo, que es parecido a los meridianos que pasan por ambos polos. De hecho, si tomamos un meridiano y lo vamos moviendo sobre la esfera terrestre hasta que logremos que pase por los dos puntos que nos interesa unir entre sí, se convertirá en el círculo máximo que pasa por ambos.

Cuando uno empieza a explorar las consecuencias de la existencia de estos atajos alrededor del globo, enseguida surgen algunos rasgos bastante curiosos. Tomemos por ejemplo tres puntos: el Polo Norte, Quito en Ecuador y Nairobi en Kenia. Estas dos últimas ciudades están muy cerca del ecuador. El camino más corto que une estos tres puntos definiría un triángulo sobre la superficie terrestre. Los ángulos de los triángulos clásicos de la geometría de Euclides suman 180 grados. Pero si examinamos los ángulos de este triángulo veremos que suman mucho más que 180 grados. Al fin y al cabo, los ángulos en Quito y en Nairobi son ambos de 90 grados, ya que los meridianos cortan perpendicularmente el ecuador. El ángulo que forman en el Polo Norte los meridianos que pasan por estas ciudades tiene 115 grados. Así que la suma de los ángulos del triángulo es 90 + 90 +115 = 295 grados.

Polo Norte

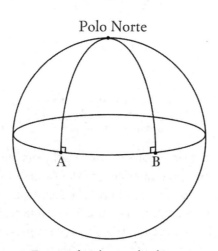

4.5. En una esfera, los ángulos de un triángulo suman más de 180 grados.

Hay también geometrías en las que los ángulos de un triángulo suman menos de 180 grados. Por ejemplo, sobre una figura llamada antiesfera, que es algo así como un cono con las caras curvadas, los caminos más cortos entre dos puntos de esta superficie también forman triángulos extraños, en los que la suma de los ángulos es inferior a 180 grados. Estas superficies tienen lo que se llama curvatura negativa, mientras que las esferas como la Tierra tienen curvatura positiva. Una geometría plana como la del mapamundi con el que comenzamos tiene curvatura cero.

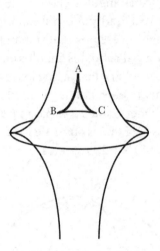

4.6. En una antiesfera los ángulos de un triángulo suman menos de 180 grados.

El hallazgo de las geometrías no euclídeas fue uno de los descubrimientos matemáticos más apasionantes de principios del siglo XIX. Sin embargo, el descubrimiento provocó una polémica entre tres matemáticos que reclamaban la paternidad de estas geometrías. La idea la presentaron por primera vez públicamente en la década de 1830 simultáneamente el matemático ruso Nikolái Ivánovich Lobachevski y el matemático húngaro János Bolyai. El padre de Bolyai quedó muy impresionado por el descubrimiento de su hijo y estaba ávido de presumir de él ante uno de sus mejores amigos: Carl Friedrich Gauss. Pero Gauss respondió al padre de Bolyai con una carta bastante mortificante:

Si empezara diciendo que soy incapaz de alabar este trabajo, seguro que usted se sorprendería, pero no puedo decir otra cosa: alabarlo sería como alabarme a mí mismo. De hecho, todo el contenido del trabajo, el camino emprendido por su hijo, los resultados a los que ha llegado, coinciden casi enteramente con mis reflexiones, que han ocupado parcialmente mi mente durante los últimos treinta o treinta y cinco años.

Resulta que Gauss había descubierto estas geometrías curvadas con extraños atajos a través de las superficies muchos años antes, cuando estaba cartografiando Hanóver. Para hacerlo se vio obligado a triangular el terreno, lo mismo que habían hecho Méchain y Delambre para medir el metro. Aunque al gran matemático la tarea le había parecido a primera vista tediosa, resultó ser la catalizadora de profundas ideas teóricas. Gauss había especulado con la posibilidad de que, no solamente la superficie de la Tierra, sino incluso la geometría del espacio tridimensional mismo podría ser curvada. Decidió usar algunas de sus mediciones de triángulos para comprobar si los rayos de luz que viajaban entre las cumbres de tres colinas que rodeaban su casa en Gotinga podrían crear un triángulo cuyos ángulos sumaran una cantidad diferente de 180 grados.

A la luz le gustan los atajos. Siempre encuentra el camino más corto entre dos puntos. De modo que, si los ángulos sumaban una cantidad distinta de 180 grados, eso significaría que la luz estaba siguiendo un camino curvado a lo largo del espacio. Gauss esperaba poder demostrar que el espacio tridimensional estaba de hecho curvado, como la superficie bidimensional de la Tierra. Cuando no encontró ninguna discrepancia, dejó de lado sus ideas, ya que estas nuevas geometrías curvadas iban contra su creencia de que las matemáticas estaban ahí para describir el universo que vemos a nuestro alrededor. Y a los pocos amigos con los que había discutido estas investigaciones les hizo jurar que las mantendrían en secreto.

Ahora sabemos, por supuesto, que Gauss estaba trabajando a una escala demasiado pequeña como para detectar la curvatura del espacio. Fueron la nueva teoría de la gravedad de Albert Einstein y la geometría del espacio-tiempo las que desatarían un interés renovado por la comprobación de las ideas de Gauss.

Einstein descubrió que la distancia entre dos objetos del espacio podría variar según quién los observara. Viajando a una velocidad próxima a la de la luz, la distancia parecería más corta. El tiempo también parecía depender del observador. La sucesión de los acontecimientos podría cambiar según se moviera éste. El gran avance de Einstein fue percatarse de que es preciso considerar el espacio y el tiempo juntos en una geometría tetradimensional hecha de tres dimensiones espaciales y una dimensión temporal. La medida de las distancias en esta nueva geometría del espacio-tiempo condujo a un espacio que estaba curvado.

Las ideas de Einstein redefinieron la gravedad no ya como una fuerza, tal y como lo había hecho Newton, sino como una deformación del espacio-tiempo. Un objeto con una gran masa deformaría el tejido del espacio. La gravedad ya no era como una fuerza que atraía a los objetos entre sí; esta visión podía replantearse. La gravedad era los atajos que seguían los objetos en esta geometría. La caída libre de un objeto era en realidad el recorrido que este objeto encontraba en ella para ir de un punto a otro por el camino más corto.

Esto significa que no hay que pensar que los planetas que orbitan alrededor del sol lo hacen arrastrados por una fuerza, como si hubiera una cuerda tirando de ellos, sino libremente, como si fueran pelotas rodando por una rampa de este espacio-tiempo tetradimensional. Parecía una idea absurda, pero Einstein concibió un modo de comprobarla. Igual que los planetas, la luz buscaría el camino más corto para desplazarse a través del espacio. Si la luz tenía que pasar cerca de un objeto con una gran masa, la teoría predecía que el camino más corto implicaría un desvío de ésta provocado por la cercanía del objeto.

El astrónomo británico Arthur Eddington se dio cuenta de que había una manera de comprobar esta idea gracias a un eclipse solar que sería visible desde la Tierra en 1919. La teoría predecía que la luz de las estrellas lejanas sufriría un desvío a causa de los efectos gravitacionales producidos por el sol. Eddington necesitaba el eclipse para mitigar el brillo del sol y poder así ver las estrellas en el firmamento. El hecho de que la luz tuviera efectivamente que desviarse al pasar cerca de objetos con una gran masa confirmó que los caminos más cortos no eran líneas rectas sino curvas, tal y como había predicho la teoría de Einstein.

La flexión y deformación del espacio podrían también proporcionar atajos a través del universo que servirían para sortear las trayectorias larguísimas que impone la teoría de la relatividad de Einstein. Él comprendió que el universo admite una velocidad límite: la velocidad de la luz en el vacío. Nada puede moverse a mayor velocidad. Esto produce un problema si queremos ir de un extremo a otro de la galaxia, lo que lleva tiempo. Éste es un asunto al que se han enfrentado muchos escritores de ciencia ficción: ¿cómo trasladar a los protagonistas de su historia de un punto a otro sin que pasen años y años viajando? Normalmente la solución es recurrir a un agujero de gusano, una solución especial de las ecuaciones de campo de Einstein que proporciona un atajo especulativo entre diferentes zonas del espacio-tiempo. Un agujero de gusano es como un túnel que atraviesa una montaña, sólo que en este caso el túnel une entre sí dos puntos del universo para viajar entre los cuales se precisarían millones de años.

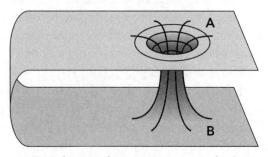

4.7. Está el camino largo que atraviesa todo el universo desde A hasta B o el atajo a través del agujero de gusano.

Así que la idea de Gauss de que la luz tomaba un atajo a lo largo de trayectorias curvas cuando viajaba de una colina a otra de Gotinga era correcta, sólo que para ver el efecto era preciso trabajar a una escala mucho más imponente: no bastaba observar Hanóver, había que observar la galaxia entera. Einstein (y ello le honra) siempre reconoció que los matemáticos del siglo XIX habían creado la geometría que le permitió descubrir la relatividad. Escribió:

La importancia de C. F. Gauss en el desarrollo de las teorías físicas modernas y especialmente en los fundamentos matemáticos de la teoría de la relatividad es abrumadora. Realmente [...] no dudo en confesar que, en cierta medida, puede suponer un gran placer sumirse en cuestiones puramente geométricas.

Atajo hacia el atajo

Al planear un viaje para ir de A a B, suele merecer la pena recordar que la luz encuentra siempre el camino más rápido: algunas veces compensa dar un rodeo porque la ruta es más rápida aunque el camino sea más largo. Las mediciones en torno a la casa a veces pueden ser complicadas porque no siempre tenemos una cinta métrica adecuada a mano. Pero quizá podamos medir un ángulo. Los senos y los cosenos siempre han sido considerados atajos fantásticos a la hora de medir, no solamente el cielo nocturno o la superficie de la Tierra, sino también muchas cosas que a primera vista parecen inaccesibles. La estrategia de los urbanistas de que sean las personas las que busquen los atajos es una táctica que no solamente puede aplicarse para atravesar de modo efectivo un parque de un extremo a otro. Permitir que sea el público el que nos guíe hacia una solución óptima es un atajo potencial que nos ahorra el tener que hacer todo el trabajo por nuestra cuenta.

Parada en boxes: los viajes

Me gusta andar. Caminar a paso lento me permite disfrutar del paisaje y de la naturaleza de un modo que suele resultar inviable con nuestro estilo de vida acelerado. En un paseo no se trata de ir de A a B, sino de ir de A a A pero saboreando el largo rodeo para volver a donde estábamos al principio. Cuando era más joven, a mi hijo esto le parecía absurdo. Un día salimos andando para pasar el día en el campo. Cuando llevábamos recorrido medio kilómetro, mi hijo vio de repente una senda que partía del camino por el que en ese momento estábamos atravesando un prado, al final de la cual se veía nuestra casa. Entonces exclamó: «¡Papá, he encontrado un atajo! Mira, si vamos por este sendero llegaremos a casa».

Pero para mí caminar es también una especie de atajo. Tres millas por hora parece ser la velocidad perfecta para pensar. Como escribió Jean-Jacques Rousseau en sus *Confesiones*: «Sólo puedo meditar mientras camino; en cuanto me paro dejo de pensar, y mi cabeza sólo avanza con mis pies».[1] Andar es mi atajo hacia la revelación matemática, el rodeo necesario que debo realizar para dejar a mi subconsciente que explore un problema de un modo distinto.

Robert Macfarlane habla sobre la conexión entre caminar y pensar en su libro *Las viejas sendas*. En él describe cómo Ludwig Wittgenstein consiguió un avance fundamental en su trabajo mientras paseaba por el campo noruego: «Parecía engendrar nuevos pensamientos en mi interior», escribió el filósofo. Pero es el término elegido por Wittgenstein para describir esos pensamientos el que resulta verdaderamente revelador, como señala Macfarlane. Wittgenstein usó la palabra *Denkbewegungen*, que significa literalmente 'dinámica del pensamiento'. Macfarlane los describe como «ideas que surgen al transitar un sendero (*Weg*)».[2]

A Macfarlane le gusta viajar, el senderismo y los recorridos por la naturaleza. Sus libros son una bella apología de las excursiones a pie. Así pues, estaba muy deseoso de preguntarle qué opinaba sobre la idea de los atajos. ¿Es posible que nos estemos perdiendo algo interesante si vamos siempre en busca de atajos?

---

[1] Jean-Jacques Rousseau, *Las confesiones*, trad. Mauro Armiño, Madrid, Alianza, 2008, p. 508.
[2] Robert Macfarlane, *Las viejas sendas*, trad. Juan de Dios León Gómez, Valencia, Pre-Textos, 2017, pp. 54.

«Puedo tomar el funicular para subir a la cumbre del Cairn Gorm, en la cadena montañosa que más me gusta del noreste de Escocia, y comprobaré ciertamente que éste es el mejor atajo hasta la cima, pero no me aportará ni placer ni satisfacción—explica—. Pero si llego a esa cumbre después de una caminata de dos días, me parecerá uno de los sitios más extraordinarios en los que he estado».

Macfarlane me habla del alpinista y místico escocés W. H. Murray, en cuyos escritos se reflejan los poderosos encantos de estar en sitios así: «Cuando su espíritu está sobrecargado o aligerado, el movimiento natural del corazón humano es ir hacia arriba». Murray escribió estas palabras en papel higiénico que sustraía de las letrinas cuando estaba detenido en un campo de prisioneros durante la Segunda Guerra Mundial. Al ser imposible viajar con su cuerpo, en su mente caminaba por las Tierras Altas de Escocia. Otra de las heroínas de Macfarlane es la escritora y poetisa modernista Nan Shepherd.

«Nan Shepherd escribe al final de *La montaña viva*, en la década de 1940, sobre cómo estos momentos del ser, como ella los llama, haciéndose eco de Woolf, Wordsworth y otros, solamente se producen cuando "al caminar así, horas y horas, con los sentidos afinados, la carne se vuelve leve".[1] Ésta es la frase más sorprendente—afirma Macfarlane—. En estos montes las prisas no tienen cabida, creo que esto es lo que quiere expresar. De modo que en este modelo el atajo y la revelación son absolutamente incompatibles».

Pero Macfarlane me recuerda que muchos de estos caminos que hoy recorremos por gusto fueron transitados por primera vez en el Neolítico porque eran atajos. Al vivir en

---

[1] Nan Shepherd, *La montaña viva*, trad. Silvia Moreno Parrado, Madrid, Errata Naturae, 2019, p. 187.

la escasez, aquellas personas tuvieron que equilibrar el gasto de energía, los recursos y todo lo demás. Es poco probable que renunciaran a una ruta más corta en el caso de que la encontraran, ofreciera o no las mismas ocasiones de tipo contemplativo que una más larga.

Pero no siempre fue así. Como señala Macfarlane, algunas veces las culturas neolíticas dedicaban una cantidad excesiva de recursos a proyectos que no estaban directamente vinculados con las necesidades de la supervivencia. Sobre este punto, me cuenta una bonita historia acerca de unos bifaces de piedra extraída en las canteras inglesas de Little Langdale, en Cumbria, en el Distrito de los Lagos, que revela que no todos los caminos del Neolítico eran atajos que aspiraban a la máxima eficacia. «Había canteras de roca perfectamente apta para construir bifaces a poca altura en el mismo valle y podrían haber recurrido a ella para conseguir las herramientas que querían. Pero está claro que prefirieron subir a terrenos mucho más altos y difíciles, hasta un farallón llamado Gimmer Crag».

Sentí curiosidad por saber por qué habrían ido hasta ese lugar tan poco accesible para conseguir la misma roca que tenían a su alcance en un emplazamiento más fácil.

«Los lugares tienen a veces un aura que pervive en los objetos que extraes de ellos—asegura—. Por eso hay razones que explican por qué en tiempos prehistóricos se usaban los largos rodeos además de los atajos».

Entonces Macfarlane invierte los papeles y me interpela. ¿Existen ejemplos en matemáticas en los que el camino largo puede ser especialmente productivo?

Las conjeturas creo que son un buen ejemplo. Una conjetura es como la cumbre de una montaña. No quiero mirar la respuesta en la última página del libro. Eso sería como tomar el funicular para subir a lo alto de Cairn Gorm. La satisfacción de la llegada depende de los días, años mejor dicho, que me haya llevado alcanzar la cima. Pero, por otra parte, no quiero transitar trabajosamente por unos parajes aburridos porque sí. Hay algunos paseos que pueden convertirse en trabajos pesados.

En las matemáticas, existe una tensión extraña y delicada entre que las cosas sean tan fáciles que se hagan aburridas y que sean tan complicadas que se haga imposible comprender lo que ocurre. En su libro *Adventure, Mystery and Romance* ['Aventura, misterio y romance'], John Cawelti caracteriza los rasgos de esta tensión en la literatura, pero lo que dice se aplica también a las matemáticas:

Si buscamos orden y seguridad, es muy probable que el resultado sea aburrimiento y monotonía. Pero si rechazamos el orden en aras del cambio y la novedad, surgen el peligro y la incertidumbre [...] la historia de la cultura puede interpretarse como una tensión dinámica entre la búsqueda del orden y la huida del tedio.

A veces el hecho de tener que tomar el camino largo para llegar a la cumbre forma parte del placer. Probar el último teorema de Fermat supuso trescientos cincuenta años de esfuerzos conjuntos de varias generaciones de matemáticos, y hubo que emprender para ello viajes a tierras extrañas y secretas antes de conseguir encontrar un camino que llegara al destino. Pero esos rodeos y largos desvíos forman parte del placer de la demostración. Nos vimos obligados a descubrir tierras matemáticas nuevas y fascinantes que podrían haber permanecido invisibles si no hubiéramos tenido que rodear los pantanos matemáticos infranqueables que se interponían en el camino.

Es interesante pensar que si su demostración hubiera sido corta y quizá bastante trivial, a lo mejor el valor que asignamos al último teorema de Fermat habría sido muy inferior. Las grandes conjeturas que están todavía sin resolver, como la hipótesis de Riemann, deben su aura al desafío que suponen y a la cantidad de trabajo que supuestamente habrá que invertir para resolverlas. Hablamos de las grandes conjeturas como podríamos hablar de escalar el Everest. Si no fuese tan arduo llegar hasta la cima, quizá no valoraríamos tanto el logro de alcanzar la solución.

Trato de explicar a Macfarlane que lo que creo que me hace disfrutar de las matemáticas no es tanto atravesar penosamente un páramo como encontrarme detenido ante una montaña buscando un camino para sortearla, y sentir la emoción extraordinaria de descubrir un resquicio, un túnel, el atajo que me permita seguir adelante.

«Te miro las manos mientras te explicas y lo que veo es la actitud de un escalador—dice—. Pareces un alpinista y no un caminante, y hablo de la escalada gimnástica, que es diferente del montañismo, que es diferente a su vez del senderismo de montaña».

¿Le atraía a Macfarlane el reto del alpinismo?

«Era muy malo, pero estuve muy metido en el mundo de la escalada unos cuantos años de mi vida y los alpinistas hablan del quid de una escalada—dice—. Cualquier escalada que merezca ese nombre tiene un quid, un punto especialmente desafiante. Parece muy similar al proceso que describías a la hora de enfrentarte a un problema matemático. Aquí se llaman problemas del búlder. Empiezas con los ejercicios fáciles y los practicas una y otra vez, hasta que llegas al quid y te caes. Te tira, la dinámica de ese salto es imposible. Y cuando lo consigues, las pocas veces que lo he conseguido, es absolutamente sensacional. Es lo más parecido a resolver un problema».

Reconozco esa sensación de frustración seguida de euforia que puede desencadenar la superación de un problema de búlder matemático. Justo antes de nuestra cita acababa de ver *Free Solo*, un documental que cuenta cómo fue la extraordinaria escalada sin cuerdas que Alex Honnold culminó con éxito en El Capitán, un impresionante monolito del parque nacional Yosemite. La ascensión tiene unos ocho quids, es la hipótesis de Riemann de las escaladas. La parte más dura se llama simplemente «el problema del búlder», que es una secuencia difícil a lo largo de finos asideros, algunos no mucho más anchos que un lapicero, bastante apartados entre sí. Es preciso realizar una patada de kárate muy singular para superar una pared casi vertical. Un fallo en ese momento significa una caída y una muerte seguras. No existe el lujo de poderse caer una y otra vez. Una de las cosas que más me sorprendió de esta escalada era que el camino más corto hacia la cima no tenía nada que ver con una línea recta. La ruta que adopta Honnold tiene que descender a veces en mitad del trayecto, alejándose del destino final, para encontrar un camino a la cima que sea escalable. Indudablemente, las geodésicas en la escalada son líneas extrañas que se retuercen y serpentean sobre la pared rocosa.

Me preguntaba qué determina qué ruta escoger para escalar una montaña. ¿La más rápida? ¿La más espectacular? ¿La más difícil? Hay 18 rutas con nombre propio para subir a la cumbre del Everest, algunas de las cuales nunca se han escalado. La gran mayoría de los escaladores usan dos rutas: la del collado norte y la del collado sur. George Mallory murió tratando de escalar el collado norte. Habló de una «bonita línea». Esta bonita línea no tiene por qué ser la más dura, pero es muy celebrada por su belleza. Esto es interesante a la luz del hecho de que también los matemáticos hablan de modo parecido sobre la belleza de una demostración. ¿Cuál es la cualidad que hace que una ruta sea bonita? Como lo plantea Macfarlane: «La belleza está típicamente en función de una especie de continuidad en el movimiento o en la línea mismos. No hay por qué echarse necesariamente a la izquierda y escoger la siguiente arista o lo que fuere. Es algo que tiene que ver también con la naturaleza de la roca, con el hecho de que sea poco quebradiza y firme. Literalmente, se trata de la elegancia de la línea que dibujaríamos en el aire si describiéramos nuestra trayectoria en él. Y está el asunto del peligro también. La línea bonita engloba todo esto. Y luego está la línea más difícil, la línea del tigre. Y también la que se conoce como *diretissima*, la línea más directa». El término proviene del escalador italiano Emilio Comici, que dijo: «Me gustaría hacer un día una ruta, dejar caer una gota de agua desde lo alto y comprobar que la gota sigue hacia abajo esa misma ruta». Esa ruta también representa lo que se conoce como línea de caída, el gradiente más perfecto de una ladera, la trayectoria que seguiría una gota de agua que fluyera libremente.

Ésta ha sido la clave de algunos de los atajos que ha utilizado Macfarlane para dejar la montaña rápidamente cuando se avecinaba la noche o algún fenómeno atmosférico peligroso: «Cuando tienes que salir corriendo de la montaña porque hay mal tiempo o especialmente en el caso en que te sorprende la noche, empiezas a buscar la línea de caída porque en teoría es el camino más corto hacia el terreno llano, que es donde más probablemente encontrarás seguridad y refugio».

Pero hay que tener también en cuenta los riesgos que puede entrañar la línea de caída. «La línea de caída podría conducirte directamente sobre un cortado, y eso no es lo que queremos. Podría acordarme de muchas ocasiones en las que he tenido que descender a toda velocidad y evaluar sobre la marcha la conveniencia de lanzarme por la línea de caída o asumir otras opciones arriesgadas que salen al paso. Esto me ha llevado a tomar buenas decisiones en algunas ocasiones y malas en otras. El atajo puede ser una maravilla, pero también un peligro».

Me preguntaba si hubo algún caso concreto en el que el atajo de la línea de caída resultó ser la salvación.

«Una de las mejores líneas de caída que he tomado fue una vez que surfeé una pequeña avalancha—cuenta—. Estábamos descendiendo una montaña escocesa y el tiempo se nos echaba encima; llegamos a una pendiente muy empinada que estaba cubierta de nieve. Obviamente habría sido una ruta absolutamente impracticable, pero la nieve lo nivela todo y resuelve algunos de los problemas del terreno que hay debajo, y era nieve blanda, como azúcar perlado. Así que pensamos que una avalancha no podría ser muy problemática».

Reconozco que esto me dejó más bien estremecido. Normalmente una avalancha es lo último con lo que uno desea toparse cuando está en la montaña.

«Vimos que la nieve nos ayudaría a bajar más o menos indemnes unos 60 metros, así que nos adelantamos hasta el borde de la pendiente y nos dejamos arrastrar por ella. Nos depositó sanos y salvos, aunque empapados, 60 metros más abajo en línea vertical. Fue una idea brillante, hicimos una evaluación de riesgos que salió muy bien. Ha sido uno de los atajos más divertidos de cuantos he vivido».

5

LOS ATAJOS DE LOS DIAGRAMAS

☞ *¿Qué canción de las que aparecen en la película* Reservoir Dogs *de Quentin Tarantino está representada en este diagrama?*

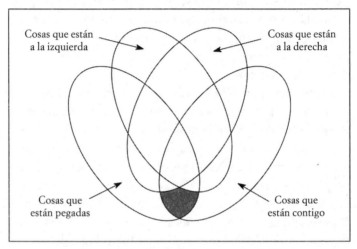

5.1. Una canción descrita con diagramas de Venn.

Si una imagen vale, como dicen, más que mil palabras, quizá sea verdaderamente el atajo insuperable. En cualquier caso, Leonardo da Vinci parecía pensar así: «[La] lengua [del poeta] se verá impedida por la sed, y [su] cuerpo por el sueño y el hambre, antes de mostrar con [sus] palabras lo que el pintor muestra con su pintura en un instante».[1] Mientras que la palabra escrita es una invención relativa-

[1] Leonardo da Vinci, *Aforismos*, trad. E. García Zúñiga, Alicante, Biblioteca Virtual Miguel de Cervantes, 2000, afor. 333.

mente reciente, los humanos llevamos desarrollando nuestra capacidad para interpretar el significado de una imagen visual desde que empezamos a evolucionar como especie. Twitter reveló, por ejemplo, que los tuits que incluían imágenes o videos tenían el triple de probabilidades de llamar la atención que los que contenían solamente texto, lo cual explica quizá por qué las aplicaciones mediáticas sociales más centradas en la imagen, como Instagram, son cada vez más las plataformas preferidas por todo tipo de negocios para transmitir el contenido deseado de modo rápido y eficiente. Una imagen bien diseñada puede ser un atajo excepcional para comunicar un mensaje de una manera mucho más eficaz que cualquier combinación de palabras.

También en las matemáticas una imagen puede transmitir una idea cuando han fallado las ecuaciones. La raíz cuadrada de −1 fue considerada durante siglos por los matemáticos como una extraña aberración. Fue en última instancia la representación que Gauss ofreció de los números complejos, describiéndolos en un plano, la que propició su aceptación general. Pero el poder político de las imágenes a la hora de representar números se reveló realmente poco antes de 1855, el año en el que murió Gauss.

EL DIAGRAMA DE LA ROSA

Cuando Florence Nightingale llegó al hospital de Scutari, en Turquía, en noviembre de 1854, lo que vio allí la dejó horrorizada. La guerra de Crimea había estallado un año antes y el hospital era responsable de atender a las tropas inglesas heridas en el conflicto. El edificio estaba situado en un estercolero y carecía de las condiciones higiénicas y sanitarias adecuadas. El sitio era sórdido y estaba atestado. Nightingale se afanó inmediatamente en mejorar las condiciones de vida, instalando una lavandería, aumentando los suministros y proporcionando alimentos nutritivos. A pesar de todos sus esfuerzos, la tasa de mortalidad siguió creciendo. Los enfermos y los heridos recibían cuidados constantes por parte de Nightingale y otras enfermeras, como Mary Seacole, pero no eran suficientes. Entonces, después de meses de lucha en esta batalla perdida, dos hombres entraron en escena: el doctor John Sutherland, especialista en cólera, y Robert Rawlinson, un ingeniero sanitario. Después de algunas inspecciones, encontraron el problema de fondo: el sistema de suministro de agua. Estaba obstruido con animales muertos y había fugas en las letrinas que contaminaban con excrementos humanos los depósitos de agua. Rawlinson y Sutherland lo sanearon todo y empezaron a notar la diferencia.

Como resultado de la Comisión Sanitaria, como la llamaron, los hospitales militares mejoraron rápidamente. En un mes se redujeron a la mitad las muertes a causa de enfermedades infecciosas. En un año, habían bajado en un 98 %, de más de 2.500 en enero de 1855 a 42 en enero de 1856.

Una vez terminada la guerra, Nightingale reflexionó sobre lo que había vivido los dieciocho meses anteriores. Aceptaba que en la guerra se perdieran vidas humanas en el campo de batalla, pero no el número de muertes, mucho más elevado, debido a las enfermedades. Se sintió sumamente afligida por las pérdidas: murieron 18.000 hombres, muchos de los cuales podrían haberse salvado. El desafío que se le presentaba era cómo conseguir hacer en los hospitales militares las mejoras permanentes necesarias para que no volviera a ocurrir una tragedia parecida, pero sabía que no sería nada fácil convencer al poder establecido de la urgencia de una reforma radical.

Nightingale consiguió concertar una audiencia con la reina Victoria y sus asesores. Les intentó persuadir de la ne-

cesidad de una investigación para saber cuántos soldados
habían muerto en los hospitales. La reina y el Gobierno no
tenían mucho interés en realizar más indagaciones sobre los
desastres de la guerra, pero la reputación de Nightingale en
aquellos momentos era ya legendaria, así que el Gobierno
decidió pedirle que redactara un informe confidencial que
sería entregado a una nueva comisión real. Ella quería ayudar, pero ¿qué tipo de informe podría escribir? Y, más importante todavía, ¿cómo reflejar en él el horror y la tragedia que había visto desarrollarse ante sus ojos en Scutari?

Nightingale temía que el Gobierno ignorara sus cifras,
y se percató de que los hechos esenciales, su contundente
llamada a la acción, tendría que entrarles por los ojos. De
modo que creó un diagrama, que ahora se llama el diagrama de la rosa, para concentrar el mensaje que enviaban los
números.

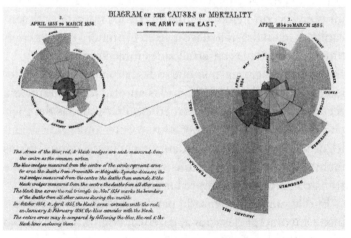

5.2. El diagrama de la rosa de Florence Nightingale.

El diagrama consistía en dos rosas. En la rosa de la derecha, describía el año de guerra 1854-1855, con el número de
soldados muertos cada mes, indicando también la causa

de su muerte. Y en la de la izquierda, un diagrama más pequeño muestra los datos del año 1855-1856. Lo importante es el área de cada color. El área central estaba coloreada de rojo (en nuestra versión aparece en gris oscuro) y representaba las muertes causadas por heridas, y el negro representaba las muertes por otras causas, como congelación u otros accidentes. Pero el número escalofriante de muertes a causa de enfermedades infecciosas como la disentería o el tifus aparecía en forma de enormes pétalos azules que descollaban sobre el resto (representados aquí en gris claro).

Nightingale no especifica el número de muertos, pero las áreas coloreadas de azul producen una impresión perturbadora. Según avanza el invierno de 1854, van creciendo de modo regular, hasta enero de 1855, mes en el que mueren 2.500 hombres. Pero la segunda rosa muestra que las cosas no tienen por qué ser así. La región azul de este segundo diagrama, mucho más pequeña, revela que las mejoras en las condiciones sanitarias de los hospitales desencadenaban un drástico descenso en el número de vidas perdidas a causa de las enfermedades infecciosas.

Fue este diagrama, más que todas las palabras que contenía el informe, lo que obligó a las autoridades británicas a reconocer que las prácticas médicas inadecuadas del Ejército estaban acabando innecesariamente con la vida de miles de soldados. Su sorprendente garra visual conquistó las mentes y los corazones, y puso en marcha un proceso que transformaría para siempre los cuidados médicos.

El diagrama está pensado para enganchar primero a los ojos e involucrar después al cerebro. Nightingale escribió que el diagrama pretendía «comunicar a través de los ojos lo que somos incapaces de trasladar al cerebro del público a través de sus oídos, impermeables a las palabras». Proporciona un atajo al mensaje oculto en los números.

Hace poco me enteré, gracias a Ian Lipkin, profesor de

Epidemiología de la Universidad de Columbia, de una versión moderna del poder de las imágenes visuales para convencer a los gobiernos de los riesgos sanitarios. El profesor Lipkin lleva muchos años asesorando a los gobiernos sobre las mejores respuestas ante las pandemias, pero me contó que su primer intento de explicar al Gobierno de Estados Unidos el impacto potencial de una pandemia se encontró con un silencio sepulcral. Seguramente nadie había leído su exhaustivo informe de setecientas páginas. Así que preparó una versión muy resumida. Silencio de nuevo. Finalmente se dio cuenta de que había que cambiar de medio. En vez de encadenar palabras en un informe, hizo una película: *Contagio*. Protagonizada por Matt Damon y Gwyneth Paltrow, el impacto visual de la película, en la que un virus mataba a miles de personas, hizo salir al gobierno de Estados Unidos de su inmovilismo, lo mismo que consiguió el diagrama de la rosa de Florence Nightingale en la era victoriana.

Este diagrama ilustra el poder de representar visualmente un problema complejo para proporcionar un atajo que facilite su comprensión. Éste no fue el primer diagrama de este tipo; de hecho, al crear el diagrama de la rosa seguramente se inspiró en la obra de William Playfair. Su libro *The Commercial and Political Atlas* ['Atlas comercial y político'], publicado en 1786, contenía 44 gráficas. La mayoría de ellas representan algún valor en función del tiempo, al estilo de la relación *x/y*. Pero hay una ligeramente diferente. Es una forma muy primitiva de diagrama de barras que recoge las exportaciones e importaciones de Escocia: no con una gráfica, sino con barras que representan cada uno de los valores. Éste es el tipo de diagramas que Nightingale podría haber visto y considerado útiles para su informe.

Playfair sostenía que nuestros cerebros han evolucionado para descodificar ciertos mensajes con mayor precisión cuando los vemos expresados mediante una imagen: «De todos los sentidos, la vista es la que da una idea más vívida y precisa de todo lo que puede ofrecerse ante ella; y cuando se trata de evaluar la proporción entre diferentes cantidades, los ojos gozan de una superioridad incalculable».

En este mundo tan visual de hoy estamos constantemente bombardeados por representaciones gráficas de números. Los diagramas para descodificar los secretos ocultos en los datos son una poderosa herramienta política y comercial. Pero igual que un buen diagrama puede proporcionar un atajo para la comprensión, uno malo puede inducir a error.

Algunas agencias de noticias son famosas por abusar de los diagramas para difundir un mensaje político. Obsérvese el siguiente diagrama de barras. Fue utilizado para ilustrar los aparentes efectos desastrosos que sufrirían los impuestos si expiraban los recortes tributarios del presidente de Estados Unidos George W. Bush. La diferencia parece enorme. Hasta que uno se percata de que el eje vertical no arranca en el 0 sino en el 34. Si volvemos a dibujar la figura con el eje vertical arrancando desde el 0, la diferencia se reduce mucho.

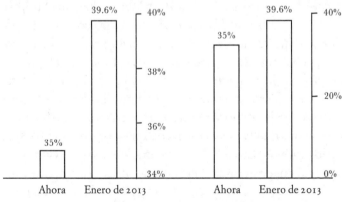

5.3. Dos perspectivas diferentes de la suspensión del recorte tributario.

Otro uso engañoso de los diagramas de barras es el siguiente:

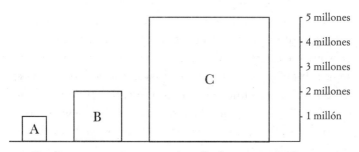

5.4. Un diagrama engañoso que describe las ventas de diversas empresas.

Lo que la gráfica pretende mostrar es la supremacía de la empresa C sobre las empresas A y B. Pero lo único que es importante para representar los datos es la altura de las barras. Al aumentar en la misma proporción la anchura de éstas, la empresa C ha exagerado enormemente su importancia. Aunque las ventas de la empresa C son cinco veces superiores a las de la empresa A, sería preciso multiplicar el área de la barra de la empresa A por 25 para cubrir el área de la barra de la empresa C.

En cierto sentido, el diagrama de la rosa de Florence Nightingale desaprovechaba una ventaja en esta línea. Lo creó de modo que el área de la rosa se corresponde con los números, pero como el área de los pétalos crece en todas direcciones, lo que pasó es que acabó menoscabando su impacto. Si hubiese reemplazado la rosa por un diagrama de barras, el contraste entre las alturas de las secciones correspondientes a las regiones azules y las de las otras habría sido todavía más contundente.

Un mapa es seguramente el ejemplo perfecto de atajo creado por un diagrama. No es una réplica del terreno que está cartografiando. Para empezar, el quid está en que es una versión a pequeña escala del territorio que pretende representar. Incluso así, hay muchos rasgos que deben obviarse. Pero si cartografiamos el terreno bien, eligiendo las características esenciales que hay que incluir y descartando lo secundario, tendremos una ayuda formidable para encontrar nuestro camino.

Siempre me ha gustado mucho la historia que cuenta Lewis Carroll en su última novela, *La conclusión de Silvia y Bruno*, sobre un país que no apreciaba la importancia de descartar información cuando se confecciona un mapa. Se enorgullecían de lo exactos que eran sus mapas:

—[...] Hicimos un mapa del país, en serio, ¡a una escala de una milla por milla!
—¿Y lo han usado mucho?—inquirí.
—Todavía no se ha desplegado nunca—apuntó Mein Herr—; los granjeros se opusieron: decían que cubriría todo el campo, ¡bloqueando la luz del sol! De modo que en la actualidad usamos el propio campo como mapa, y le aseguro que funciona casi igual de bien.[1]

Como señala Carroll con humor, en los mapas hay que elegir qué se excluye.

Algunos de los primeros mapas elaborados por la humanidad son mapas del cielo, no de la Tierra. En las cuevas de Lascaux, al suroeste de Francia, aparecen representadas las Pléyades, estrellas que se usaron con frecuencia para seña-

[1] Lewis Carroll, *La conclusión de Silvia y Bruno*, en: *Silvia y Bruno*, trad. Alex Alonso Valle, Madrid, Akal, 2013, ed. digital.

lar el inicio de un ciclo anual. Uno de los primeros mapas terrestres es una tablilla de arcilla grabada por un escriba babilonio seguramente hacia el año 2500 antes de Cristo. Muestra un río que corre por un valle entre dos colinas. Las colinas están representadas por semicírculos, los ríos por líneas, las ciudades por círculos; también contiene indicaciones para saber cómo orientar el mapa.

Los babilonios también fueron los primeros que intentaron cartografiar el mundo entero, hacia el año 600 antes de Cristo. El mapa tiene mucho más de simbólico que de literal. Describe una forma circular rodeada de agua, la visión que tenían los babilonios de la disposición de sus tierras.

Pero una vez reconocido el hecho de que la Tierra es esférica y no plana, crear un mapa bidimensional de una superficie esférica se convirtió en un interesante desafío para los cartógrafos. Suele reconocerse que fue el cartógrafo holandés del siglo XVI Gerardus Mercator el que encontró una solución inteligente a este problema.

Como vivió en una era de exploraciones marinas del planeta, el principal objetivo de Mercator fue crear un mapa que ayudara a los navegantes a desplazarse de un punto a otro de la superficie terrestre. El instrumento básico de la navegación era la brújula. La manera más fácil de ir de A a B era conocer una dirección fija determinada por la brújula, de modo que si se mantenía esa dirección toda la ruta, el barco acababa llegando a su destino.

Esas rutas forman un ángulo constante con los meridianos, que recorren la Tierra de norte a sur. Se llaman líneas de rumbo y, dibujadas sobre un globo terráqueo, tienen la forma de una espiral que nace en el Polo Norte.

No son los itinerarios más cortos para ir de un punto A a un punto B, pero si de lo que se trata es de no perderse por el camino, son con gran diferencia las mejores trayectorias que conviene seguir.

El mapa de Mercator tiene la propiedad maravillosa de convertir estos caminos curvos en líneas rectas. Si uno desea encontrar el ángulo correcto para ir de A a B, lo único que tiene que hacer es dibujar una línea recta que una ambos puntos en el mapa de Mercator y el ángulo que forme esta línea con los meridianos que recorren el mapa de norte a sur es el que hay que mantener fijo durante toda la navegación a través del océano.

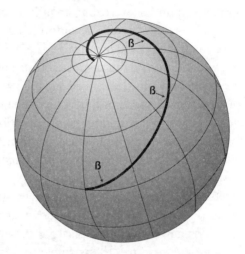

5.5. Una línea de rumbo mantiene un ángulo constante con los meridianos.

Esta proyección de la esfera sobre un rectángulo se dice que es una aplicación conforme porque conserva los ángulos. Se puede conseguir haciendo lo siguiente. Imaginémonos la Tierra como si fuera un globo esférico, con las costas delineadas con tinta fresca sobre él. Enrollemos un cilindro alrededor de la Tierra de modo que quede en contacto con ella a lo largo del ecuador. Al inflar la Tierra, su superficie va entrando en contacto gradualmente con el cilindro y la tinta va imprimiendo un mapa sobre la superficie de éste a medida que el globo se expande.

Al desenrollar el cilindro, tendremos nuestro mapa. No es posible representar los polos de esta manera, de modo que en la base y en la parte superior del mapa aparecerán los paralelos más próximos a los polos. Este mapa produce el efecto de estirar los paralelos a medida que nos alejamos del ecuador hacia el norte o hacia el sur. Fue una herramienta fantástica para desenvolverse en los mares, como había deseado Mercator, dado que a su mapa le puso el título siguiente: «Nueva y más completa representación del globo terráqueo adaptada especialmente para uso en la navegación».

En este mapa se conservaban los ángulos entre las líneas que se cruzan sobre el globo, pero no las áreas geográficas y las distancias. Y esto ha tenido consecuencias políticas considerables. La propia utilidad del mapa hizo que se convirtiera durante siglos en la visión generalmente aceptada del aspecto que presenta nuestro planeta. Pero este mapa infla mucho la importancia de los países que están lejos del ecuador, como los Países Bajos y Gran Bretaña. Por ejemplo, si dibujamos un círculo en el ecuador y otro del mismo tamaño en Groenlandia, cuando los representemos a través de la proyección de Mercator, el segundo aumentará diez veces de tamaño. África, por ejemplo, aparece con el mismo tamaño que Groenlandia y en realidad es catorce veces más extensa.

El mapa de Mercator cayó en desgracia con las políticas postcoloniales y la Unesco adoptó otro modelo alternativo, que se conoce como mapa de Gall-Peters. Éste es el que más se usa ahora en las escuelas del Reino Unido, pero para que empezara a reemplazar al de Mercator en las aulas de Estados Unidos hubo que esperar hasta el año 2017, cuando fue introducido en el sistema escolar de Boston. Muchos otros distritos escolares del país no han seguido el ejemplo. Para muchos ciudadanos de Estados Unidos el hecho de que el tamaño de su país encoja en los mapas no casa bien con la importancia que ellos atribuyen al papel que desempeña en el mundo.

La verdad es que cualquier mapa tendrá que hacer concesiones. En realidad, este hecho fue descubierto por Gauss cuando estaba investigando la naturaleza de la curvatura en las diferentes geometrías. En lo que él llamo su *Theorema Egregium*, probó que la superficie de una esfera no puede desarrollarse sobre un mapa plano sin distorsionar las distancias. En cualquier mapamundi hay que hacer alguna concesión. Las áreas son correctas en el mapa de Gall-Peters, pero las formas de los países no lo son. África parece el doble de larga que de ancha, pero en realidad sus proporciones están bastante más igualadas.

Por supuesto, la mayoría de los mapas han colocado siempre el hemisferio norte arriba y el hemisferio sur abajo. Pero una esfera es simétrica, por lo cual no hay ninguna razón para no haber orientado los mapas de otra manera. De nuevo la elección refleja el hecho de que los que dibujaban los mapas vivían en el hemisferio norte.

El australiano Stuart McArthur decidió compensar ese favoritismo del norte en los mapas y confeccionó un mapamundi con el hemisferio sur en su parte superior. La primera vez que lo ves produce una gran sorpresa. Parece que está todo mal. Y no, lo único que ocurre es que refleja lo mucho que nos hemos acostumbrado a aceptar la visión del mundo ofrecida por Mercator.

El quid de un mapa está en lo que queremos conseguir con él. ¿Un atajo para navegar? ¿Un atajo para comprender el tamaño de las tierras? Muchos de ellos tratan de preservar alguna característica geométrica. Unas veces las distancias en el mapa se corresponden con las distancias sobre el terreno. Otras veces se preservan los ángulos entre las líneas que se entrecruzan. Pero algunas veces un buen mapa descarta todas estas cosas y se concentra en conservar solamente los rasgos más importantes que indican cómo ir de A a B.

Uno de los mapas que más me gustan y que uso a diario es el plano del tren metropolitano de Londres. Un plano físicamente exacto que muestre las localizaciones geográficas y las rutas del metro no es una representación demasiado útil para orientarse por la ciudad. El plano emblemático de Harry Beck, publicado en 1933, se concentra en las conexiones de la red y descarta las dimensiones físicas de la misma. Este plano resultó tan revolucionario que al principio fue rechazado por la empresa encargada del metro. El problema era que perdían dinero porque los londinenses no estaban usando este medio de transporte. Cuando trataron de investigar por qué, descubrieron sencillamente que las personas eran incapaces de orientarse bien por la red. Los planos que la empresa había elaborado trataban de reproducir la geografía de la ciudad, pero el resultado era una maraña muy apretada de líneas que a la mayoría le resultaba imposible de descifrar.

Beck había visto el problema y había decidido que era preciso renunciar a la exactitud geográfica. Así que tiró de unas líneas y aflojó otras, las enderezó, hizo que se entrecruzaran limpiamente y separó las estaciones entre sí. Para esta labor pudo ayudar el hecho de que Beck tenía conocimientos de electrónica, ya que la disposición del plano recuerda más a un circuito electrónico que a un mapa de trenes.

Al ser conscientes de que necesitaban un plano mejor para que los pasajeros pudieran orientarse bien entre las líneas, la empresa decidió finalmente adoptar el plano de Beck. Se imprimieron 750.000 ejemplares del plano para distribuirlos entre los pasajeros. El plano se ha convertido en un icono internacional. Ha inspirado obras de arte: la reformulación de Simon Patterson cuelga en la Tate Modern de Londres, con los nombres de las estaciones sustituidos por nombres de ingenieros, filósofos, exploradores, planetas, periodistas, futbolistas, músicos, actores de cine, santos, artistas italianos, sinólogos, actores teatrales y Luises (reyes franceses). J. K. Rowling llegó a atribuir al profesor Dumbledore una cicatriz en su rodilla izquierda con la forma del plano, un homenaje al hecho de que las mejores ideas para la saga de Harry Potter las tuvo viajando en tren.

El poder del plano del metro londinense es que no es un mapa geográfico, sino que se centra en el rasgo más importante de un mapa, que es mostrar cómo se va de A a B. El hecho de que se muestre en él una línea de la misma longitud para representar la conexión entre Covent Garden y Leicester Square y la conexión entre King's Cross y Caledonian Road no significaba que ambas distancias fueran iguales. Para alguien que tiene que hacer trasbordos, saber que existe una conexión entre dos estaciones es mucho más importante que saber la distancia entre ellas.

Éste es un ejemplo de un modo nuevo de ver el mundo que fue inaugurado a mediados del siglo XIX. En él no son importantes las distancias entre los objetos, y normalmente la clave para identificar una figura radica en cómo están interconectadas sus partes entre sí. Gauss fue uno de los primeros en empezar a considerar cómo las propiedades de las superficies podrían depender menos de su geometría física y más de cómo se conectan sus puntos entre sí. Aunque nunca publicó sus ideas sobre este punto, sirvieron de inspiración para la obra de Benedict Listing, que en 1847 usó por primera vez el término *topología* para describir este nuevo modo de ver el mundo. En el capítulo 9 veremos cómo los mapas topológicos pueden ser un atajo muy cómodo para encontrar el camino en cualquier red, no solamente en la del metro londinense.

Pero los diagramas no tienen por qué limitarse a mostrar las conexiones físicas entre estaciones, como en el metro de

Londres. Se han usado con mucha eficacia mapas en los que en vez de aparecer estaciones de metro aparecen ideas. Se llaman mapas mentales y su finalidad es facilitar conexiones interesantes entre diferentes ideas que uno está interesado en explorar. Los mapas mentales han sido durante años el pan de cada día de los estudiantes que tienen que empollar para pasar un examen, porque ayudan a crear una visión coherente de una materia que descrita con palabras puede ser demasiado difícil de dominar. En algunos aspectos sacan partido de los palacios de la memoria de Ed Cooke. Un mapa mental puede convertir un amasijo de ideas en un viaje físico en el que uno se mueva a gusto.

Estos diagramas tienen sin embargo una larga historia. Newton hacía garabatos en sus libretas de notas, que en sus tiempos de estudiante en Cambridge le servían como una especie de mapa mental para aclarar sus ideas sobre las interconexiones que podría haber entre diferentes conceptos filosóficos. La cuestión es que estos mapas pretenden romper el estilo demasiado lineal en el que un libro de texto puede presentar las ideas y tratan de imitar el método multidimensional con el que las procesamos en nuestra mente.

CARTOGRAFIANDO LO GRANDE Y LO PEQUEÑO

Como formuló Leonardo, el mundo visual puede describir cosas que trascenderán siempre la palabra escrita. Una imagen sencilla puede transmitir el patrón subyacente sencillo que oculta la complejidad de las palabras o de las ecuaciones. Pero un diagrama no es sólo una representación física de lo que vemos con nuestros ojos. El poder del diagrama se basa en su capacidad de cristalizar un modo nuevo de ver el mundo. A menudo tiene que descartar información y concentrarse en lo esencial, como ilustraba el humorístico mapa a escala 1:1 de Lewis Carroll. Otras veces cambia una idea científica por un lenguaje visual, proporcionando un nuevo mapa en el que la geometría toma el relevo y nos ayuda a explorar esa idea.

El matemático y astrónomo polaco Nicolás Copérnico comprendió ciertamente el poder de un buen diagrama. En su gran obra *Sobre las revoluciones de las orbes celestes*, publicada poco antes de su muerte en 1543, Copérnico llenó cuatrocientas cinco páginas de palabras, números y ecuaciones para explicar su teoría heliocéntrica. Pero el diagrama que dibujó al principio del libro es el que capta con una sencilla imagen su nueva idea revolucionaria: que el sol está en el centro del sistema solar, no la Tierra.

5.6. El diagrama de Copérnico con el sol en el centro del sistema solar.

Esta imagen condensa algunos de los elementos esenciales de los mejores diagramas. Los círculos concéntricos no pretenden describir las órbitas precisas de los planetas. Copérnico sabía que no eran circulares. Las distancias uniformes entre los círculos no pretenden decirnos qué distancia separa cada planeta del sol o de los otros planetas. Lo que transmite esta imagen es la idea sencilla pero perturbadora de que no somos el centro de todo. Transformó la visión de nuestro papel en el universo.

Hoy los cosmólogos usan diagramas para cartografiar el universo entero a través de sus 13.800 millones de años de existencia, diagramas para captar el funcionamiento de agujeros negros supermasivos y diagramas para explorar las complejidades del espacio-tiempo tetradimensional. El uso del poder de los diagramas para conseguir un atajo en la inmensidad del universo es quizá el único método accesible para concebir cuál es nuestro papel en algo que en principio parece de un tamaño inabarcable.

Pero los diagramas pueden también funcionar como lentes de aumento que nos permiten ver lo que es muy pequeño. Si entramos en un laboratorio de química, enseguida veremos escritas en la pizarra letras conectadas por líneas simples, dobles e incluso a veces triples que describen los enlaces entre los átomos que las letras representan. Son los diagramas que muestran a los químicos cómo se ensamblan entre sí los átomos para formar las moléculas.

Una representación del metano muestra una C central de la que emergen cuatro líneas que terminan cada una en una H y esto describe una molécula de CH_4: 1 átomo de carbono y 4 átomos de hidrógeno. El etileno, un gas inflamable incoloro con fórmula C_2H_4 tiene una estructura ligeramente distinta, con una doble línea entre las dos C y cuatro H enlazadas a ellas. Usando estos diagramas se puede explorar cómo estas moléculas podrían reaccionar y cambiar. Un doble enlace suele indicar que la molécula es más reactiva que cuando tiene un enlace simple. Estamos tan acostumbrados a manipular estos diagramas en química que es fá-

Metano   Etano

```
    H               H   H
    |               |   |
H — C — H       H — C — C — H
    |               |   |
    H               H   H
```

```
  H       H
   \     /
    C = C          H — C ≡ C — H
   /     \
  H       H
```

Etileno   Acetileno

5.7 Diagramas moleculares.

cil olvidar que son un atajo para explicar las extraordinarias reacciones que ocurren a una escala que incluso a un
microscopio le cuesta captar. Pero estos diagramas también
pueden conducir al descubrimiento de nuevas estructuras
ocultas en el mundo molecular.

Como ilustra muy bien la molécula de metano, el carbono gusta mucho de tener cuatro líneas que parten de él. El
hidrógeno tendrá solamente una. Por eso resultó un auténtico misterio el caso de la molécula de benceno, aislada por
Michael Faraday en 1825, y que, según se determinó, estaba compuesta por 6 átomos de carbono y 6 átomos de hidrógeno. Si uno intenta hacer un diagrama de su estructura, los números sencillamente no parecen casar. Parece imposible ensamblar 6 átomos glotones de carbono, cada uno
con 4 brazos, usando solamente 6 átomos de hidrógeno con
un solo brazo cada uno. Fue August Kekulé, un químico
alemán que trabajaba en Londres, el que desentrañó finalmente el misterio. Escribió:

Una bonita tarde veraniega volvía a casa como siempre en el
último autobús del día, que circulaba por las calles desiertas de

la ciudad. Caí en una ensoñación y, zas, ahí estaban los átomos retozando delante de mí [...] El grito del conductor, «¡Clapham Road!», me despertó y concluyó mi sueño; pero pasé una buena parte de la noche pasando al papel al menos algunos esbozos de las formas que vi en sueños.

Sin embargo, la estructura del benceno siguió resultando escurridiza. Trabajó muchos días hasta bien entrada la noche tratando de dar un sentido a estos diagramas hasta que finalmente otro sueño desveló el secreto:

Puse la silla frente al fuego y me quedé adormilado. Ahí estaban de nuevo los átomos danzando ante mis ojos [...] a veces algunas sartas se acomodaban más estrechamente, hermanándose y enroscándose como una serpiente. Pero ¡mira! ¿Qué es esto? Una de las serpientes se había mordido la cola y se arremolinaba burlonamente ante mis ojos. Y entonces una especie de relámpago me despertó.

5.8. La estructura anular
del benceno.

Ya lo tenía. La manera de usar los brazos del carbono era poner los átomos formando un anillo, chocándose las manos entre ellos y usando solamente un brazo para chocar la mano con un átomo de hidrógeno. El descubrimiento del anillo del benceno y de otras estructuras anulares parecidas en otras moléculas sirvió de guía para el desarrollo de una nueva rama de la química. Resulta que muchas moléculas con este tipo de estructura anular son aromáticas. Por ejemplo, si intercambiamos uno de los átomos de hidrógeno por un átomo de carbono enlazado a un átomo de oxígeno y a un átomo de hidrógeno, la molécula resultante huele a almendras. Y si intercambiamos uno de los átomos de hidrógeno por una cadena de tres átomos de carbono enlazados con uno de oxígeno y tres de hidrógeno se obtiene una molécula algo más grande que ahora huele a canela.

Estas moléculas son lo suficientemente sencillas como para que su estructura pueda ser descrita con un diagrama bidimensional. Pero hay otras moléculas, como la de la hemoglobina, cuya estructura es mucho más difícil de captar con un diagrama. El bioquímico John Kendrew consiguió identificar con éxito la estructura cristalina de esta proteína mediante análisis bidimensionales con rayos x, trabajo por el que recibió el Premio Nobel en 1962. Fue una hazaña extraordinaria: la molécula está formada por más de 2.600 átomos (y aun así es muy pequeña comparada con las moléculas de otras proteínas). Aunque Kendrew ya había conseguido en 1957 confeccionar una imagen de esta estructura, pensó que necesitaba la ayuda de un buen dibujante profesional que captara realmente el impacto de su descubrimiento. Así que recurrió a Irving Geis, arquitecto de formación y un fino artista. Después de seis meses de trabajo volcado en los artículos y los modelos de Kendrew, Geis pintó una acuarela que apareció en el número de junio de 1961 de la revista *Scientific American*. Esta imagen impactante hizo famoso a Geis, pero es demasiado compleja como para proporcionar un atajo que sirva realmente para explorar las propiedades de la molécula.

Probablemente el desafío molecular supremo apareció cuando se trató de representar el ADN. Ya he insistido antes en que el secreto de un buen diagrama suele radicar en descartar hábilmente parte de la información. Cuando Francis Crick y James Watson escribieron para la revista *Nature* el artículo en el que explicaban la estructura en doble hélice del ADN, podrían haber dibujado una imagen increíblemente complicada de la misma que incluyera toda la información molecular. Pero lo esencial del descubrimiento consistía en las dos cadenas que configuraban el ADN y la explicación de cómo esta molécula permite a los genes pasar de una generación a otra. Como es bien sabido, anunciaron este éxito en el pub de Cambridge al que solían ir a beber. Cuando Crick volvió enseguida a casa para contar que había descubierto el secreto de la vida, su mujer Odile no le hizo mucho caso. «Todos los días llegaba a casa y decía cosas como ésa», comentó.

Lo más interesante es que Odile, que era una experimentada artista profesional, desempeñó un papel crucial a la hora de llamar la atención del mundo sobre esta noticia, porque fue ella la que creó el diagrama que apareció en el artículo de *Nature*. Crick le había dado un boceto del tipo de dibujo que quería, pero carecía de las dotes artísticas necesarias para transmitir el importante mensaje que suponía su descubrimiento. Odile había estudiado en Viena en la década de 1930 y había ido a St Martin's en Londres y al Royal College of Art. Hizo ocasionalmente algunos retratos a su marido, pero la mayor parte de su obra estaba centrada en el desnudo femenino. Las estructuras moleculares no eran realmente lo suyo.

Pero cuando Francis Crick le explicó el descubrimiento con ayuda de sus confusos bocetos, Odile cogió la idea y convirtió sus vagas impresiones en una imagen memorable, de cuyo poder seguramente no fue consciente en aquel momento. Porque esta doble hélice se ha convertido en un símbolo que sobrepasa al ADN, a la biología o incluso al descubrimiento científico.

Desde el principio, la doble hélice atrajo la atención de los artistas. Salvador Dalí no tardó en añadirla a su paleta de metáforas científicas. A esa etapa de su carrera la bautizó como su período de «misticismo nuclear» y su uso del ADN reveló algunos aspectos religiosos y conservadores sorprendentes de su arte.

Sin embargo, para mí uno de los usos más asombrosos de los diagramas es el que desarrolló Feynman con sus conocidos diagramas, que no sólo nos han permitido ver cosas que ni siquiera los microscopios podían captar, sino también sortear la necesidad de algunos cálculos extraordinariamente complejos.

Si la pizarra del químico aparece normalmente cubierta con los símbolos C, H y O conectados con guiones entre sí, en la del físico encontraremos seguramente diagramas que representan las interacciones de las partículas fundamentales que constituyen los átomos de los químicos. Estos diagramas dinámicos muestran la evolución en el tiempo de lo que podría pasar, por ejemplo, cuando interactúan un electrón y un positrón.

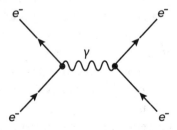

5.9. Diagrama de Feynman de la interacción entre un electrón y un positrón.

El físico Richard Feynman concibió estos diagramas como un medio para seguir la pista a los cálculos, terriblemente complejos, que estaba haciendo para comprender estas partículas. La primera vez que hizo público el descubrimiento de este atajo a base de diagramas fue en un encuentro de física teórica que se celebró en Pocono Manor Inn, un hotel rural de Pensilvania, en la primavera de 1948.

En aquel encuentro a puerta cerrada organizado para discutir la teoría de la electrodinámica cuántica (QED, por sus siglas en inglés), que trata de explicar cómo interactúan la luz y la materia, un joven genio de Harvard, Julian Schwinger, se había pasado el día explicando su compleja descripción matemática de la electrodinámica cuántica. Esta exposición maratoniana había durado casi un día entero, interrumpida solamente por unas breves pausas para el almuerzo y para tomar café, y al terminar los cerebros de los presentes seguramente estarían achicharrados. Esto explica quizá por qué, cuando Feynman se levantó a última hora de la tarde para exponer su visión de la teoría y empezó a hacer dibujos en la pizarra, al principio el público se quedó perplejo, pues no entendía cómo esos diagramas podían ayudar en el cálculo. De hecho, algunos de los primeros espadas que estaban allí presentes, como Paul Dirac y Niels Bohr, se sintieron desconcertados ante los esquemas de Feynman, y llegaron a la conclusión de que el joven estadounidense simplemente no entendía la mecánica cuántica.

Feynman se fue de este encuentro decepcionado y deprimido. Pero sus diagramas fueron finalmente rehabilitados por otra de las grandes figuras de la física, Freeman Dyson, que comprendió que eran de hecho equivalentes a los complejos cálculos matemáticos que hacía Schwinger. La comunidad de los físicos no empezó a tomar en serio estos diagramas hasta que Dyson explicó la idea en una conferencia. Y en los artículos que escribió a continuación ofreció una guía práctica de ellos, que incluía instrucciones para dibujarlos paso a paso y para saber traducirlos a sus correspondientes expresiones matemáticas.

Hoy estos diagramas ideados por Feynman son la primera escala obligada para cualquier físico teórico que desee dilucidar lo que ocurre cuando dos partículas interactúan. Son un atajo sorprendente para orientarse en las interrelaciones que se producen en el corazón mismo del universo físico. Ningún experimento ha conseguido nunca identificar un quark aislado y, sin embargo, en la pizarra estos diagramas nos ofrecen un medio para explorar la evolución de una de estas partículas elementales cuando interactúa con su entorno.

Mi colega de Oxford Roger Penrose ha desarrollado un atajo visual igualmente poderoso para abordar algunas de las ideas más complejas de la física fundamental. Su teoría de los tuistores, propuesta en 1967, es un intento de unificar la física cuántica—la física de lo muy pequeño—con la gravedad, que generalmente es física de lo muy grande. Es una teoría matemática en su mayor parte, y para Penrose la mejor manera de explorar estas ideas matemáticas complejas era hacer dibujos. Afortunadamente es un artista muy capaz por méritos propios y ha tenido contactos muy interesantes con el artista visual holandés M. C. Escher. Las habilidades artísticas de Penrose probablemente le ayudaron a crear estos diagramas, que son el mejor atajo para hacer frente a las complejidades matemáticas de su teoría.

Aunque introducidas a finales de la década de 1960, las ideas de Penrose han regresado a las corrientes predominantes de la física gracias a los nuevos trabajos que relacionan su teoría con el pensamiento actual. Uno de los diagramas que han surgido de esta nueva asociación, conocido como el amplituedro, ha proporcionado un atajo sorprendente para comprender la física de la interacción entre ocho gluones, las partículas que mantienen juntos a los quarks mediante la fuerza fuerte. Incluso usando los diagramas de Feynman, este mismo cálculo habría precisado aproximadamente quinientas páginas de álgebra.

«El grado de eficacia es abrumador—comentó Jacob Bourjaily, un físico teórico de la Universidad de Harvard y uno de los investigadores que desarrolló la idea—. Se pueden hacer fácilmente sobre el papel cálculos que antes eran inviables incluso con un ordenador».

LOS DIAGRAMAS DE VENN

Muchos habrán reconocido el tipo de diagrama que se ha usado en el problema propuesto al principio del capítulo. Estos diagramas se llaman diagramas de Venn, y son una forma muy efectiva de organizar visualmente la información. Cada círculo representa un concepto y las regiones que se crean al intersecarse los círculos dan las diferentes posibilidades lógicas de las relaciones de los conceptos entre sí. Por ejemplo, consideremos la idea de que un número sea (a) un número primo, (b) un número de Fibonacci y (c) un número par. Podemos distribuir los números desde el 1 hasta el 21 tomando como criterio cuáles de estas condiciones satisfacen.

El diagrama de Venn es un método inteligente de representar las diferentes posibilidades. En este caso muestra que el 2 es el único número primo par (a los matemáticos les divierte decir que el 2 es un primo impar, en el sentido de raro o singular, por ser el único primo que es par). No hay ningún número que sea primo y par y que no sea un número de Fibonacci.

El nombre de estos diagramas proviene del matemático inglés John Venn, que los introdujo en 1880 en un artícu-

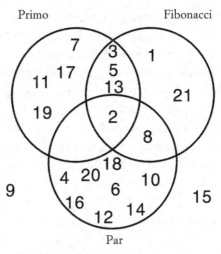

Primo   Fibonacci

7   3   1

11 17   5

13   21

19   2

8

9   4 20 18 10   15

16   6

12 14

Par

5.10. El diagrama de Venn de los números primos, de los números de Fibonacci y de los números pares.

lo titulado «Sobre la representación mecánica y mediante diagramas de proposiciones y razonamientos». El objetivo de los diagramas era facilitar el manejo del lenguaje lógico que estaba desarrollando su contemporáneo George Boole. Aparte de ocuparse de los diagramas, Boole también se había especializado en la construcción de máquinas boleadoras que ayudaran a los jugadores de críquet a practicar el bateo. Los jugadores del equipo australiano de críquet pidieron que les permitieran probar la máquina durante una visita que hicieron a Cambridge, que era donde trabajaba Venn, y quedaron impactados cuando ésta eliminó cuatro veces seguidas al capitán del equipo. Sin embargo, para Venn sus diagramas tenían un interés más duradero:

Comencé de inmediato a trabajar más asiduamente en las materias y los libros sobre los que tendría que hablar en el aula. Me concentré primero en la estrategia de usar diagramas para representar proposiciones, con círculos incluyentes y excluyentes. Por supuesto, esta estrategia no era nueva, pero representaba tan evidentemente el método que cualquiera utilizaría para abordar desde el punto de vista matemático la visualización de las proposiciones que me conquistó prácticamente desde el primer momento.

Venn estaba en lo cierto al afirmar que la idea de usar gráficos para representar posibilidades lógicas no era nueva. De hecho, hay pruebas de que el filósofo Ramón Llull, que vivió en el siglo XIII, había creado algo parecido. Utilizó sus diagramas para comprender las relaciones entre diferentes atributos filosóficos y religiosos. Los consideraba una herramienta argumentativa para convertir a los musulmanes a la fe cristiana mediante la lógica y la razón.

Pero se han quedado con el nombre de diagramas de Venn. Normalmente nos encontramos con que consideran solamente tres categorías diferentes; esto es porque se trata del diagrama más sencillo que se puede dibujar en una hoja de papel para representar todas las posibilidades. Cuando se pasa a cuatro categorías diferentes, hay que esforzarse bastante más para hacer que las regiones se corten de tal modo que queden representadas todas las posibilidades lógicas. Por ejemplo, este dibujo no es suficiente:

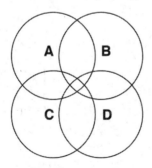

5.11. Este diagrama no representa el diagrama de Venn de 4 conjuntos.

No hay ninguna zona que represente estar en la región A y en la D pero no en las otras dos. Lo que se necesita es un diagrama parecido a éste:

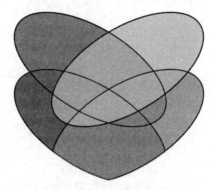

5.12. El diagrama de Venn de 4 conjuntos.

El diagrama de Venn de siete conjuntos hace que empecemos a dudar de que los diagramas sean siempre de gran ayuda para facilitar la comprensión:

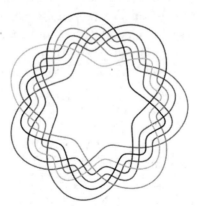

5.13. El diagrama de Venn de 7 conjuntos.

Uno de mis libros favoritos es *Venn That Tune*, de Andrew Viner, que ha utilizado los diagramas de Venn para representar títulos de canciones. La que aparece en el reto propuesto al comienzo del capítulo es una de ellas. El diagrama representa la canción «Stuck in the Middle with You» ['Atrapado en medio contigo'] de la banda de folk rock británica Stealers Wheel.

Atajo hacia el atajo

¿Cómo describir un mensaje o un conjunto de datos con una imagen o un diagrama? Hay diagramas a nuestra disposición de muchos géneros diferentes para facilitar la comprensión. Puede ser una gráfica sencilla que muestre la distribución de las ganancias de un negocio a lo largo de las distintas épocas del año, un diagrama de barras que siga la pista a los platos más populares de un restaurante, un diagrama de Venn que explique las coincidencias y divergencias de opinión entre varios partidos políticos o quizá un diagrama de red, como el plano del metro de Londres, que desvele conexiones entre ideas que podrían quedar oscurecidas al usar solamente palabras.

Parada en boxes: la economía

«La herramienta más poderosa de la economía no es el dinero, ni siquiera el álgebra. Es un lápiz. Porque con un lápiz puedes redibujar el mundo». Así arranca el libro *Economía rosquilla*, de Kate Raworth, en el que explica un nuevo diagrama que desafía el relato de la economía del siglo XXI. Es un diagrama con la forma de una rosquilla.

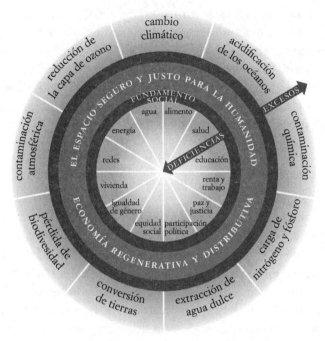

Dentro del diagrama (de interior a exterior):

FUNDAMENTO SOCIAL

agua · alimento
energía · salud
redes · educación
vivienda · renta y trabajo
igualdad de género · paz y justicia
equidad social · participación política

DEFICIENCIAS

EL ESPACIO SEGURO Y JUSTO PARA LA HUMANIDAD

ECONOMÍA REGENERATIVA Y DISTRIBUTIVA

EXCESOS

Anillo exterior (de arriba en sentido horario):

cambio climático
acidificación de los océanos
contaminación química
carga de nitrógeno y fósforo
extracción de agua dulce
conversión de tierras
pérdida de biodivesidad
contaminación atmosférica
reducción de la capa de ozono

5.14. El diagrama de la economía rosquilla.

Soy un gran entusiasta del libro de Raworth, en parte porque la rosquilla (o el toro, como lo llamamos los matemáticos) es una de mis figuras matemáticas preferidas de todos los tiempos, no sólo porque es deliciosa, sino porque las propiedades matemáticas de esta figura geométrica son fascinantes. La comprensión de sus propiedades aritméticas fue uno de los pilares fundamentales de la demostración del último teorema de Fermat. Sus propiedades topológicas han sido fundamentales para comprender la posible forma del universo. Pero, como descubrí en el libro de Raworth, es también la clave de una revolución de la economía, por lo que estaba impaciente por hablar con ella sobre el origen de este diagrama que revoluciona las reglas del juego y que concentra en sí el pensamiento económico.

Al abrir cualquier libro de economía, al asistir a cualquier conferencia o al escuchar cualquier video sobre esta disciplina, veremos invariablemente el mismo par de diagramas que aparecen una y otra vez. Uno de ellos es una gráfica de crecimiento que siempre muestra una línea que sube a velocidad exponencial y que promete un futuro de producción aparentemente ilimitada. El otro es una gráfica con dos líneas rectas o dos curvas que se entrecruzan formando una x, que describen cómo varía el precio de un producto en función de la cantidad demandada u ofrecida, respectivamente. La curva de la demanda muestra cómo cuanto más barato es un producto, más cantidad de éste puede adquirir un comprador. La curva de la oferta muestra que la cantidad de producto que ofrecerá un productor sube si el precio de aquél sube. Las curvas se colocan una encima de la otra con la intención de exhibir el equilibrio económico, el precio del producto con el que se igualan la oferta y la demanda de éste.

Estos diagramas han sido tan poderosos que han conducido a la idea de que la economía es, en el fondo, algo que atañe solamente a la oferta y la demanda. Pero Raworth quería cuestionar este modelo, pues le faltaban dos cosas importantes para comprender la economía global: el entorno y los derechos humanos. Como escribió George Monbiot en su libro *Out of the Wreckage* ['Reconstruir sobre las ruinas'], el mejor modo de contrarrestar una historia es contar otra distinta. La filosofía de Raworth es parecida: «Estos viejos diagramas son como grafitis intelectuales; se graban en la mente y, como los grafitis, son muy difíciles de borrar—afirma—. Lo mejor que se puede hacer es pintar algo nuevo encima».

Raworth siempre ha creído que las imágenes son el mejor medio para comprender la complejidad. «En el colegio se oponían a que hiciera dibujos en los márgenes de los libros, pero ahora comprendemos que hay muchas formas de inteligencia y una de ellas es la inteligencia visual. Cuando era adolescente me gustaba leer a Feynman, cuyos libros estaban llenos de dibujos. Quizá eso me enseñara pronto que forman parte de la comprensión, aunque otros me dijeran que los que yo hacía no eran más que garabatos».

Raworth terminó la secundaria y pasó a estudiar economía, pero tuvo la impresión de que esta disciplina no entiende realmente cómo funcionan las sociedades humanas. «Comencé a sentirme verdaderamente avergonzada de los conceptos que me habían enseñado».

Mientras estaba prestando servicio como jurado, Raworth se encontró con un diagrama de Herman Daly, un economista que trabajaba en el Banco Mundial, y esta imagen sembró la semilla de sus ideas económicas. Daly quería poner en entredicho la hipótesis del crecimiento indefinido y propuso que se dibujara siempre un círculo alrededor de las gráficas de los economistas con una etiqueta en la que pusiera «El entorno».

«El poder de un gran diagrama—dice Raworth—radica en que una vez que uno lo ha visto, esa visión no tiene vuelta atrás. Provoca un salto en tu marco mental, un cambio de paradigma».

Durante años, el diagrama de Daly permaneció en el fondo de la mente de Raworth, hasta que, cuando trabajaba en Oxfam, un diagrama inspirado en la misma idea desencadenó en ella la revelación definitiva. Este segundo diagrama cambió su visión de la economía. Se trataba del diagrama del especialista en ciencias medioambientales Johan Rockström en el que aparecen las nueve fronteras planetarias que delimitan el espacio en el que la humanidad puede moverse a salvo. Era el círculo de Daly, pero ahora había grandes regiones rojas que crecían radialmente desde el centro, y cada una representaba conceptos como el agujero de ozono, el ciclo del agua, la crisis climática o la acidificación de los océanos. El problema es que muchas de ellas ya se salían del círculo. «Entonces experimenté una reacción visceral—explica Raworth—. Comprendí que éste era el comienzo de la economía del siglo XXI».

Pero no era sólo un bonito dibujo, sino que estaba además respaldado por los números. Los economistas normalmente lo miden todo traduciéndolo a dólares. Se supone que éste es un atajo inteligente que nos permite comparar cantidades aparentemente incompatibles. Un número para gobernarlas a todas. Pero Raworth recela de esta visión unidireccional. La compara con la situación que supondría tratar de conducir un coche en el que toda la información sobre la velocidad, la temperatura, las revoluciones y la cantidad de gasolina que queda en el depósito figurara en un solo indicador. Nadie querría conducir ese coche.

«Lo que queremos es un salpicadero—dice—. Los humanos nos desenvolvemos muy bien frente a un salpicadero. Vivimos en un sistema complejo. Escondiendo la complejidad no vamos a disponer de un instrumento de decisión más rico. Es un atajo peligroso».

Esto es lo que hizo tan atractivas a estas gráficas. No usaban el dólar como único criterio, sino otros muchos parámetros, como toneladas de dióxido de carbono, toneladas de fertilizantes o niveles de ozono. Y, sin embargo, Raworth pensaba que al diagrama le faltaba todavía un componente importante: el factor humano. «Estaba sentada en Oxfam, rodeada de personas ocupadas en responder a una situación de emergencia por la sequía en el Sahara o atendiendo alguna campaña sanitaria o educativa a favor de los niños de la India, y pensaba, bueno, si hay un círculo exterior que representa un límite de la presión que la humanidad podría imponer al planeta, entonces también hay un círculo interior formado por lo que hemos venido llamando ya desde hace setenta años los derechos humanos. El derecho a una cantidad mínima de comida o de agua diaria que toda persona necesita o las mínimas condiciones relativas a la vivienda o a la educación que deben regir en toda sociedad. Si está ese círculo exterior, decidí que también había que dibujar un círculo interior».

En ese momento Raworth se acercó a la pizarra que tengo en el despacho y dibujó en ella un boceto de una rosquilla con un anillo exterior para el entorno y un anillo interior para los derechos humanos.

Al principio Raworth no compartió el diagrama, pero en un encuentro de científicos del sistema Tierra en 2011 en el que se discutía sobre las nueve fronteras planetarias alguien se dirigió a ella como representante de Oxfam y dijo: «El problema de este planteamiento de las fronteras planetarias es que no aparecen las personas en él». «Había una gran pizarra en la pared —cuenta Raworth—. Y dije: "¿Puedo hacer un dibujo?"».

Se levantó inmediatamente, dibujó la rosquilla en la pizarra y explicó que, al igual que necesitamos un círculo exterior para acotar el impacto de los humanos en el entorno, también necesitamos un círculo interior que represente las condiciones mínimas de calidad de vida para cualquier persona del planeta: comida, agua, salud, educación y vivienda.

«Necesitamos usar los recursos de la Tierra para satisfacer las necesidades de todos, pero sin explotarlos hasta el punto de rebasar los límites del planeta. Debemos mantenernos en esta zona intermedia —indica señalando la rosquilla—. Dibujé la rosquilla a todo correr porque pensaba que iban a decir: sí, muy amable; siéntese, por favor. Pero no, respondieron excitados que ése era justamente el esquema que nos faltaba, y que no es un círculo sino una rosquilla».

Raworth describió su diagrama en un artículo para el debate en Oxfam, y su publicación inmediatamente desató un gran entusiasmo. «En ese momento percibí realmente el poder que tienen las imágenes como atajo para transmitir un mensaje. Si consideramos las palabras que había en el informe (alimento, agua, trabajo, renta, educación, participación política, igualdad de género, cambio climático, acidificación de los océanos, reducción de la capa de ozono, pérdida de biodiversidad, contaminación química) y las escribimos en una lista, nadie pestañeará siquiera. Pero si las colocas en una pareja de círculos concéntricos relacionándolas unas con otras, todos dirán que se trata de un cambio paradigmático».

Como escribió John Berger en *Modos de ver*, su ensayo clásico de 1972: «La vista llega antes que las palabras. El niño mira y ve antes de hablar».[1]

Para Raworth, un diagrama es un atajo, pero también condensa una visión del mundo. Y esto es un peligro, porque podría ser simplemente un resumen de cómo ves *tú* el mundo. En efecto, puede ocultar cosas que en nuestra opinión no son importantes, pero que en la visión de otros podrían ser fundamentales. Si una empresa sólo está interesada en los beneficios corporativos a corto plazo, puede que esté contenta con la gráfica del crecimiento exponencial, pero si le preocupa el entorno, el hecho de ocultar el impacto que el crecimiento produce sobre el clima significa que el atajo ha sido demasiado selectivo, en el sentido de que ha servido para que algunos lleguen directos a su destino, mientras que a otros los ha alejado de la meta que perseguían. Siendo así que un diagrama deja de lado datos supuestamente superfluos, puede acercarse peligrosamente

---

[1] John Berger, *Modos de ver*, trad. Justo González Beramendi, Barcelona, Gustavo Gili, 2000, p. 13.

a una visión demasiado simplista. Los aspectos que obviamos, piensa Raworth, son en potencia un reflejo de nuestra visión del mundo. Lo que para un economista es un atajo para explicar sus ideas, para otro podría ser un camino totalmente equivocado, que descarría a las personas y las aleja del que creen que es el destino correcto.

«El atajo podría llevarte directamente hasta un pozo sumamente peligroso—comenta—. Cada día me gusta más citar lo que dice el matemático George Box: "Todos los modelos son erróneos, pero algunos son útiles"».

La rosquilla pasó a ser uno de los 7 diagramas nuevos que Raworth presenta en *Economía rosquilla* como atajos hacia un nuevo destino económico. Al rememorar los meses en los que escribió el libro, reconoce que crear estos atajos fue un trabajo arduo, como puede serlo excavar un túnel a través de una montaña.

Pero era un trabajo urgente, vista la dirección que están tomando el planeta y la humanidad. «Para reescribir la economía de modo que sea una herramienta adecuada para el siglo XXI—afirma Raworth—, ¡necesitamos usar todos los atajos que podamos porque tenemos poco tiempo!».

LOS ATAJOS DIFERENCIALES

☞ *Si hacemos rodar tres bolas por estas rampas, ¿cuál llegará primera al final? ¿Cuál es el atajo, A, B o C?*

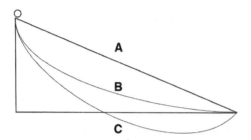

6.1. ¿Cuál es la línea de descenso más rápida?

Cuando el teniente coronel John Glenn orbitaba en torno a la Tierra por tercera vez, se dispuso a preparar la nave para su entrada en la atmósfera del planeta. Era el 20 de febrero de 1962 y Glenn acababa de convertirse en el primer estadounidense en realizar un vuelo orbital alrededor de la Tierra. Pero antes de que la misión pudiera ser calificada como un éxito, era preciso llegar a casa a salvo. La trayectoria elegida iba a ser crucial. Si el ángulo de descenso se escogía mal, la nave se incendiaría al entrar en la atmósfera. Y si amerizaba demasiado lejos del punto previsto, era posible que el portaaviones de recuperación no llegara a tiempo para evitar el hundimiento de la cápsula en el lecho marino.

Glenn puso su vida en manos de las calculadoras que habían desgranado los números. En 1962 estas calculadoras no era máquinas, sino mujeres de carne y hueso, como ha inmortalizado la película *Figuras ocultas*, producida por

Hollywood en 2016. En ella, John Glenn está en la plataforma de lanzamiento esperando la señal de partida y se dirige a los controladores de la misión con estas palabras: «Que las chicas hagan los cálculos». Una de las chicas del equipo de calculadoras que trabajaban para la NASA era la matemática Katherine Johnson. En la película tarda veinticinco segundos en realizar los cálculos matemáticos y confirmar que todo está en regla.

En realidad, los cálculos de Johnson se hicieron semanas antes del lanzamiento y probablemente llevaron dos o tres días. Aun así, este plazo de tiempo es francamente corto para explorar un abanico tan complejo de posibles trayectorias y situaciones. Sin embargo, Johnson tenía un atajo debajo de la manga que permitió a la NASA, y al resto de agencias espaciales que alguna vez han lanzado objetos al espacio, saber dónde acabarían exactamente sus naves: el cálculo diferencial, posiblemente la herramienta más poderosa para encontrar atajos que los matemáticos han inventado a lo largo de la historia. Ya se trate de posar una sonda sobre un cometa o de enviar un dispositivo en un vuelo a algún planeta, el cálculo diferencial es el poste indicador que mostrará al cohete la dirección correcta para alcanzar su destino.

Y no ha sido sólo la industria espacial la que ha sacado provecho del poder de este atajo matemático. Muchas empresas lo han hecho, en su interés por maximizar los resultados minimizando a la vez los costes y por encontrar los medios más eficientes para fabricar sus productos. También la industria aeroespacial, que aspira a crear un ala que presente una resistencia mínima al aire con el fin de ahorrar combustible. Y los petroleros, que tienen que encontrar la ruta más rápida a través de aguas turbulentas. Los corredores de bolsa, que tratan de determinar el momento en que unas acciones alcanzan su valor máximo antes de desplomarse. Los arquitectos, que desean diseñar edificios que aprovechen al máximo el espacio dadas las restricciones que impone el entorno circundante. Los ingenieros que construyen puentes, que necesitan minimizar el uso de materiales sin poner en peligro la estabilidad estructural.

Todos ellos necesitan el cálculo diferencial para conseguir sus propósitos. Si existe una ecuación complicada que describe la economía o el consumo de energía o lo que sea, el cálculo diferencial proporciona un medio de analizar la ecuación y de encontrar los puntos en los que el resultado es máximo o mínimo.

Es también una herramienta que permitió a los científicos del siglo XVII comprender un mundo en flujo continuo. Las manzanas caen. Los planetas orbitan. Los fluidos fluyen. Los gases se arremolinan. Los científicos necesitaban poder tomar una instantánea de todas estas situaciones dinámicas, y el cálculo diferencial les proporcionó un medio de congelar todo este movimiento. Resulta llamativo que este interés de los científicos quedara reflejado en las obras de los artistas contemporáneos. Los pintores barrocos representaron a soldados cayendo de sus caballos, los arquitectos diseñaron edificios con magníficas y dinámicas curvas y los escultores captaron en la piedra el momento en el que Dafne se transforma en árbol entre los brazos de Apolo.

La revolución científica que se produjo durante la segunda mitad del siglo XVII se gestó gracias a dos de los grandes matemáticos de la época: Isaac Newton y Gottfried Wilhelm Leibniz. El desarrollo del cálculo infinitesimal que propiciaron estos dos grandes hombres proporcionó el atajo más asombroso para explorar nuestro universo dinámico. Richard Feynman lo describió en una ocasión como «la lengua en la que habla Dios».

De modo que para el que no haya aprendido todavía el cálculo diferencial, éste es el momento de hacerlo. Aparecerán algunas ecuaciones, pero prometo que el esfuerzo de comprenderlas merecerá la pena.

UN UNIVERSO EN FLUJO CONTINUO

Antes de que John Glenn hubiera completado sus órbitas alrededor de la Tierra, el cálculo diferencial lo había ayudado a subir hasta allá arriba. Sentado en su cápsula, sobre la plataforma de lanzamiento, ya sabía que el cohete necesitaría superar cierta velocidad para poder librarse de la atracción terrestre, la llamada velocidad de escape. Pero no es tarea fácil saber cuál es la velocidad de un cohete en cada momento cuando sale disparado hacia el espacio. Las circunstancias cambian constantemente: la masa de la nave disminuye a medida que consume combustible y la atracción gravitatoria ejercida sobre ella decrece al alejarse paulatinamente de la Tierra. Como la fuerza propulsora de los reactores y la atracción gravitatoria compiten entre sí, parece un rompecabezas imposible de resolver. Pero el auténtico poder del cálculo diferencial radica en que es capaz de acomodar un complejo rango de variables para conseguir una instantánea de lo que está ocurriendo en un momento dado.

Y todo empezó con la manzana que cayó del árbol del jardín de la casa de Newton en la finca de Woolsthorpe, en el condado de Lincoln. Al declararse la peste, Newton había dejado su *college* de Cambridge y se había retirado a su casa familiar. El confinamiento durante una pandemia ha sido ciertamente un tiempo muy productivo para algunos. Se dice que Shakespeare completó *El rey Lear* aprovechando que el teatro El Globo estuvo cerrado durante una cuarentena. Estando Newton descansando en su jardín, quiso dilucidar el reto de calcular la velocidad de la manzana en cada momento de su trayectoria al caer desde el árbol al

suelo. La velocidad es el cociente entre una distancia recorrida y el tiempo que se tarda en recorrerla. Esto es perfecto si la velocidad es constante. Pero el problema era que, a
causa de la fuerza de la gravedad, la velocidad de la manzana cambiaba constantemente. Cualquier medida que Newton hiciera, le daría solamente la *velocidad media* en el período de tiempo que estuviera considerando.

Para conseguir una estimación mejor de la velocidad, podría ir tomando intervalos de tiempo cada vez más pequeños. Pero determinar la velocidad exacta en un momento
dado realmente significa tomar un intervalo de tiempo infinitamente pequeño. En definitiva, lo que queremos es dividir la distancia por un tiempo igual a cero. Pero ¿cómo
dividimos por cero? El cálculo diferencial de Newton le dio
un sentido a esto.

Galileo ya había descubierto la fórmula para determinar
hasta dónde habría caído la manzana después de cierto intervalo de tiempo. A los t segundos de soltarse del árbol, la
manzana habría recorrido $5t^2$ metros. Este 5 mide la fuerza gravitatoria que ejerce concretamente la Tierra. Si la
manzana cayera de un árbol en la luna, el número que apa-
recería en la ecuación sería más pequeño, porque la fuerza de la gravedad es allí más débil y la manzana caería más
despacio. El cohete de Glenn tendría que seguirle la pista
a este número, que iría cambiando de valor a medida que
se alejara de la Tierra.

Supongamos que tomo la manzana y la lanzo al aire verticalmente hacia arriba. Saldrá de mi mano por ejemplo
a una velocidad de 25 metros por segundo. Esto es facti-
ble, pues hay lanzadores de béisbol que imprimen a la pelota una velocidad inicial de más de 40 metros por segundo. La fórmula que indica a qué altura sobre mi mano está
la manzana en cada momento a partir de su lanzamiento
es $25t - 5t^2$.

Podemos usar esta fórmula para calcular el tiempo que tardará en volver a mi mano, que será cuando la altura sobre mi mano, que viene dada por $25t - 5t^2$, vuelva a ser 0. Si hacemos $t = 5$ en la ecuación, obtenemos 0. Así que el tiempo total que tarda la manzana en subir y bajar son 5 segundos.

Pero Newton quería ser capaz de comprender a qué velocidad viaja la manzana en cada punto de su trayectoria. Esta velocidad cambia constantemente, pues la manzana se ralentiza al subir y se acelera al bajar.

Tratemos de calcular la velocidad pasados 3 segundos, usando la fórmula para la distancia y dividiéndola por el tiempo que tarda en recorrer esa distancia. La distancia que recorre la pelota entre el tercer y el cuarto segundo es

$$[25 \times 4 - 5 \times 4^2] - [25 \times 3 - 5 \times 3^2] = 20 - 30 = -10 \text{ metros}$$

El signo menos indica que está viajando en dirección opuesta a la dirección en la que se lanzó. Está cayendo. De modo que la velocidad media en este período de tiempo es de 10 metros por segundo. Pero ésta es simplemente la velocidad media a lo largo de este intervalo de un segundo, no es la velocidad real de la manzana a los 3 segundos. ¿Qué ocurre si tratamos de hacer el cálculo para un intervalo de tiempo más corto? Si vamos acortando el intervalo de tiempo, veremos que la velocidad se aproxima cada vez más a 5 metros por segundo. Pero lo que Newton buscaba era la velocidad instantánea, que se obtiene cuando el intervalo de tiempo se reduce a 0. Su análisis produjo un modo de explicar por qué la velocidad instantánea en el instante 3 ha de ser ciertamente igual a 5 metros por segundo.

Es posible interpretar esta velocidad en una gráfica de la distancia recorrida a lo largo del tiempo. La velocidad media entre los 3 y los 4 segundos es la pendiente de la recta que pasa por los puntos de la gráfica correspondientes a 3

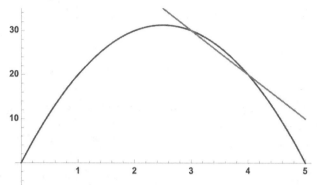

6.2. La gráfica que representa la altura de la manzana con respecto al tiempo. La velocidad media de la manzana entre dos instantes es la pendiente de la recta que pasa por los dos puntos correspondientes de la gráfica.

y 4 segundos. Al hacer este intervalo cada vez más pequeño, la recta se aproxima cada vez más a la recta que toca solamente a la gráfica en el punto correspondiente a $t = 3$. Lo que calcula el método de Newton es la pendiente de la recta que toca a la gráfica en ese punto, que es lo que se llama la tangente a la gráfica en ese punto. En general, en el tiempo t, el cálculo diferencial nos dice que la velocidad (y la pendiente) está dada por la fórmula

$$25 - 10t$$

Aquí está la explicación. Supongamos que tratamos de calcular la velocidad en el instante t. Veamos qué distancia recorre la manzana en un pequeño intervalo de tiempo, por ejemplo, desde el instante t hasta el instante $t + d$.

$$[25\,(t + d) - 5(t + d)^2] - [25t - 5t^2] =$$
$$25t + 25d - 5t^2 - 10td - 5d^2 - 25t + 5t^2 =$$
$$25d - 10td - 5d^2$$

Dividamos ahora por la longitud d del intervalo de tiempo:

$$(25d - 10td - 5d^2)/d = 25 - 10t - 5d$$

Si hacemos que d sea muy pequeño, la velocidad se convierte en

$$25 - 10t$$

Ésta es la derivada de la ecuación $25t - 5t^2$. Este algoritmo tan inteligente parte de la ecuación para la distancia recorrida a lo largo del tiempo y produce una nueva ecuación que nos da la velocidad en cualquier instante. El poder de esta herramienta es que no se aplica únicamente a manzanas y cohetes, sino que proporciona un medio para analizar cualquier cosa que fluya.

Para un fabricante es importante conocer el coste de crear un producto a fin de poder fijar un precio para éste que produzca un beneficio. El coste de fabricar el primer artículo será muy alto, porque hay que poner en marcha la fábrica, contratar obreros y demás. Pero al aumentar la producción, el coste marginal de cada nuevo artículo irá cambiando. Para empezar, este coste marginal irá bajando porque el proceso de fabricación será cada vez más efectivo. Pero si se aumenta demasiado la producción, los costes pueden subir otra vez. El aumento de la producción puede llevar finalmente a cosas como las horas extras, el uso de instalaciones más antiguas y menos eficientes, y a una competición con otros productores para conseguir materias primas, que pueden ser escasas. Como resultado, el coste de producción de los artículos adicionales puede subir.

Es parecido a lo de lanzar una pelota al aire: al principio la pelota avanza rápidamente, pero a cada segundo que pasa se va ralentizando y va cubriendo una distancia más corta. El cálculo diferencial puede ayudar al fabricante a comprender cómo cambia el coste de los productos a medida que aumenta la producción y a encontrar el punto óptimo, en el que la cantidad de productos fabricados reduce el coste marginal de éstos al mínimo.

El atajo de Newton para explorar un mundo en constante cambio marcó el comienzo de la ciencia moderna. Yo clasificaría a Newton, junto con Gauss, como uno de los más grandes descubridores de atajos de todos los tiempos. Hasta el punto de que he llegado a peregrinar a la casa de Woolsthorpe, en el jardín de la cual, según se cuenta, se le ocurrió a Newton este feliz atajo cuando descansaba a la sombra de un manzano. Me llevé una gran sorpresa cuando vi que el manzano ¡seguía allí! La persona que me lo mostró me permitió coger dos manzanas del árbol y conseguí que de una de las pepitas creciera un manzano en nuestro jardín. Ahora paso muchas horas sentado bajo este árbol, con la esperanza de encontrar el atajo que me guíe para desentrañar el problema sobre el que esté trabajando en ese momento.

Gauss, como yo, fue un gran admirador de los trabajos de Newton. «Ha habido sólo tres matemáticos que han hecho época: Arquímedes, Newton y Eisenstein». Este último nombre no contiene ninguna errata. Se trata de un joven prusiano llamado Gotthold Eisenstein que se consagró a la teoría de números y dejó muy impresionado a Gauss cuando resolvió un par de problemas que él no había podido desentrañar.

Gauss siempre fue muy escéptico a la hora de aceptar que la historia de la manzana fue clave en los descubrimientos de Newton:

La historia de la manzana es demasiado absurda. Cayera o no cayera la manzana, ¿cómo puede alguien creer que algo así pudiera acelerar o retardar un descubrimiento tan relevante? Sin duda, lo que ocurrió fue algo así: un hombre estúpido e inoportuno se acerca a Newton y le pregunta cómo dio con su gran descubrimiento. Newton, convencido de que se va a meter en una conversación embarazosa e interminable, y deseoso de librarse del hombre, le responde que le cayó una manzana en la nariz, y con esto el asunto queda perfectamente aclarado y el hombre se aleja satisfecho.

Es cierto que Newton puso poco interés en divulgar sus ideas. Más que un instrumento para optimizar las soluciones de un problema, para él el cálculo diferencial era una herramienta personal para llegar hasta las conclusiones científicas que documentó en su libro *Principios matemáticos de la filosofía natural*, el gran tratado que publicó en 1687, en el que describía sus ideas sobre la gravedad y las leyes del movimiento. Explicó que su cálculo era la clave de los descubrimientos científicos que contenía: «Con ayuda de este nuevo análisis, el señor Newton descubrió la mayor parte de las proposiciones de los *Principios*».

Le gustaba referirse a sí mismo de modo grandilocuente en tercera persona. Pero nunca se publicó ninguna relación de este «nuevo análisis». Por el contrario, hizo circular sus ideas en privado, entre sus amigos, y no pensó que fuera urgente publicarlas para que otras personas pudieran también apreciarlas. Esta decisión de no publicar nada formalmente iba a traer feas consecuencias. Porque unos años después del descubrimiento de Newton, otro matemático dio también con las ideas matemáticas del cálculo diferencial: Gottfried Leibniz. Y fue la presentación de éste la que subrayó el poder optimizador de esta herramienta.

Mientras que Newton necesitaba el cálculo para comprender el mundo físico fluctuante que lo rodeaba, Gottfried Leibniz llegó a sus ideas partiendo de una perspectiva más filosófica y matemática. Estaba fascinado por la lógica y el lenguaje, y le interesaba la idea de captar una gran colección de cosas diversas en estado de continuo cambio. Leibniz era un hombre ambicioso y tenía fe en un enfoque del mundo increíblemente racional. Si se pudiera reducir todo al lenguaje matemático, en el que cada cosa está expresada sin ninguna ambigüedad, habría esperanzas de acabar con las disputas humanas:

La única manera de rectificar nuestros razonamientos es hacerlos tan tangibles como las matemáticas, de suerte que podamos descubrir un error a simple vista y, cuando haya disputas entre las personas, decir simplemente «calculemos», a fin de ver quién tiene razón.

Aunque su sueño de un lenguaje universal para resolver problemas no se hizo realidad, Leibniz logró crear un lenguaje propio con el que pudo resolver el problema de captar las cosas que están en movimiento. En el núcleo de su nueva teoría había un algoritmo, algo así como un programa de ordenador o un conjunto de reglas mecánicas, que podría implementarse para resolver una amplia serie de problemas abiertos. Leibniz estaba muy satisfecho de su invención:

Porque lo que más me gusta de mi cálculo es que nos proporciona las mismas ventajas sobre los antiguos en lo que concierne a la geometría de Arquímedes, que las que nos han dado Viète y Descartes en lo que toca a la geometría de Euclides o Apolonio, al habernos librado de tener que trabajar con la imaginación.

Igual que la idea de las coordenadas de Descartes había traducido la geometría a números, el cálculo de Leibniz había proporcionado un nuevo lenguaje para dominar y registrar explícitamente el mundo del cambio.

Aunque Newton y Leibniz son universalmente reconocidos por la gran revolución de convertir el cálculo en la poderosa disciplina que hoy se enseña, fue Pierre de Fermat, más conocido por su último teorema, el que reconoció que el cálculo puede encontrar atajos para determinar la solución óptima de un problema.

Fermat estaba interesado en encontrar un modo de resolver retos del tipo siguiente. Un rey ha prometido a su fiel consejero un terreno a orillas del mar en recompensa por sus buenos servicios. Le ha concedido 10 kilómetros de vallado para delimitar una parcela rectangular de tierra fronteriza en uno de sus lados con el mar. El consejero desea obviamente maximizar el área de la parcela. ¿Cómo debería disponer las vallas?

Esencialmente tiene una sola variable con la que jugar: la longitud de uno de los lados del rectángulo que es perpendicular al mar y que llamaremos X. A medida que X crece, la porción de playa que abarca la parcela decrece. ¿Cuál es la relación entre las dos longitudes que hará que el área acotada sea máxima? Nuestra primera intuición podría ser elegir la forma cuadrada. Buscar la máxima simetría suele ser una buena estrategia para encontrar un atajo hacia la solución. Una burbuja, por ejemplo, adopta la forma de una esfera simétrica, que es la figura que usa un área superficial mínima para encerrar un volumen dado de aire. Pero la simetría del cuadrado ¿proporciona la respuesta correcta al fiel consejero de la historia?

Hay una fórmula muy sencilla para el área de la parcela en función de X, la longitud variable de uno de los lados del rectángulo que es perpendicular al mar. Como la longitud del lado de la parcela que da al mar es $10 - 2X$, el área A es igual a

$$X \times (10 - 2X) = 10X - 2X^2$$

¿Cuál es el valor de X que hace que esta cantidad sea máxima? Una estrategia podría ser sencillamente ir verificando unos cuantos valores de X y quedarnos con el que nos dé la sensación de producir el área máxima. Éste sería el camino largo para resolver el problema. Fermat se dio cuenta de que había un método más fácil.

Descubrió que el atajo consistía en convertir en un dibujo la ecuación del área. Dibujemos la gráfica de la ecuación $10X - 2X^2$. El atajo hará innecesario recurrir al dibujo, pero para encontrar atajos a veces hay que dar antes un pequeño rodeo. La forma de la gráfica es una curva que parte de un área igual a cero si $X = 0$ crece hasta un pico y después decrece hasta que se obtiene de nuevo área cero para $X = 5$. La clave está en descubrir dónde está el pico. Ahí el área será máxima. ¿Cuál es el valor de X que produce el pico?

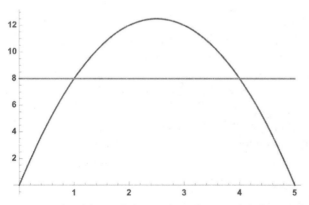

6.3. La gráfica del área de la parcela en función de la longitud de uno de los lados. El área es máxima cuando la línea horizontal corta la gráfica en un punto y no en dos.

Dibujemos una recta horizontal que corte la gráfica. En general, cortará la gráfica en dos puntos, excepto en el punto que está justamente en la cima; en ese punto, la recta horizontal estará posada sobre el punto, tocándole solamente a él. Éste es el punto que buscamos, la cima de la gráfica, donde el área es máxima. Fermat descubrió una estrategia que identifica este punto sin necesidad de dibujar la gráfica, y que desveló que la elección $X = 2,5$ optimizaría el área de la parcela. Ésta no era un cuadrado, sino un rectángulo, cuyo lado largo era dos veces el pequeño. Para el que se sienta con ánimos de seguir un argumento en el que hay un poco de álgebra, he aquí los detalles de la idea de Fermat.

Supongamos que tomamos $X = a$. Entonces la recta horizontal que pasa por el punto correspondiente de la gráfica cortará ésta de nuevo al otro lado en el punto correspondiente a $X = b$; la altura de la gráfica sobre este valor de X es la misma que la altura sobre $X = a$. Se tiene entonces

$$10a - 2a^2 = 10b - 2b^2$$

Podemos usar unos trucos algebraicos para simplificar esto. Pasamos todos los cuadrados a un lado:

$$2a^2 - 2b^2 = 10a - 10b$$

Pero podemos factorizar el miembro en el que aparecen los cuadrados:

$$2(a - b)(a + b) = 10(a - b)$$

Factorizar una ecuación significa reconocer que una expresión algebraica puede escribirse como producto de dos expresiones más simples. En este caso, la diferencia de dos cuadrados es de hecho el producto de $(a - b)$ y $(a + b)$. Pero ahora vemos que los dos miembros de esta nueva ecuación están multiplicados por $(a - b)$, de modo que podemos dividir por este factor ambos lados de la ecuación y obtenemos

$$(a + b) = 5$$

Pero Fermat se interesaba por el momento en el que a y b son de hecho iguales, porque ese momento corresponde a la cima de la curva. Ése es el punto en el que $b = a$. Poniendo esto en la ecuación, obtenemos

$$2a = 5$$

El punto en el que la gráfica llega a la cumbre es aquel en el que a es igual a 2,5. Ésta es la longitud del lado del rectángulo que hará máxima el área de la parcela. Obtenemos un rectángulo que es 2,5 por 5.

Hay un momento interesante en el cálculo de más arriba, cuando dividimos por $a - b$. Esto era perfectamente correcto salvo si $a = b$, en cuyo caso lo que haríamos sería dividir por 0 y eso no está permitido. Pero, un momento, ¿no quería Fermat localizar el punto de la gráfica en el que $a = b$? ¿Esto invalida entonces todo el asunto?

Éste es el punto crucial del cálculo diferencial. Consigue dar un sentido a la división por 0.

Aquí hemos hecho una serie de cuentas, pero ¿dónde estaba el cálculo diferencial? El cálculo diferencial nos da la pendiente de la recta tangente en cada punto de la gráfica. Fermat ha identificado el área máxima con el punto en el que la tangente es horizontal. Éste es el punto en el que la pendiente, o la derivada, es 0. Ésta es la estrategia a la hora de usar el cálculo diferencial para encontrar soluciones óptimas a partir de las ecuaciones: encontrar el punto en el que la derivada de la ecuación es 0.

La curva que describe el área de la parcela se parece notablemente a la que dibujó Newton para seguirle la pista a la altura a la que se encontraba en cada momento la manzana. La ecuación $10X - 2X^2$ que nos da el área de la parcela y la ecuación $25t - 5t^2$ que nos da la distancia entre la manzana y mi mano son esencialmente la misma. La segunda ecuación es sencillamente la primera multiplicada por 2,5. Éste es uno de los grandes atajos de las matemáticas. La misma ecuación puede cubrir multitud de situaciones diferentes. En el caso de la manzana, el punto máximo de su altura en el aire se alcanza en el momento en el que la velocidad es 0 y la manzana comienza a moverse en la dirección contraria.

Pero este tipo de ecuación puede representar muchas otras cosas también: el consumo de energía, la cantidad de materiales de construcción o el tiempo que tardaremos en llegar a nuestro destino. Disponer de una herramienta que sirve para maximizar o minimizar estas cantidades variopintas ha supuesto una transformación radical. Si la fórmula representa los beneficios de una empresa en función de diversos factores, que podemos hacer que varíen, ¿quién no querría una herramienta que le dijera qué valores asignar a estas entradas variables con el fin de conseguir el máximo beneficio? El cálculo diferencial es el atajo que nos lleva a la máxima productividad.

EL ANDAMIAJE MATEMÁTICO

Aunque el cálculo diferencial fue creado principalmente para analizar cómo cambiaba el mundo en función del tiempo, también resultó muy efectivo para analizar los cambios que no dependen del tiempo. En particular, el cálculo diferencial se ha convertido en una herramienta muy poderosa para examinar las diferentes maneras de diseñar un edificio y encontrar la versión que optimiza la eficiencia energética, la calidad acústica o los costes de la obra, a la vez que garantiza la construcción de una estructura que resista el paso del tiempo.

Un edificio con estas características, concluido en 1710, todavía se mantiene orgulloso en pie, no muy lejos de la zona de Londres en la que vivo: la catedral de San Pablo. Siento debilidad por este edificio, en parte porque fue diseñado por un matemático que se formó en el mismo *college* de Oxford en el que yo estudié la licenciatura. Antes de convertirse en el arquitecto más prominente de Inglaterra, Christopher Wren se había curtido estudiando Matemáticas en Wadham College. Siendo estudiante, asimiló todo un abanico de técnicas que le permitirían encontrar atajos para crear algunos de los más imponentes edificios del país.

Uno de sus primeros grandes logros fue el teatro Sheldonian de Oxford, el edificio en el que los estudiantes universitarios recogen sus títulos. La belleza de este edificio reside en el hecho de que tiene un techo inmenso que no se sustenta en ninguna columna. Esto obviamente se proyectó así no para que los padres pudieran ver cómodamente cómo sus amados retoños recogían sus títulos, sino porque este espacio estaba pensado sobre todo para bailar. Wren consiguió esta extraordinaria extensión de techo sin apoyos visibles mediante un entramado estructural de vigas que desplazaba la carga hacia las vigas situadas en los bordes, que se apoyaban en los muros perimetrales. Pero para dar con la disposición adecuada, Wren se encontró con que tenía que resolver un sistema de 25 ecuaciones lineales simultáneas. A pesar de haberse formado como matemático, se vio superado por el problema y acabó viéndose obligado a solicitar ayuda a John Wallis, el profesor Saviliano de Geometría. ¡Pedir ayuda suele ser un importante atajo!

Pero donde realmente aflorarían las matemáticas de Wren sería en la construcción de la cúpula de San Pablo. Al acercarse a la catedral, la cúpula que se ve tiene forma esférica. La esfera posee una belleza y una perfección que resultan especialmente atractivas vistas a distancia. Esta forma explotaba también la idea de que la iglesia representaba la forma del cosmos. Sin embargo, la esfera tiene un inconveniente crucial cuando se trata de edificios: no puede sostenerse por sí misma. De hecho, es demasiado aplastada como para aguantar su propio peso, lo cual implica que una cúpula esférica se desplomaría en medio de la catedral si careciera de algún apoyo. Éste es el motivo por el cual San Pablo no tiene sólo una cúpula sino tres.

La que se ve en el interior de la catedral no es la parte interna de la cúpula exterior. Es de hecho una segunda cúpula cuya forma ha sido diseñada a partir de una curva llamada catenaria—identificada explícitamente más tarde por Leibniz y otros usando el cálculo diferencial—, que es capaz de sostenerse sola sin ningún apoyo. Se trata de la forma que adopta una cadena cuando cuelga de sus dos extremos. Igual que una pelota que se deja caer rodando ladera abajo encuentra el punto de mínima energía y allí se para, la cadena colgante minimiza la cantidad de energía potencial que posee. La naturaleza es muy hábil a la hora de encontrar estos estados de mínima energía. Pero para un arquitecto como Wren el punto clave es que cuando se invierte esta solución de mínima energía se convierte en una forma que es capaz de soportar su propio peso.

¿Cuál es entonces la forma de esta curva? Leibniz hizo experimentos variando las formas y determinó una ecuación que daba la energía potencial contenida en cada una.

Usó entonces el cálculo diferencial para identificar la curva con la mínima energía. Ésta sería la forma que adoptaría la cadena colgante. Una vez identificada, podría ser usada por las generaciones siguientes de arquitectos para construir cúpulas que se sostengan a sí mismas sin tener que recurrir a colgar físicamente cadenas en el espacio que estaban proyectando. A Wren le gustaban especialmente las cúpulas con forma de catenaria porque al contemplarlas desde abajo se crea una perspectiva forzada que hace que parezcan más altas de lo que son. El uso de las matemáticas con el fin de crear ilusiones ópticas fue uno de los grandes temas de la arquitectura del período barroco.

Quedaba todavía el problema de asegurarse de que la cúpula externa no se hundiera hacia el interior de la catedral y destruyera la bonita cúpula interna. Por eso hay una tercera cúpula oculta entre las dos cúpulas visibles. En una visita que hice hace poco a la catedral de San Pablo tuve la oportunidad de entrar en el espacio comprendido entre las dos cúpulas y ver allí la tercera, que es la que se ocupa de sostener la cúpula esférica externa. Esta cúpula oculta recurre también a la curva catenaria para determinar la forma del arco que Wren tendría que diseñar para sostener todo el peso de la cúpula externa. Si colgamos una pesa de una cadena, esa pesa tira de la cadena hacia abajo. Se puede entonces usar el cálculo diferencial para dar una descripción matemática de esta nueva forma con la mínima energía. Pero lo más ingenioso es que si damos la vuelta a esta nueva forma, el arco que aparece puede soportar un peso equivalente al de la pesa que suspendimos de la cadena. Así es como Wren determinó la forma de la cúpula interna que soporta el peso de la cúpula esférica que se ve desde fuera de la catedral.

Las aplicaciones más extraordinarias de estas cadenas con pesas para construir cúpulas pueden verse en el sótano de la basílica de la Sagrada Familia de Barcelona. Antoni Gaudí usó este principio para diseñar la cubierta de su catedral inacabada. Ató un gran número de saquitos de arena a una red de hilos que colgaban de estas curvas catenarias para representar el peso de la estructura que había que sostener. Al invertir este modelo colgante se obtiene la forma de construir la cubierta de modo que no corra el peligro de hundirse. Añadiendo distintos saquitos y moviéndolos de acá para allá, Gaudí pudo crear la forma de la cubierta que deseaba para el templo, con la seguridad de que no se desplomaría cuando trataran de construirla. Pero para elaborar una descripción matemática de todas esas curvas que resulte útil y práctica para las personas que han de reproducirlas en piedra, se precisa el atajo del cálculo diferencial. Los arquitectos de hoy han reemplazado las cadenas y los saquitos de arena que se manipulan a mano por el cálculo diferencial y las ecuaciones manipuladas por los ordenadores a la hora de proyectar los edificios curvilíneos que proporcionan elegancia a las siluetas de nuestras ciudades.

Sin embargo, el cálculo diferencial no sirve solamente para ayudar a construir catedrales y rascacielos. Otra de las aplicaciones del exitoso método de Leibniz para construir curvas con propiedades óptimas fue el descubrimiento de las mejores formas para construir ¡montañas rusas!

LAS MONTAÑAS RUSAS

Me gusta montarme en las montañas rusas, y no sólo por la emoción que proporcionan. Para un matemático rarito como yo, también cuenta el trasfondo de toda la geometría y el cálculo diferencial que se han utilizado para construir una atracción que lleva las cosas hasta el límite pero mantiene el tren bien sujeto a la pista. Hay una montaña rusa en Europa que me acelera el pulso matemático más que ninguna otra: la Grand National de Blackpool, en el condado inglés de Lancashire. Cuando uno recorre esta vía no sólo experimenta el poder del cálculo diferencial, sino también una de las formas matemáticas más fascinantes del gabinete de curiosidades del matemático: la banda de Möbius.

Como el propio nombre de la atracción sugiere, la Grand National es una carrera entre dos trenes. Cuando el vagón llega al punto más alto del recorrido, parece que hay dos carriles paralelos. Los pasajeros de ambos trenes van tan cerca que podrían tocarse mientras recorren vertiginosamente las vueltas y los giros de las vías y pasan a través de distintos tramos bautizados como algunos de los obstáculos más notables de la famosa carrera de caballos. Pero cuando los trenes enfilan la recta final hacia la meta, ocurre algo bastante extraño. Llegan a la estación de salida, pero cada uno al andén opuesto a aquél del que partió. Muy curioso, puesto que las vías de ambos trenes en ningún momento se entrecruzan. ¿Cómo diablos consiguieron los proyectistas esta proeza?

El efecto se logra en el famoso Arroyo de Becher, donde una de las vías pasa por encima de la otra: a partir de ese momento cambian de lado y por eso al final los trenes llegan a la estación en andenes opuestos.

Este sencillo giro que se produce en el Arroyo de Becher es la clave de la banda de Möbius, la bonita figura matemática en la que se basa el diseño de esta pista. Para construir una banda de Möbius, basta tomar una tira larga de papel de unos dos centímetros de ancho. Efectuamos un giro de 180 grados en uno de los extremos del papel y lo pegamos así girado con el otro extremo para formar un anillo. Si imaginamos una tira de papel que una los dos trenes del recorrido de la Grand National, en el Arroyo de Becher esta tira sufriría un giro de 180 grados, ya que una vía pasa por encima de la otra para unirse de nuevo y llegar así a la estación de partida.

La banda de Möbius tiene algunas propiedades muy curiosas. Esta figura posee solamente un borde. Si ponemos un dedo sobre cualquier punto del borde y lo vamos desplazando sobre él, acabaremos pasando por todos los puntos que bordean la cinta. Esto significa que la montaña rusa de Blackpool consta de hecho de una sola pista continua y no de dos pistas paralelas. Pero lo que buscan realmente las montañas rusas como las de Blackpool es ¡velocidad!

Si lo que queremos es la montaña rusa más rápida posible, resulta que el cálculo diferencial nos ayudará a diseñar el camino más rápido para llegar a la meta. Éste es de hecho el reto que se presentó al inicio del capítulo. Dados dos puntos A y B en un plano vertical, ¿cuál es la curva que debería describir un punto movido solamente por la fuerza de la gravedad para ir desde A hasta B en el intervalo de tiempo más corto posible?

Este problema no fue planteado por primera vez por el diseñador del parque de atracciones, sino por el matemático suizo Johann Bernoulli en 1696. Lo eligió para planteárselo como reto a dos de las más grandes mentes del momento, su amigo Leibniz y su adversario de Londres, Newton:

Yo, Johann Bernoulli, me dirijo a los matemáticos más brillantes del mundo. Nada es más atractivo para las personas inteligentes que un problema intachable y estimulante, cuya solución dará fama y permanecerá como un monumento eterno para la posteridad. Siguiendo el ejemplo dado por Pascal, Fermat, etc., espero ganar la gratitud de toda la comunidad científica planteando a los más sagaces matemáticos de nuestro tiempo un problema que pondrá a prueba sus métodos y la fortaleza de su intelecto. Si alguno me comunica la solución del problema propuesto, le declararé públicamente digno de fama.

El desafío consistía en diseñar una rampa que llevara la bola desde el punto superior A hasta el punto inferior B en el mínimo tiempo posible. Muchos podrían pensar que una rampa recta proporcionaría el camino más rápido. O quizá una curva en forma de parábola invertida, análoga a la trayectoria que sigue una pelota cuando la lanzamos al aire. De hecho, la solución no es ninguna de estas dos. El camino más rápido tiene forma de cicloide, que es la curva que traza un punto situado en la llanta de una bicicleta cuando ésta rueda por el suelo.

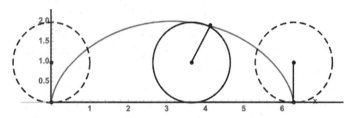

6.4. La cicloide: la curva descrita por un punto de la circunferencia cuando ésta rueda sobre una línea recta.

Si invertimos esta curva, obtenemos el modo más rápido para ir desde A hasta B. La curva desciende hasta un nivel inferior al que ocupa el punto de destino, y coge así más velocidad, que luego usa para remontar y llegar a la meta más rápidamente que las otras curvas.

Como el cálculo diferencial permite encontrar el máximo o el mínimo de una variable sujeta a ciertas restricciones, no importa que haya infinitas curvas que unan A con B. La ecuación siempre nos permitirá encontrar la más rápida.

Newton y Leibniz terminaron sumidos en una terrible disputa sobre quién de ellos descubrió este sorprendente atajo para encontrar soluciones óptimas a muchos problemas. Después de años de acritud y acusaciones mutuas, en 1712 se pidió a la Real Sociedad de Londres que arbitrara como juez ante las reclamaciones de los rivales; más concretamente, que decidiera si era cierto o no que el método de las fluxiones de Newton, como era conocido, fue descubierto primero y que Leibniz plagió estas ideas en su invención del método diferencial. En 1714, la Real Sociedad atribuyó a Newton el descubrimiento del cálculo diferencial y, a pesar de reconocer a Leibniz como el primero en publicar sobre el tema, lo acusaba de plagio. No obstante, el informe de la Real Sociedad seguramente no fue todo lo imparcial que debería haber sido: de hecho fue escrito por su presidente, un tal sir Isaac Newton.

Leibniz se sintió tremendamente herido: admiraba a Newton y nunca se recuperó del golpe. Lo más irónico del asunto es que fue la versión del cálculo diferencial de Leibniz, y no la de Newton, la que triunfó finalmente.

Aunque las ideas subyacentes de Leibniz tenían mucho en común con el desarrollo del cálculo de Newton, había una diferencia fundamental. Leibniz había llegado a su cálculo por un camino de naturaleza mucho más lingüística y matemática. A él no le interesó especialmente cómo determinar la velocidad en cada momento de una manzana que cae de un árbol, sino que consideró un marco conceptual mucho más amplio. Si el comportamiento de algo dependía de varios factores, su cálculo estaba pensado para estudiar cómo variaba ese comportamiento cuando se cambiaban los factores de los que dependía.

Newton era un físico en el fondo y su propósito de describir el mundo físico probablemente limitó su perspectiva. El lenguaje y la notación que introdujo Leibniz eran mucho más flexibles y aptos para abordar diferentes situaciones. Y la notación de Leibniz fue la que superó la prueba del tiempo y es la que se enseña ahora en los colegios y en las universidades.

A decir verdad, lo único que hicieron tanto Leibniz como Newton fue iniciar el proceso del desarrollo del cálculo diferencial. Tanto sus tratados como sus análisis del asunto dejaban mucho que desear. A la generación siguiente le correspondió la tarea de asentar el cálculo diferencial sobre unas bases lógicas firmes. Pero no puede negarse que esos avances posteriores fueron posibles sólo gracias a las ideas revolucionarias que tanto Newton como Leibniz habían aportado. Tal y como reflejan las famosas palabras de Newton: «Si he logrado ver más lejos es porque he subido a hombros de gigantes».

¿LOS PERROS TAMBIÉN CALCULAN?

Pero quizá hubo un adversario que se adelantó a Newton y a Leibniz en el descubrimiento del cálculo diferencial. Hay pruebas de que el reino animal ha sabido cómo llegar a soluciones óptimas mucho antes de que los humanos diéramos con el atajo del cálculo diferencial.

Volvamos a nuestro fiel consejero de antes, que está ahora relajado frente al mar después de haber solicitado la parcela más extensa posible gracias a la ayuda del cálculo diferencial. Ve de repente a un nadador que está en apuros y grita al vigilante de la playa para que acuda en su ayuda.

Suponiendo que el vigilante corre dos veces más deprisa a pie que a nado, ¿en qué punto de la orilla debe entrar en el agua para conseguir el rescate más rápido?

Si el vigilante tratara de minimizar la distancia que tiene que recorrer, dibujaría sencillamente una línea recta entre

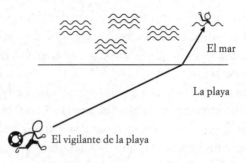

El mar

La playa

El vigilante de la playa

6.5. ¿Cuál es el camino para que el vigilante de la playa alcance lo más rápidamente posible al nadador en apuros?

el punto de partida y el de destino. Pero como es más lento en el agua que en tierra firme, quiere escoger un trayecto que acorte el tiempo de permanencia en el agua. No obstante, si corre hasta el punto en el que se minimiza el tiempo que ha de pasar en el agua, hay un problema. Eso implica un trayecto más largo sobre la playa, que puede incrementar a la postre el tiempo final. El camino óptimo parece estar desplazado a la derecha, pero no tanto como para llegar al punto en el que el nadador se encuentra perpendicular a la playa. ¿Dónde está entonces el punto óptimo para entrar en el agua y llegar hasta el nadador en apuros en el menor tiempo posible?

Éste es otro de los problemas sobre los que reflexionó Fermat. Se trata de nuevo de un problema de optimización. Fermat no se lo encontró bajo la forma de un vigilante de la playa que desea encontrar el camino más rápido, sino al plantearse el reto de determinar la trayectoria de un rayo de luz.

Todos hemos experimentado esa rara ilusión óptica que se produce cuando metemos un palo en una piscina y parece que se dobla repentinamente al entrar en el agua. No es el palo el que se dobla, sino la luz que parte del palo y viaja hasta nuestros ojos. Como expliqué en el capítulo 4, a la luz le gusta tomar atajos. Trata de encontrar el camino más rápido para ir del palo hasta nuestros ojos. Pero la luz viaja más lenta en el agua que en el aire. Así que, igual que el vigilante de la playa, trata de pasar el menor tiempo posible en el agua y, a la vez, que el tiempo de viajar en el aire no se alargue demasiado tampoco. La misma razón es la clave que explica el extraño fenómeno de los espejismos en el desierto. La luz de una parcela de cielo aprovecha el atajo del aire caliente que hay pegado a tierra para llegar hasta nuestros ojos y eso hace que aparezca un trozo de cielo sobre el suelo del desierto, creando la ilusión de que se trata de agua.

Igual que hizo el consejero con su parcela, el vigilante de la playa necesita determinar una ecuación que exprese el tiempo que se tarda en llegar hasta el nadador en función de la distancia X desde el punto de partida hasta el punto de entrada en el mar. Después, aplicando las herramientas del cálculo diferencial, podrá encontrar el valor de X que hace que el tiempo sea el mínimo. Pero ¿qué pasa si no tenemos papel y lápiz? ¿Y si no hemos inventado todavía el álgebra y el cálculo? ¿Y si tenemos que confiar solamente en la intuición y el buen sentido? ¿Qué pasaría si... fuésemos un perro? ¿Hasta qué punto puede un perro determinar el lugar óptimo para entrar en el agua?

Tim Pennings, profesor de Matemáticas de la Universidad Hope de Míchigan y amante de los perros, decidió hacer algunos experimentos para comprobar si su perro era capaz de resolver bien este problema de cálculo. Como a muchos perros, a su corgi galés *Elvis* le entusiasmaba correr a dar caza a una pelota. De modo que Pennings decidió que, en vez de abordar el reto de rescatar a un nadador en apuros, experimentaría lanzando una pelota al lago Míchigan durante sus paseos con *Elvis* y vería qué trayectorias elegiría éste para ir a recoger la pelota.

Por supuesto, podría darse la situación de que el objetivo principal de *Elvis* fuera minimizar la cantidad de energía consumida en la tarea de ir a recoger la pelota, en cuyo caso la mejor solución consistiría en reducir a un mínimo el tiempo de permanencia en el agua e ir corriendo directo al punto en el que la trayectoria para ir hasta la pelota desde la orilla es perpendicular a ésta. Pero Pennings podía ver, en el brillo de la mirada de *Elvis* y en su alto grado de excitación cuando la pelota salía de su mano, que la meta del perro sería traer la pelota lo más rápidamente posible. El escenario estaba ya preparado para este experimento que trataría de evaluar el dominio intuitivo que *Elvis* tenía del cálculo.

Un día en el que apenas había olas en el lago y la pelota no se movería mucho una vez que flotase en el agua, Pennings salió de paseo con *Elvis*. Con ayuda de un amigo, lanzaba la pelota al agua, corría detrás del perro y dejaba caer un destornillador en el punto en el que *Elvis* entraba en el agua, y después con una cinta métrica medía la distancia que había nadado hasta alcanzar la pelota.

Al principio hubo algunas salidas en falso, en las que *Elvis* se lanzó inmediatamente al agua, adoptando una ruta poco óptima. Pennings decidió eliminar estos datos de su análisis. Como dijo: «Hasta un estudiante de sobresaliente puede tener un mal día». Pero al terminar el día había conseguido los datos de 35 soluciones de *Elvis* al reto. ¿Qué tal lo había hecho? ¡Sorprendentemente bien! En la mayor parte de los casos se aproximó mucho al punto de entrada óptimo. Las variables obvias que había en el experimento podrían seguramente explicar el éxito de las aproximaciones de *Elvis*.

¿Significa esto que *Elvis* conoce el atajo del cálculo diferencial? Por supuesto que no. Pero resulta sorprendente cómo el cerebro del animal ha evolucionado para encontrar estos atajos sin el poder del lenguaje matemático formal. La naturaleza favorece a los que son capaces de encontrar soluciones óptimas, de modo que los animales cuyos cerebros podían resolver intuitivamente estos desafíos sobrevivieron con más facilidad que los demás. Pero lo que puede evaluar intuitivamente un cerebro tiene sus límites. Por eso cuando John Glenn se encontraba en la plataforma de lanzamiento, en Cabo Cañaveral, pedía que se hicieran las cuentas utilizando esa herramienta tan avanzada que hemos elaborado y que llamamos cálculo diferencial, para estar seguro de cuál sería el mejor camino de ida y también el de vuelta a casa, en vez de fiarse de su intuición.

A veces los animales trabajan en equipo para resolver problemas parecidos al que afrontó *Elvis*. Existen pruebas de que cuando se le plantea a un hormiguero un problema análogo al del rescate del nadador en apuros, puede desenvolverse tan bien como *Elvis* para encontrar el camino óptimo. En este caso, en vez de una pelota se puso comida: una cucaracha. En el experimento con hormigas rojas, dirigido por un equipo de investigadores de Alemania, Francia y China, las hormigas encontraron los caminos óptimos, en dos contextos diferentes, para llevar comida al hormiguero. Aquí la ventaja es que había muchas hormigas para tantear las diferentes rutas e ir descartando algunas. Las hormigas dejan un rastro de feromonas para que las otras puedan seguirlas. Cuantas más hormigas consiguen llegar a casa por el camino óptimo, más se refuerza el rastro de feromonas que lo señala.

De hecho, las hormigas hacen algo parecido a lo que creemos que hace la luz para encontrar el camino más corto. ¿Cómo hace el fotón para descubrir el mejor camino? La física cuántica afirma que el fotón prueba todos los caminos simultáneamente y se queda en el que es óptimo, una vez observado. Las hormigas usan una estrategia semejante, ya que ponen a prueba todos los caminos posibles aprovechando que son muchas y entre todas encuentran el mejor.

La naturaleza es muy buena en la tarea de encontrar soluciones óptimas. La luz encuentra el camino más rápido hacia su destino. En la física moderna, la gravedad se interpreta como la fuerza que arrastra a la materia por la geometría del espacio-tiempo guiada por la búsqueda del trayecto más corto. Las cadenas colgantes ayudaron a Wren a resolver el problema de diseñar una cúpula estable. Las burbujas explotan la mínima energía de la esfera. En tiempos más recientes, Frei Otto usó películas de jabón para diseñar el estadio olímpico de Múnich, inaugurado en 1972. La extraña cubierta ondulada que protege el estadio es estructuralmente estable gracias al análisis que hizo Otto de las pompas de jabón que se forman sobre un marco metálico.

Esta extraña propiedad de la naturaleza de encontrar soluciones óptimas de baja energía fue recogida matemáticamente en la primera mitad del siglo XVIII por Pierre Louis Maupertuis en su principio de mínima acción. Como explicó Maupertuis, las matemáticas se convierten en el dogma: «La naturaleza es ahorradora en todas sus acciones». Por qué la naturaleza es tan frugal sigue siendo un misterio. Pero a veces no tenemos perros ni hormigas ni pompas de jabón a mano para ayudarnos a encontrar la respuesta que buscamos. En su lugar podemos recurrir a la increíble herramienta creada por Newton y Leibniz. El cálculo diferencial ha sido y seguirá siendo el atajo más asombroso para dar con las soluciones óptimas de los retos que afrontamos.

Como comentó el propio Gauss, el más destacado descubridor de atajos, a propósito del cálculo diferencial: «Estos conceptos integran, por así decirlo, en un todo orgánico incontables problemas que de otro modo permanecerían aislados y requerirían para su solución independiente una aplicación mayor o menor del genio inventivo».

Atajo hacia el atajo

Aunque el cálculo diferencial es uno de nuestros grandes atajos, es precisa cierta pericia técnica para emplear esta herramienta. Aunque la idea de seguir un curso acelerado sobre esta materia está lejos de los intereses de la mayoría, merece la pena saber al menos que existe esta técnica para encontrar la solución óptima de numerosos problemas. Muchos atajos necesitan recorrerse acompañados de una guía técnica que nos ayude a explorar territorios potencialmente espinosos. Así, ante una situación que dependa de parámetros variables, si queremos saber qué valores de estos parámetros producirán las mejores condiciones, el mejor atajo podría ser ponerse en contacto con un experto en cálculo diferencial. Como reconoció Newton, subirse a hombros de gigantes ha sido siempre un atajo inteligente. Y a veces podríamos descubrir que el mejor guía técnico no es un amigo matemático, sino la naturaleza. Merece siempre la pena comprobar si la naturaleza ha encontrado ya una solución óptima a nuestro problema. Una película de jabón podría revelar la solución de mínima energía de un problema de ingeniería. La trayectoria seguida por la luz podría indicarnos la dirección de un atajo. O quizá seguir los pasos de un hormiguero nos ayudaría a reducir la tarea de examinar una cantidad grande de opciones.

Parada en boxes: el arte

Una de las lecciones claves de las matemáticas es el poder que puede tener un algoritmo para simplificar un trabajo arduo. En vez de tratar cada problema con una estrategia basada en examinar caso por caso, un algoritmo cristaliza lo que unifica todos los problemas y presenta una receta que puede aplicar cualquiera, independientemente del contexto concreto en el que trabaje. El cálculo diferencial es uno de estos algoritmos. No importa si la ecuación describe márgenes de beneficios, la velocidad de un cohete o el consumo de energía, ya que el cálculo diferencial es un algoritmo que se aplica en todos los casos a la búsqueda de la solución óptima.

Me quedé muy sorprendido cuando descubrí que los algoritmos también podrían ayudar en la creación de obras de arte. Me enteré de ello en una conversación que tuve recientemente con Hans Ulrich Obrist, director de la galería Serpentine de Londres. Tenía mucha curiosidad, porque siempre he sentido pavor ante un lienzo en blanco, y me preguntaba si habría algún atajo que me ayudara a convertir mis ideas creativas en algo más palpable.

La idea de Obrist surgió de los retos de la globalización en el mercado del arte. Al principio de su carrera, el mundo del arte estaba todavía orientado a la cultura occidental. Una exposición podía viajar a Colonia o a Nueva York y quizá hacer una visita a Londres o a Zúrich. Pero al abrirse cada vez más galerías por todo el globo, Obrist se interesó vivamente en el desafío de cómo llevar una exposición reciente hasta espacios de Suramérica o de Asia. Se había convertido en todo un reto logístico trasladar una gran exposición hasta los sitios que solían expresar su deseo de albergarla. En colaboración con los artistas Christian Boltanski y Bertrand Lavier, Obrist encontró un modo de superar este inconveniente: *do it* o hágala usted mismo. La idea consistía en elaborar un conjunto de instrucciones o recetas para que otras personas pudieran confeccionar una obra de arte allí donde estuvieran, ya fuera en China, México o Australia.

Para Obrist, el *do it* era el atajo para el desafío de la globalización. No hay que preocuparse de transportar obras materiales en grandes embalajes, solamente se tienen que crear instrucciones aplicables en cualquier sitio y con calendarios simultáneos. Una exposición generativa. Un algoritmo artístico. Las instrucciones se convierten en el atajo. Estas instrucciones para un *do it* son análogas a las partituras, que hacen que una ópera o una sinfonía se hagan realidad en incontables ocasiones, al pasar de mano en mano y ser interpretadas por otros.

La idea de una obra de arte basada en un conjunto de instrucciones no es nueva. Tiene su origen en la obra de Marcel Duchamp, que en 1919 envió instrucciones desde Argentina a su hermana Suzanne y a Jean Crotti para que se hicieran su regalo de bodas. Para crear este regalo de bodas de título extraño, *Unhappy Ready-Made* ['objeto encontrado infeliz'], Marcel pidió a la pareja que colgasen un libro de geometría en el exterior de su terraza para que el viento «atraviese el libro y escoja sus propios problemas». El arte basado en instrucciones explotó a finales de la década de 1960, impulsado por las obras de John Cage y Yoko Ono. Pero fue Obrist el que se percató de que las instrucciones podrían ser algo más que una idea conceptual interesante y proporcionar un atajo genuino para el problema logístico de un arte global a escala mundial.

Uno de los resultados colaterales más interesantes que han producido los proyectos *do it* es que han envalentonado a los que antes se sentían intimidados ante la idea de lanzarse a crear arte. Hablé con Obrist durante el confinamiento que el coronavirus provocó en Europa en 2020 y él estaba entusiasmado por el papel renovado que las instrucciones de los proyectos *do it* habían desempeñado en esta difícil etapa global.

«Este atajo se convirtió en una esponja—me contó—: allá donde fue aprendió cosas nuevas y las incorporó al conjunto de instrucciones. Así nació este archivo siempre creciente. Empezamos viendo una versión china. Una versión de Oriente Medio. Y en los últimos meses he recibido multitud de mensajes, primero de China y después de Italia y de España. Poco a poco, según se iba extendiendo la situación de confinamiento, las personas comenzaron a buscar los libros sobre el *do it* en sus estanterías y a seguir algunas de las instrucciones de estos artistas en sus casas».

Se me ocurrió pedirle a Hans Ulrich que me diera un ejemplo concreto de instrucciones de un *do it*, y abriendo su compendio de proyectos *do it*, un enorme y fastuoso volumen de color naranja, me señaló el *do it* del artista austríaco Franz West:

WEST, Franz
Hazlo en casa (1989)

Tómese una escoba y véndese apretadamente tanto el mango como el cepillo con gasas de algodón de modo que los pelos del cepillo queden rectos.

Tómense 350 gramos de escayola y mézclense con la cantidad apropiada de agua. Distribúyase la escayola sobre toda la superficie vendada. Tómese otro rollo de gasa y envuélvase de nuevo con él la superficie escayolada. Apliquese encima otra capa de escayola que cubra por completo el objeto.

Repítase otra vez el mismo proceso y déjese secar completamente el «Passstück» (o «Adaptable»).

El resultado de este proceso es que uno puede usar el objeto como un «Passstück», bien solo, frente a un espejo, o bien ante visitantes. Procédase con él como resulte conveniente.

Anime a sus visitantes a que pongan en acción sus pensamientos intuitivos para mostrar los posibles usos del objeto.

Los Passssstücke o Adaptables fue un proyecto que West comenzó en la década de 1970 tomando pequeños objetos y cubriéndolos con una capa de escayola para transformarlos en algo extraño pero vagamente reconocible. Su *do it* era un atajo para que otros crearan sus propios ejemplos. Como me dijo Obrist: «No se trata solamente de hacer cosas a tu escoba con las instrucciones de Franz West, sino también de hacer algo con alguien». Por ejemplo, las instrucciones del proyecto *do it* de Louise Bourgeois dicen así: «Cuando vayas caminando por la calle, párate y sonríe a un desconocido».

Como he comprobado en mi propio trabajo, los atajos suelen aparecer solamente después de un largo viaje. Lo mismo ocurre en el caso de Obrist: «En el arte solemos necesitar dar rodeos, y en la organización de exposiciones, también. Pero los rodeos son en cierta manera lo contrario de los atajos. Una vez, hablando con David Hockney, me dijo que necesitaba escribir una novela o rodar una película o redactar un tratado científico de perspectiva o ir al iPad para dibujar con él. Esto siempre le conduce de nuevo a la pintura, pero es como si necesitara dar antes estos rodeos».

«El proyecto parecía tan claro cuando redacté un breve folleto con 12 instrucciones que las personas pudieron interpretarlo como un atajo. Sin embargo, resultó ser el proyecto más complejo de mi vida, con muchas ramificaciones y desvíos. Se convirtió en esta especie de sistema de aprendizaje que es ahora. Pensé que era realmente fascinante, porque un *do it* era un atajo extremo, ya que la idea era básicamente tomar una ruta más directa que la que se toma normalmente. Con las instrucciones se va directo del artista a la persona que realiza la obra, sin ningún intermediario. Sencillamente se hace. Y puede hacerse más rápido, con lo que se conseguirían resultados más inmediatos. No obstante, éste ha resultado ser mi proyecto más largo. Así que, en este sentido, se da la extraña paradoja de que el atajo ha sido el rodeo más largo».

Para Obrist estas instrucciones son parecidas a un buen virus. Un virus se propaga con tanta eficacia porque en el fondo consiste en una serie de instrucciones para reproducirse usando el material celular del huésped. Lo más interesante es que uno de los atajos que explota es el concepto de simetría. Un virus suele ensamblarse siguiendo la forma de un dado simétrico, lo cual tiene la ventaja de que puede usar las mismas instrucciones en diferentes zonas de su estructura, de modo que no necesita instrucciones específicas para cada una de sus partes.

Pero la simetría resulta ser también un atajo que ha explotado otro artista para crear sus obras. Conrad Shawcross es un escultor al que le apasiona explorar la relación entre el arte y la ciencia. Su obra ha sido mundialmente reconocida y en 2013 fue elegido académico de la prestigiosa Royal Academy of Arts. El estudio de Shawcross, al este de Londres, está a un corto trayecto en bicicleta de mi casa, de modo que estaba muy interesado en encontrarme con él para ver si había recurrido o no a algún tipo de atajo para llegar a ser un artista reconocido internacionalmente. Me dijo que considera a los atajos como un medio para hacer manejables los proyectos muy ambiciosos. «Hay que ser muy eficaz y muy inteligente en tus métodos para conseguir cosas que de otro modo resultarían imposibles. Hay que crear modelos o plantillas o repetir partes que puedan ensamblarse entre sí para producir objetos complejos».

Shawcross se ha inspirado muchas veces en el arte basado en normas. Es un admirador de la obra del artista estadounidense Carl Andre, que parte del ladrillo como elemento repetitivo, o de Claude Monet, que volvía una y otra vez a los mismos nenúfares, a la misma hora del día, para registrar los pequeños cambios producidos por su crecimiento. Para Shawcross, la semilla de muchas de sus exploraciones primerizas fue una importante figura matemática que se conoce como tetraedro o pirámide de base triangular.

Parte del atractivo del tetraedro proviene de la creencia de los antiguos griegos de que esta figura es uno de los elementos básicos del universo. Los griegos pensaban que la materia estaba hecha de tierra, aire, fuego y agua y que cada uno de estos elementos tenía su propia forma simétrica. El tetraedro era la forma del fuego. La primera pieza en la que Shawcross exploró las posibilidades artísticas de las construcciones a partir de esta figura fue una estructura que le encargaron montar en 2006 en el castillo de Sudeley. Construyó 2.000 tetraedros de roble y estuvo dos semanas tratando de ensamblarlos para formar una estructura. El proceso resultaba anárquico y precario. «Forman unos racimos llameantes, imposibles de ensamblar y que nunca vuelven sobre sí mismos. Ellos me dominaban a mí en vez de dominarlos yo a ellos. Por un lado, era un poco frustrante, pero por otro fue un buen aviso, un fracaso que me hizo aprender un montón y que supuso el arranque de muchas otras búsquedas».

Shawcross necesitaba descubrir la manera de hacer algo que fuese a la vez bello y estructuralmente sólido. Finalmente encontró la idea que necesitaba gracias a un matemático, que le señaló que solamente hay un modo de ensamblar entre sí tres tetraedros.

He aquí un ejemplo perfecto del poder de la simetría a la hora de proporcionar un atajo. Al fusionar tres tetraedros y tratar de encontrar algún otro modo de hacerlo, se acaba siempre comprobando que una rotación hace coincidir la nueva configuración con la primera, que es la única posible. En vez de partir de 2.000 tetraedros individuales, Shawcross cayó en la cuenta de que podía usar como elementos básicos esas piezas formadas cada una por tres tetraedros.

«Esto redujo inmediatamente la dificultad de mi problema a un tercio—afirma—. De repente la tarea empezó a resultar mucho más abordable». Con este atajo a su alcance, Shawcross solamente necesitaba encontrar un modo de ensamblar 667 piezas hechas de 3 tetraedros, una tarea que resultaba mucho más viable concluir en el plazo que tenía fijado para entregar la obra.

Pero cuando hablé con Shawcross en su estudio, resultó que algunos atajos resultan sencillamente incompatibles con su ética de escultor y artista. Su extraordinaria obra bautizada como ADA, una escultura móvil que desarrolla complejos movimientos geométricos en el espacio programada con una serie de engranajes, hizo su aparición como parte de una pieza de danza en la Royal Opera House de Londres. Como siempre, Shawcross trabajó con una fecha tope de entrega muy estricta y hasta el último momento la posibilidad de que la instalación estuviera preparada para la tarde del estreno pendió de un hilo.

Cuando estaban pintando ADA, alguien sugirió que no había necesidad de pintar la parte posterior de la pieza, ya que no estaría en ningún momento a la vista del público. Una simplificación inteligente, podríamos pensar. Pero Shawcross no accedió a engañar así al público. En todas sus obras, aunque haya caras de las piezas que nunca estarán a la vista, es importante que éstas reciban el mismo tratamiento que las caras que se ven. Es posible que el público no pudiera ver la parte trasera de las piezas, pero para un escultor como Shawcross no pintarlas por ello sería un atajo inaceptable.

He aquí algunos algoritmos artísticos de piezas *do it*, atajos para crear arte sin salir de casa.

AL MARIA, Sophia
(2012)

Localícese un televisor con una generosa oferta de canales por satélite. Utilícese la sucesión de números de Fibonacci para ir seleccionando canales en orden.

0, 1, 1, 2, 3, 5, 8, 13, 21, 34, 55, 89, 144, 233, 377, 610, 987, y así sucesivamente.

Alternativamente, puede usarse una calculadora con un programa que genere los números de Fibonacci.

Hágase una foto con una cámara digital a cada canal que aparece.

Cuando se hayan agotado los canales de satélite disponibles, siguiendo esta prescripción gobernada por la razón áurea, recopílense las imágenes en el orden inverso a como fueron obtenidas y fórmese un mosaico con ellas.

La imagen resultante es una representación simplista de uno de los bordes de la matriz polifacética de los medios de comunicación.

Maravíllense de la chocante mediocridad de los prodigios creados por el hombre.

EMIN, Tracey
¿Qué haría Tracey? (2007)

Búsquese una mesa. Pónganse sobre ella 27 botellas, todas de tamaños y colores diferentes. Tómese un ovillo de hilo de algodón rojo y rodéese con él las botellas, creando una especie de extraña telaraña que las mantenga todas unidas. Si se desea, se puede colocar al final el ovillo de algodón rojo debajo de la mesa.

KNOWLES, Alison
Homenaje a todo lo rojo (1996)

Divídase el espacio de exposición en cuadrados del mismo tamaño.

Colóquese en cada cuadrado algo de color rojo. Por ejemplo:
– una pieza de fruta,
– una muñeca con un sombrero rojo,
– un zapato.
Cúbrase el suelo por completo de este modo.

ONO, Yoko
La pieza de los deseos (1996)

Piénsese un deseo.

Escríbase en un trozo de papel.

Dóblese el papel y cuélguese en un Árbol de los Deseos. Pídase a los amigos que hagan lo mismo.

Sígase pidiendo deseos.

Hasta que las ramas estén todas cubiertas de ellos.

7

LOS ATAJOS DE LOS DATOS

☞ *Imaginemos que nos invitan a un concurso. Hay 21 cajas y cada una de ellas contiene un premio en metálico. Nos permiten ir abriendo las cajas de una en una. Nos podemos quedar con el dinero que haya en la última caja que abramos. Pero una vez que se ha abierto una nueva caja, no podemos arrepentirnos y reclamar el dinero que había en la caja anterior. El problema es que no tenemos ni idea de la cuantía de los premios que podría haber en las cajas. Podría haber una caja con un millón de euros dentro. O podrían contener todas premios de menos de un euro. El reto consiste en contestar la siguiente pregunta: ¿cuántas cajas deberíamos abrir para maximizar la probabilidad de conseguir el mejor de los premios que hay en ellas?*

Cada día producimos más y más datos al movernos por el mundo digital en expansión que estamos contribuyendo a poblar. La humanidad produce actualmente en dos días la misma cantidad de datos que se generaron desde los albores de la civilización hasta el año 2003. Éste es un paisaje digital inmenso para explorar. Oculto entre los datos hay un tesoro para cualquier empresa, que puede discernir patrones que podrían ayudarle a predecir nuestros próximos pasos digitales. Encontrar el buen camino en esta jungla de datos no es fácil, pero los matemáticos han descubierto una ingeniosa serie de atajos que pueden desvelar este tesoro sin necesidad de revisar todo el territorio.

A partir de la revolución científica que se produjo en el siglo XVII, empezamos a sentirnos abrumados por los datos que estábamos generando. John Graunt, uno de los primeros demógrafos, se quejaba en 1663 de «la cantidad abrumadora de información» que lo inundaba a resultas de sus estudios sobre la plaga de peste bubónica que estaba devastando Europa. Esos números son necesarios para luchar contra una pandemia. Por eso Tedros Adhanom Ghebreyesus, director general de la Organización Mundial de la Salud, afirmó en una rueda de prensa ofrecida en Ginebra que la clave para sobrevivir al brote de coronavirus de 2020 era realizar «pruebas, pruebas y más pruebas». Sin datos, los gobiernos no tendrían ni idea de qué recursos desplegar, ni de dónde desplegarlos.

Pero sin algún método para separar el mensaje del ruido, los datos son inútiles. La oficina del censo de Estados Unidos se quejaba en 1880 de que los datos que habían recogido eran tan copiosos que precisarían más de diez años para analizarlos, y para entonces estarían ya inundados por los datos recogidos en el censo de 1890. Se necesitaban herramientas para acortar el acceso a los mensajes contenidos en estas vastas hileras de números que estábamos generando y registrando.

Mi héroe Carl Friedrich Gauss siempre había sido un entusiasta de los datos. Se había deleitado mucho con un libro lleno de números que le regalaron cuando cumplió quince años, que contenía las tablas de logaritmos y al final una lista de números primos. «Nadie tiene ni idea de la poesía que hay en una tabla de logaritmos», escribió. Se pasó horas tratando de discernir algún patrón oculto en la lista, aparentemente aleatoria, de los números primos, hasta que se dio cuenta de que había una conexión con los logaritmos de la primera parte del libro, una revelación que le conduciría al teorema de los números primos, que predice la probabilidad de que un número tomado al azar sea primo.

Gauss había pronosticado con éxito la reaparición de Ceres en el cielo nocturno a partir de las observaciones recogidas por los astrónomos antes de que el asteroide desapareciera detrás del sol. Se había comprometido a analizar los datos del censo del gobierno de Hanóver, afirmando: «Espero revisar el censo, las listas de nacimientos y muertes de los distritos locales, no como un trabajo, sino para mi propio placer y satisfacción». Invirtió algún tiempo en el examen del sistema de pensiones de las viudas de los profesores de la Universidad de Gotinga, y llegó a la conclusión, contraria a la que otros se habían temido, de que el fondo de pensiones estaba en plena forma y se podían incrementar las retribuciones que percibían las viudas.

El éxito de predecir la localización de Ceres en la inmensidad del cielo nocturno se basó en una estrategia que él mismo desarrolló y que se conoce como el método de los mínimos cuadrados. Gauss mostró que si tenemos una serie de datos ruidosos y deseamos trazar la recta o curva que mejor aproxime dichos datos o puntos, hay que escoger la curva de modo que la suma de los cuadrados de las distancias de los puntos a la curva sea la mínima posible.

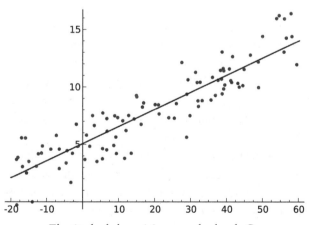

7.1. El método de los mínimos cuadrados de Gauss.

En el artículo que publicó en 1809 describiendo el método, también explicaba cómo los datos tienden a distribuirse siguiendo una ley que ahora llamamos la distribución de Gauss. Esencialmente, si nos ponemos a representar conjuntos muy numerosos de datos en diferentes contextos —altura, presión sanguínea o resultados de una prueba en una población, errores en observaciones astronómicas o en mediciones de control—, siempre acabaremos viendo la misma dispersión: la mayoría de los casos se acumulan en el centro y por los bordes quedan unos pocos más atípicos. La curva que se dibuja suele llamarse la campana de Gauss, pues tiene forma de campana.

Las herramientas estadísticas que forjaron Gauss y otros son ahora los atajos cotidianos que usa cualquiera que tenga que explorar algún aspecto del mundo moderno, tan lleno de datos.

OCHO DE CADA DIEZ GATOS

Siendo niño, siempre me intrigó un anuncio de comida de gatos que salía con frecuencia en la televisión. En él se afirmaba que ocho de cada diez gatos preferían Whiskas, la marca de comida que se anunciaba. Me parecía curioso, porque no recordaba que hubiera venido nadie a preguntar a nuestra gata qué comida prefería. Y me preguntaba: «¿A cuántos gatos habrán interrogado para atreverse a lanzar una afirmación tan audaz?».

Uno podría pensar que para poder defender legítimamente esa afirmación habría que realizar previamente un trabajo inmenso. Al fin y al cabo, se estima que en el Reino Unido hay unos 7 millones de dueños de gatos, y, claramente, los empresarios de Whiskas no llamaron a 7 millones de puertas para preguntar. Resulta que las ideas matemáticas de la estadística proporcionan un atajo sorprendente para descubrir cuál es la comida favorita de los gatos del país. A cambio de un poco de incertidumbre, el número de gatos a los que hay que preguntar resulta chocantemente pequeño. Supongamos que estamos dispuestos a aceptar un margen de error del 5 % en la proporción de gatos que afirman preferir Whiskas. Entonces no pasaría nada si dejáramos de preguntar su opinión a un 5 % del número total de gatos. Aun así, un 5 % de 7 millones de gatos son solamente 350.000. Quedaría todavía un montón de gatos a los que sí que sería necesario preguntar.

El asunto es que sería un caso enorme de mala suerte descartar 350.000 gatos y que todos ellos fueran de los que no les gusta Whiskas. Lo más normal es que al apartar al azar 350.000 gatos, éstos se repartan entre los que prefieren Whiskas y los que no, de modo bastante parecido al reparto que se produciría si consideráramos todos los gatos. He aquí el ingenioso atajo. Supongamos que nos conformáramos con fijar el tamaño de las muestras de modo que 19 de cada 20 veces que examináramos una muestra de gatos de ese tamaño encontráramos en ella una proporción de gatos que prefieren Whiskas que difiere a lo sumo en un 5 % de la proporción que obtendríamos si preguntáramos a todos los gatos. ¿Qué tamaño deberían tener esas muestras? Sorprendentemente, bastarían 246 gatos para afirmar con ese nivel de certidumbre que se están representando fielmente las preferencias de la totalidad de los 7 millones de gatos que hay en el Reino Unido. Se trata de un número de gatos asombrosamente pequeño. Éste es el poder de la estadística matemática, que nos permite defender con confianza la afirmación del anuncio basándonos en las respuestas de unos pocos animales. Después de haber estudiado un curso de estadística matemática, comprendí por qué no habían preguntado nunca a nuestra gata qué comida prefería.

Incluso los antiguos griegos reconocieron el poder de inferir mucho a partir de poco. Cuando una alianza de ciudades Estado planeó un ataque a la ciudad de Platea en el año 479 antes de Cristo, necesitaban saber la longitud de las escalas de asalto que precisarían para superar sus murallas. Se enviaron soldados para medir una muestra de los bloques que se habían utilizado para construirlas y, determinando su tamaño medio y multiplicando por el número de bloques empleados, consiguieron una buena estimación de su altura.

Pero los enfoques más sofisticados de este método no empezaron a surgir hasta el siglo XVII. En 1662, John Graunt usó datos sobre el número de funerales celebrados en Londres para dar la primera estimación del número de habitantes de la ciudad. Basándose en los datos que recogió en los registros parroquiales, había estimado que morían al año 3 personas por cada 11 familias y que el tamaño medio de una familia era de 8 miembros. Dado que el número de funerales registrados anualmente era 13.000, esto le llevó a estimar que la población de Londres era de 384.000 personas. En 1802, el matemático francés Pierre-Simon Laplace fue aún más lejos y usó una muestra de los bautizos registrados en 30 parroquias para conseguir una estimación de la población de toda Francia. Su análisis de los datos indicó que había un bautizo por cada 28,35 personas que vivían en cada parroquia. A partir del registro del número total de bautizos que se habían celebrado en Francia ese año, estimó que la población era de 28,3 millones de personas.

Para saber cuántos gatos hay en el Reino Unido, se requiere también el tipo de atajo estadístico que permite pasar de lo pequeño a lo grande. En el caso de la población felina del Reino Unido, podemos aplicar una estrategia similar a la de los soldados griegos: revisar una pequeña muestra y luego ampliarla a escala. Si sabemos la proporción de gatos por persona en la muestra pequeña, podemos sencillamente multiplicar este número por la población total del país para obtener una estimación. Pero ¿qué habría que hacer para estimar el número de tejones que hay en el Reino Unido? Como los tejones viven en libertad y no tienen dueño, no podemos usar el número de habitantes del país para conseguir una estimación, contrariamente a lo que pasa en el caso de los gatos.

Para sortear este contratiempo, los ecologistas usan un ingenioso atajo que recibe el nombre de captura-recaptura, una estrategia que está en el fondo de la idea con la que Laplace hizo su estimación. Supongamos que tratamos de estimar la población de tejones del condado de Gloucester. Los ecologistas empezarán por colocar una serie de trampas para capturar tejones durante un período de tiempo. ¿Cómo saben qué proporción han capturado? No lo saben, pero he aquí el ingenioso truco para saberla. Se marcan todos los tejones capturados y se les vuelve a dejar en libertad, esperando un tiempo para que se integren en la población total. Se colocan entonces cámaras repartidas por todo el condado para avistar a los tejones. Tendremos entonces dos números: el número total de tejones que han sido vistos por alguna cámara y el número de tejones marcados. Esto facilita a los ecologistas la proporción de tejones marcados entre los tejones avistados. Ahora pueden hacer un cálculo a escala. Como saben el número de tejones marcados que hay en el condado y la proporción que representan de la población total, pueden estimar fácilmente cuántos tejones hay en el condado.

Supongamos, por ejemplo, que se capturaron y se marcaron 100 tejones y que en las grabaciones de video subsiguientes se comprobó que 1 de cada 10 tejones que aparecían en ellas estaban marcados. Podemos entonces estimar que la población de tejones es de 1.000 ejemplares, para estar en consonancia con la proporción que mostraron las cámaras. En el caso de Laplace, los niños nacidos (cuyo número es conocido) en la población total (cuyo número es desconocido) representan la muestra marcada y los bebés nacidos en las 30 parroquias y los habitantes de éstas (ambos números conocidos) representan la parte de recaptura del experimento.

Esta táctica ha sido utilizada para calcular multitud de cosas, desde el número de personas que viven esclavizadas hoy en el Reino Unido al número de tanques que fabricaban los alemanes durante la Segunda Guerra Mundial.

El problema con los atajos es que no siempre son caminos que llevan al conocimiento. A veces pueden extraviarnos, dándonos la ilusión de que hemos llegado a una respuesta, cuando en realidad el destino al que nos ha llevado el atajo se halla a kilómetros de donde queríamos estar. Éste es uno de los peligros de los atajos estadísticos: pueden ser simplificaciones engañosas en vez de verdaderos atajos.

Aunque podemos limitarnos a preguntar a 246 gatos para hacernos una idea de las preferencias de una población de 7 millones de gatos, ciertamente no hay que tener esperanzas de obtener mucha información a partir de una muestra de 10 gatos. Y sin embargo la literatura científica cuenta con numerosos ejemplos de supuestos descubrimientos basados en muestras ridículamente pequeñas. Este problema suele aflorar en estudios psicológicos y neurológicos publicados en revistas importantes porque sencillamente es muy difícil incluir a un gran número de personas en esas investigaciones. Pero ¿se puede realmente inferir algo de una investigación realizada con dos monos rhesus o cuatro ratas?

Desgraciadamente, los descubrimientos que aparecen en titulares del tipo «8 de cada 10 X prefieren Y» no suelen indicar el tamaño de las muestras que se usaron para deducirlos, dejando al receptor sin armas para evaluar la probabilidad de que el descubrimiento en cuestión sea verídico.

La regla de oro a la hora de anunciar legítimamente un descubrimiento significativo está dada por los parámetros que fijamos más arriba para discernir el tamaño de una muestra adecuada a fin de evaluar la preferencia alimentaria de los gatos. Allí nos conformamos con un tamaño de muestra que 19 de cada 20 veces represente correctamente las preferencias alimentarias de la población felina.

Cuando se trata de descubrimientos científicos y de su importancia potencial, por ejemplo, de un nuevo medicamento para tratar cierta enfermedad, puede considerarse concluyente si la probabilidad de que la enfermedad se cure sin haber tomado el medicamento es a lo sumo de 1 entre 20. Supongamos que nos hemos inventado un hechizo para que al lanzar una moneda salga cara. La mayoría de personas mostraría una gran incredulidad ante ese hecho. ¿Qué hacer entonces para convencerla? Supongamos que después de decir el hechizo, sale 15 veces cara al lanzar la moneda 20 veces. ¿Sería ello una señal de que de algún modo funciona el hechizo? De hecho, si calculamos la probabilidad de que lanzando al aire una moneda sin sesgos 20 veces salga cara en 15 ocasiones (sin ayuda del hechizo), se obtiene un resultado inferior a 1 entre 20. Eso quiere decir que, efectivamente, si salieron 15 caras en 20 lanzamientos, estaría justificado pensar que el hechizo podría estar funcionando.

Desde la década de 1920, esta probabilidad de 1 entre 20 ha sido el umbral que hay que traspasar para que un descubrimiento sea considerado «estadísticamente significativo», y por lo tanto aceptable para su publicación. Se dice que tal descubrimiento tiene un valor de P inferior a 0,05. Un caso de cada 20 representa un 5 % de probabilidades de que el fenómeno estudiado esté ocurriendo por azar.

El problema está en que es suficiente que haya veinte equipos de investigación estudiando el mismo fenómeno para que sea muy probable que al menos uno de ellos obtenga cierto resultado esperado por puro azar. Diecinueve equipos desecharían sus pesquisas y pasarían a probar otras ideas, pero el vigésimo equipo estaría sumamente entusiasmado al saber que ha traspasado el umbral exigido para publicar un resultado destacable. Vemos así por qué, con este umbral, tantas hipótesis excéntricas podrían haberse colado en la literatura científica. Éste es el motivo por el que se ha hecho un llamamiento para tratar de reproducir muchos de los resultados que han sido publicados al haber superado esa prueba de significado estadístico.

Por el contrario, si un estudio tiene un valor de P igual a 0,06 (o un 6 % de probabilidad de ocurrir por azar), su significado estadístico se considera demasiado débil y seguramente será rechazado. Sin embargo, puede ser igualmente arriesgado aceptar este valor como razón suficiente para rechazar una hipótesis. En todo caso, los resultados negativos no suelen producir titulares muy atractivos. De modo que los diecinueve equipos de investigación no suelen publicar los resultados que apuntan a que no había relación alguna entre los fenómenos estudiados.

Hay que ser muy cautelosos a la hora de manejar estos umbrales. Si estamos tratando de discernir si una moneda es justa o no, este umbral del 0,05 puede ser perfectamente adecuado. Pero imaginemos que estamos intentando descubrir si una tasa alta de fallos de un médico se debe o no a mala praxis. A nadie se le ocurriría involucrar a 19 médicos más para iniciar una investigación. Sin embargo, algún límite habría que establecer para empezar a preocuparse.

LOS ATAJOS DE LOS DATOS

Por ejemplo, en septiembre de 1998, el doctor Harold Shipman, un médico de familia con buena reputación, fue arrestado por inyectar dosis letales de opiáceos al menos a 215 de sus pacientes. Un equipo de estadísticos dirigido por David Spiegelhalter sugirió posteriormente que, usando una prueba introducida inicialmente en la Segunda Guerra Mundial para controlar la calidad de los suministros militares, podrían haber detectado mucho antes algo extraño en los datos de Shipman y quizá haber salvado 175 vidas.

Los valores de umbral para validar resultados han de ser usados con mucho cuidado. En marzo de 2019, 850 científicos enviaron una carta a la revista *Nature* atacando la presumible obsesión de la comunidad científica por usar el valor de P como referencia para validar los descubrimientos científicos:

No propugnamos vetar el uso de los valores de P, ni decimos que no puedan usarse como un criterio decisivo en ciertas aplicaciones muy específicas (como a la hora de determinar si un proceso de fabricación funciona con un nivel normal de control de calidad). Y tampoco abogamos por una situación en la que rija el «todo vale» y en la que la escasez de pruebas se haga súbitamente digna de crédito [...] lo que pedimos es que se frene el uso de los valores de P de un modo convencional y dicotómico para decidir si un resultado confirma o refuta una hipótesis científica.

LA SABIDURÍA DE LAS MASAS

Un inteligente atajo que ideó el estadístico sir Francis Galton fue consultar a muchas personas corrientes, consiguiendo que fueran ellas las que hicieran el trabajo pesado, y después usar algunos conceptos matemáticos sagaces para completar la tarea. Galton recibe hoy justas críticas por sus teorías inmorales y racistas sobre la eugenesia, pero su teoría de la sabiduría de las masas está considerada todavía como una herramienta valiosa para analizar grandes cantidades de datos. De hecho, tropezó con su descubrimiento justamente cuando estaba tratando de probar lo contrario. Tenía en verdad tan poca fe en la sabiduría colectiva de los ciudadanos medios que era muy crítico con la idea de permitir al público expresar sus opiniones políticas: «La estupidez y el extravío de muchos hombres y mujeres son tan grandes que a duras penas resultan creíbles».

Con la esperanza de probar este punto, Galton decidió hacer un experimento aprovechando la feria agrícola de Plymouth, su ciudad natal. Había en ella un concurso para averiguar el peso de un buey que había sido sacrificado y abierto en canal. El desafío atrajo a 800 personas, que pudieron presentar su estimación a cambio de pagar 6 peniques. Aunque algunos de los participantes serían granjeros, la mayoría eran simples visitantes con pocos conocimientos en los que poder basarse. «El concursante medio probablemente estaba igual de preparado para hacer una estimación precisa del peso del buey en canal que lo está un votante medio para evaluar los méritos de las propuestas políticas que vota», escribió Galton despectivamente.

Pero cuando recogió las papeletas con las estimaciones y las analizó estadísticamente se llevó una tremenda sorpresa. Aunque muchas iban muy descaminadas, porque subestimaban manifiestamente el peso o lo sobreestimaban en exceso, descubrió que la media de todas las valoraciones estaba asombrosamente próxima al valor real del peso. (Galton inició de hecho su análisis colocando las estimaciones en orden ascendente y localizando luego el número central de esa distribución, que recibe el nombre de mediana, y que también resultó muy próximo al valor real). La estimación media del peso del buey a partir de las evaluaciones del público resultó ser de 1.197 libras y su peso real era de 1.198. Solamente una libra de diferencia.

Galton se quedó estupefacto. «El resultado parece otorgar más crédito a la fiabilidad del juicio democrático de lo que cabría esperar», escribió. Había dejado al público la labor pesada de hacer las estimaciones y había usado después algo de matemáticas para encontrar un atajo hacia la solución: verdaderamente la *sabiduría de las masas*.

Hace poco recibí una carta de agradecimiento de una persona del público que después de oírme contar esta anécdota en una charla usó exactamente la misma estrategia en la feria de su localidad. El reto consistía en estimar el número de grajeas de jalea que había en un frasco. Esperó hasta que casi hubo terminado la feria para descargar en una hoja Excel las estimaciones que habían hecho sus amigos y conocidos, calcular la media de éstas y proceder entonces a entregar su propia estimación. Resultó que esta última, conseguida usando la sabiduría de las masas, fue la mejor: se quedó solamente a 5 grajeas de la cantidad total real, 4.532 grajeas. En su carta incluyó unas pocas grajeas como porcentaje que me correspondía del premio, en agradecimiento por informarle de este ingenioso atajo.

Otro ejemplo de la sabiduría de las masas aparece en el famoso concurso televisivo *¿Quién quiere ser millonario?* En su intento por conseguir 15 respuestas correctas y llevarse el millón de euros de premio, el concursante normalmente da su propia respuesta a las preguntas. Sin embargo, hay un par de comodines a los que puede recurrir si no está muy seguro de la opción correcta. Uno permite hacer una llamada telefónica a un amigo y el otro consiste en preguntar al público. Un equipo de investigadores universitarios de Suiza recogió los datos de la versión alemana del concurso y descubrió que en esta muestra se había preguntado al público en 1.337 ocasiones y que éste se había equivocado solamente 147 veces. Ésta es una tasa muy notable de aciertos, de un 89 %. Sobre todo, comparada con las estadísticas de la llamada al amigo, que dio una respuesta equivocada el 46 % de las veces.

Si uno tiene intención de preguntar al público es muy importante no dejarle entrever su propia opinión sobre las respuestas posibles. Como especie somos terriblemente propensos a dejarnos arrastrar por cualquier sugerencia. Recordemos por ejemplo el caso de la concursante que iba a conseguir un cuarto de millón de libras si contestaba correctamente la siguiente pregunta:

El explorador noruego Roald Amundsen alcanzó el Polo Sur el 14 de diciembre ¿de qué año?

A: 1891 B: 1901 C: 1911 D: 1921

Estaba bastante convencida de que Amundsen se había adelantado en la conquista del polo a Robert Scott y que éste era victoriano, de modo que estaba segura de que las respuestas C y D eran incorrectas. Pero realmente no sabía cuál de las dos primeras elegir. Así que preguntó al público. Éstos son los resultados que obtuvo:

A: 28 % B: 48 % C: 24 % D: 0 %

Por supuesto, uno se inclinaría instintivamente por la respuesta B. Pero fijémonos en la respuesta C. ¿Por qué han elegido ésta tantas personas cuando la concursante estaba bastante segura de que era incorrecta? La respuesta es que la concursante estaba equivocada. De hecho, probablemente confundió a muchos al airear su opinión, y hubo personas que terminaron votando a favor de B, cuando basándose exclusivamente en sus propios recursos hubieran votado a favor de C, la respuesta correcta.

Sin embargo, la conveniencia de la táctica de confiar en el público podría depender del país en el que se celebra el concurso. Parece ser que el público ruso es famoso por descarriar a sus concursantes, al elegir deliberadamente una respuesta incorrecta. Siempre podríamos intentar probar el atajo que supuestamente usó el comandante Charles Ingram para ganar el millón de libras: hacer trampas. Por lo visto, tenía a alguien entre el público que tosía cuando el presentador leía la respuesta correcta. Resulta que sabiendo un poco de matemáticas uno podría haber llegado hasta el final sin un cómplice acatarrado. La última pregunta, de la que dependía el premio de un millón de libras, consistió en identificar el nombre del número formado por un 1 seguido de 100 ceros. Las respuestas eran: A) un gúgol; B) un megatrón; C) un gigabit o D) un nanomol. Por si alguien necesita ayuda, diré que yo hubiera tosido al oír la respuesta A.

Si las masas son tan sabias, ¿para qué necesitamos expertos? Bueno, depende de qué tarea se trate. A pesar de la declaración que hizo el político conservador Michael Gove durante la debacle del Brexit, «ya hemos tenido suficientes expertos», no me gustaría subirme a un avión que fuera a ser pilotado colectivamente por los pasajeros. Y aunque se juntaran todos los jugadores aficionados de ajedrez del mundo para jugar colectivamente una partida contra Magnus Carlsen, yo seguiría sabiendo por quién apostar mi dinero. ¿En qué cuestiones podría el grupo aportar un atajo para obtener la respuesta y en cuáles podría descarriarnos? Una de las claves es asegurarse de que cada miembro del grupo responde con independencia de los demás. No olvidemos el caso de la mujer del concurso *¿Quién quiere ser millonario?*, que influyó en el público al creer que el Scott de la Antártida era victoriano.

El psicólogo Solomon Asch ilustró cómo el grupo puede ser especialmente convincente a la hora de inducir a las
personas a ir en contra de sus instintos. En un experimento que hizo en la década de 1950, Asch pedía a un grupo de
siete personas que identificaran cuál de las tres líneas de la
derecha de la figura 7.2 tiene la misma longitud que la que
aparece a su izquierda.

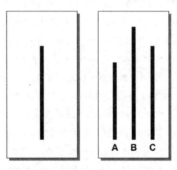

7.2. El experimento de Asch: ¿cuál
de las tres líneas de la derecha tiene la misma longitud que la de la
izquierda?

La particularidad del experimento consistía en que las
seis primeras personas en contestar eran cómplices, y se les
había pedido que eligieran la respuesta B. Repetidas veces,
cuando a la séptima persona le tocaba responder, no con-
fiaba en sus propios ojos, que le decían que contestara C.
Por el contrario, el deseo de coincidir con las elecciones del
grupo anulaba lo que estaba viendo y respondía la misma
opción que los seis primeros participantes.

En una era dominada por las redes sociales como la nuestra, este deseo de conformidad está teniendo efectos potencialmente devastadores en nuestra capacidad de decidir independientemente de los otros. Las redes sociales hacen
que sea muy difícil mantener a la multitud independiente.

Pero hay algunas pruebas que sugieren que la independencia total no es necesariamente lo mejor para conseguir la sabiduría de las masas. En un estudio fascinante dirigido por un equipo argentino, se descubrió que, si se permite algo de deliberación entre los miembros del grupo antes de calcular la media de los resultados, la respuesta mejora a la que daría un colectivo totalmente independiente.

En un acto presencial en Buenos Aires, el equipo de investigación comenzó por pedir a las 5.180 personas del público que respondieran ocho preguntas sin hablar con sus vecinos de asiento. Por ejemplo, ¿cuál es la altura de la torre Eiffel? O ¿cuántos goles hubo en la Copa Mundial de Fútbol de 2010? Se recogieron las respuestas y se calcularon las medias. Pero luego los investigadores pidieron al público que se juntaran por equipos de cinco para discutir sobre las preguntas antes de dar las respuestas, ya revisadas y consensuadas. Al recogerlas ahora y juntarlas, los resultados eran mucho más atinados.

El quid está en que casi siempre habrá unas pocas personas con ciertos conocimientos, más próximos a los que poseen los expertos en la materia, con los que guiar a los que no tienen francamente ni idea. Y, de este modo, el grupo se beneficiará de cierto grado de pericia. Cuando no se tiene ni idea de fútbol, estimar el número de goles que hubo en la Copa Mundial es una tarea que hay que hacer totalmente a ciegas. Pero si se cae en un equipo de cinco en el que hay una persona que sabe algo de fútbol y ésta explica que en un partido suele haber de media 2 o 3 goles y que en la Copa Mundial se jugaron 64 partidos, ya se dispone de buen material para fundamentar una propuesta. Con esa información, una estimación razonable que se podría ofrecer sería $2,5 \times 64 = 160$ goles. La respuesta correcta era 145. La clave está en que antes de presentar una nueva estimación, después de la discusión con el resto del equipo, uno puede tener en cuenta lo que dijo alguno de los miembros de éste, si es que le resultó convincente y basado en un conocimiento experto de la materia.

Por supuesto, siempre hay personas que se creen expertas y pueden descarriar al resto, y por eso no queremos que un grupo se deje influenciar por un solo cabecilla que esté muy seguro de sí mismo. Aun así, parece que esta combinación de un gran número de pequeños equipos es más efectiva que una multitud de individuos.

Otro rasgo que puede tener mucho peso es el hecho de que el grupo tenga o no un amplio abanico de opiniones diversas. El público que acudió al espectáculo de Buenos Aires podría provenir de una clase social especialmente proclive a asistir a ese tipo de espectáculos, y en consecuencia se estaría perdiendo la oportunidad de sondear un espectro más diverso de la sociedad. Este fenómeno ha quedado ilustrado en algunos casos interesantes en los que se pidió a los ciudadanos que ayudaran a elaborar los presupuestos del Estado en vez de dejar esta tarea en manos de los políticos. La idea de confeccionar los presupuestos de manera colaborativa se estudió por primera vez en Porto Alegre, en Brasil, en 1989. Cuando quebró la economía de Islandia como consecuencia de la crisis financiera de 2008, el Gobierno decidió invitar a los ciudadanos a colaborar en la elaboración de los presupuestos. Pero, en general, no se vio que esta iniciativa fuera muy exitosa. Al invitar a las personas a que solicitaran su participación, parece que solamente las que estaban interesadas en la política dieron ese paso. El grupo que se formó estaba sesgado de partida y no representaba la diversidad de opiniones que el método pretende explotar.

Por eso, cuando se hizo el mismo experimento en la Columbia Británica, se escogió a las personas aleatoriamente y se enviaron cartas a los seleccionados pidiéndoles que comparecieran, algo parecido a lo que se hace para formar un jurado. Al elegir a las personas de forma aleatoria en vez de permitir que se presentaran ellas mismas, el grupo tenía un rango de opiniones mucho más diversas y consiguió un resultado mucho más satisfactorio a la hora de poner en marcha las ideas de la confección participativa de presupuestos.

¿QUIÉN QUIERE SER CIENTÍFICO?

La idea de usar un colectivo grande como atajo para hacer un descubrimiento científico es la clave que explica la oleada de proyectos científicos ciudadanos que hemos presenciado en los últimos años. Uno de los primeros y más exitosos ha sido desarrollado en mi universidad, la Universidad de Oxford. Se llama Galaxy Zoo ['Zoo galáctico']. El departamento de Astronomía de la universidad lo ha utilizado como ayuda para clasificar los diferentes tipos de galaxias que contiene el universo. Hay una fantástica colección de telescopios que hacen fotos maravillosas de todas estas galaxias, pero no había suficientes estudiantes de doctorado para revisarlas. Cuando el proyecto arrancó, la visión por ordenador estaba todavía en pañales y era incapaz de distinguir entre una galaxia espiral y una galaxia elíptica.

Pero para un humano, distinguirlas era una tarea sencilla. Ciertamente el equipo investigador de Oxford sabía que no era necesario tener un doctorado en Astrofísica para hacerlo bien, lo único que necesitaba era un montón de ojos para mirar las fotografías. Para pasar a formar parte del proyecto, las personas interesadas seguían un curso a distancia acelerado en el que se les explicaba lo que se buscaba y se les mostraba las diferencias que hay entre una galaxia espiral y una galaxia elíptica. Después se les dejaba a solas con el cúmulo de imágenes sin clasificar que habían sido captadas por una red de telescopios extendida por todo el mundo.

Usando este colectivo, el departamento de Astronomía de la universidad pudo acortar el inmenso trabajo que suponía clasificar todos esos datos. Esto se parece un poco al episodio de las aventuras de Tom Sawyer en el que éste consigue que sean sus amigos los que pinten la cerca que le han impuesto pintar como castigo. Convierte el trabajo en un juego y entonces todos sus amigos hacen cola impacientes para ayudar a pintar.

Pero el colectivo de Galaxy Zoo hizo su trabajo mejor de lo esperado. Descubrió un nuevo tipo de galaxia oculta entre la nube de datos. Algunas de las imágenes no encajaban en ninguna de las categorías en las que les habían pedido etiquetar los datos. Los astrónomos profesionales ya habían visto antes imágenes parecidas, pero las habían considerado meras anomalías. Sin embargo, los miembros de Galaxy Zoo empezaron a descubrir más y más imágenes de lo que parecían guisantes incrustados en la negrura del espacio. En el cuaderno de bitácora de Galaxy Zoo surgió un hilo que se etiquetó con el lema «*Give Peas a Chance*» ['Demos una oportunidad a los guisantes'], en el que se pedía no menospreciar estas manchas verdes. El guiño humorístico al título de la famosa canción de John Lennon—«Give Peace a Chance» ['Demos una oportunidad a la paz']—hizo que estas galaxias se acabaran conociendo como galaxias guisantes.

El descubrimiento hecho por los ciudadanos científicos dio lugar a un artículo titulado «Galaxy Zoo Green Peas: Discovery of a Class of Compact Extremely Star-Forming Galaxies», que se publicó en la revista *Monthly Notices of the Royal Astronomical Society*.

El uso de una multitud de personas para acortar el trabajo vinculado a un descubrimiento científico no es nuevo. En 1715 el astrónomo Edmond Halley consiguió la ayuda de 200 voluntarios para determinar la velocidad a la que la sombra de la luna recorrería el país durante el eclipse del 3 de mayo. Apostados en varios puntos a lo largo del país, se pidió a los ciudadanos que registraran la hora y la duración del eclipse total. En Oxford, por desgracia, el cielo estuvo cubierto y los voluntarios no pudieron aportar ningún dato. El equipo apostado en Cambridge tuvo más suerte con el tiempo, salvo que se distrajeron y ¡se perdieron el eclipse! Como escribió a Halley el reverendo Cotes, el encargado del equipo de Cambridge: «Tuvimos la mala suerte de vernos agobiados por una multitud». Se entretuvieron sirviendo té a la muchedumbre, y cuando estuvieron preparados para hacer las observaciones, el eclipse ya había pasado.

Aun así, Halley consiguió recoger los datos suficientes para estimar que la sombra había barrido la superficie de la Tierra a la impresionante velocidad de 2.800 kilómetros por hora, y publicó estos resultados en las revistas de la Royal Society, de la que era académico.

Animado por el éxito de Halley, Benjamin Robins, otro académico de la Royal Society, alistó a numerosos ciudadanos para que le ayudaran en un experimento diseñado para descubrir qué altura alcanzaban los cohetes pirotécnicos. La ocasión perfecta para realizar el experimento se dio la noche del 27 de abril de 1749, día en el que el rey Jorge II ofreció un espectáculo de fuegos artificiales para celebrar el final de la guerra de sucesión austríaca, acompañados por música compuesta especialmente para la ocasión por el compositor preferido del rey, Georg Friedrich Händel.

A través de un anuncio en el *Gentleman's Magazine*, Robins pidió al público que registrara la altura a la que se verían los fuegos artificiales en su población:

Si los curiosos que estén a una distancia de Londres comprendida entre las 15 y las 50 millas observan cuidadosamente el cielo nocturno cuando se lancen estos fuegos artificiales, podríamos saber la máxima distancia a la que pueden verse los cohetes; estimo que si tanto la situación del observador como la claridad de la noche son favorables, no será inferior a 40 millas. Y si algunos caballeros hábiles que estén a 1, 2 o 3 millas de los fuegos artificiales observaran, lo mejor que pudieran, el ángulo que la mayor parte de los cohetes forman con el horizonte, al llegar a su máxima altura aparente, se podría determinar la altura verdadera hasta la que llegaron con la suficiente precisión.

No se trataba de un proyecto de investigación frívolo. Dada la importancia de los proyectiles para los militares, conocer el alcance de los fuegos artificiales podría ser muy útil a la hora de desarrollar nuevas armas. Por desgracia, las instrucciones que proporcionó Robins en el *Gentleman's Magazine* eran tan confusas que nadie se animó a participar en el experimento, salvo un caballero que vivía en Carmarthen, en Gales, a 180 millas de Londres. Estuvo apostado pacientemente en lo alto de una colina, y afirmó haber visto dos luces a una altura de 15 grados sobre el horizonte. Teniendo en cuenta la curvatura de la Tierra y la cadena montañosa de los Brecon Beacons interpuesta a medio camino, es muy poco probable que realmente viera alguno de los 6.000 cohetes de fuegos artificiales que se lanzaron. Al enterarse del gran número de cohetes lanzados y ver el poco impacto que este despliegue tuvo en Gales, este voluntario opinó que todo esto había supuesto un enorme derroche de dinero público.

El poder de la multitud para ayudar en la investigación científica está teniendo hoy día mucho más éxito que en el caso del intento fallido de Robins. Ya se trate de contar pingüinos en videos grabados en la Antártida o de plegar proteínas para descubrir la clave de algunas enfermedades degenerativas, reclutar una gran cantidad de voluntarios ha supuesto un atajo muy inteligente para llegar a nuevas ideas.

Y el poder de la multitud para crear un atajo hacia el conocimiento no ha pasado desapercibido tampoco en el mundo empresarial. De hecho, el éxito de Facebook y Google ha dependido en gran parte del hecho de que la masa de usuarios ha cedido libremente valiosos datos a cambio de sus servicios.

APRENDIZAJE AUTOMÁTICO

El proyecto Galaxy Zoo arrancó en 2007, cuando la visión artificial era todavía muy pobre. Sin embargo, los últimos años han sido testigos de un cambio radical en la capacidad de los ordenadores para detectar lo que aparece en una imagen. Esto se debe a un nuevo modo de concebir los programas, que se conoce como aprendizaje automático, en el que éstos cambian y se van adaptando mejor a sus fines interactuando con los datos. La idea de permitir que el programa aprenda por sí mismo desde la base en vez de tratar de que funcione en el sentido contrario, de arriba abajo, ha proporcionado un atajo sorprendente para escribir poderosos algoritmos. El programa en sí mismo puede que no sea especialmente efectivo o pulido, pero con el poder de computación actual, este problema no suele ser tan grave como antes.

Uno de los grandes éxitos del aprendizaje automático ha sido la visión artificial. La clave de esta revolución ha sido el poder del análisis estadístico de datos a la hora de proporcionar un atajo para ver. El ordenador no es infalible, pero funciona bastante bien. Con que dé la respuesta correcta en la mayor parte de los casos es suficiente. Éste es precisamente el quid de nuestro atajo de los 8 de cada 10 gatos del principio del capítulo. Para conseguir una tasa de éxito de un 99 % a la hora de distinguir entre un perro y un gato hay que entrenar al ordenador con datos, pero ¿con cuántos exactamente? Lo que no queremos es tener que dar al ordenador todas las imágenes de perros y gatos que circulan por la red, porque ¡hay muchísimas!

La regla general para enseñar a un algoritmo a distinguir distintas categorías de imágenes es que se precisan 1.000 imágenes que representen cada una de esas categorías. Para crear un algoritmo de reconocimiento de gatos se necesitan 1.000 imágenes de gatos para que el programa aprenda a reconocerlos. En los algoritmos de aprendizaje automático usuales, el aporte de más datos no produce una mejora significativa en la tasa de éxitos. El algoritmo parece estancarse. Pero en modelos más sofisticados de aprendizaje automático el aumento del número de datos sí que supone una mejora de tipo logarítmico.

Saber con cuántos datos podemos arreglarnos es esencial cuando se trata, por ejemplo, de descubrir qué variables podrían estar afectando a las ventas de un producto. Quizá pensemos que influye el día de la semana, o el tiempo que hace, o si ha habido recientemente buenas noticias. La manera de tratar de comprender qué influye en las ventas es recopilar datos. Considerar las variables que en nuestra opinión podrían estar afectando a las ventas y registrar luego éstas para distintos valores de esas variables.

Para saber cuántos datos son suficientes a fin de realizar una inferencia justificada, podemos recurrir al análisis de la regresión y la regla 1 de 10. Si estamos siguiendo la pista a 5 variables o parámetros, entonces $10 \times 5 = 50$ sería el número aproximado de datos precisos para espigar el impacto que las variaciones de estos parámetros podrían tener sobre las ventas.

Pero hay que ser cuidadosos con este tipo de atajos, porque nos pueden descarriar. Igual que es importante que haya pluralidad en un colectivo si se espera obtener algún conocimiento de él, hay que estar también seguros de que los datos estén diversificados. Cuando Amazon desarrolló programas de inteligencia artificial con la idea de que ayudaran en la tarea de cribar las solicitudes de trabajo que recibía, la empresa usó como referencia los perfiles de los empleados que ya tenía. Una sabia decisión, podríamos pensar, dado que la empresa estaba satisfecha con las virtudes de los trabajadores que tenía hasta la fecha. Pero cuando la inteligencia artificial empezó a rechazar todos los currículums que no vinieran de un hombre veinteañero blanco, Amazon se percató de que el algoritmo estaba discriminando injustamente amplios sectores de personas que solicitaban algún puesto de trabajo.

La Liga por la Justicia Algorítmica creada por Joy Buolamwini denuncia estos atajos algorítmicos que nos impiden alcanzar nuevas metas y solamente nos hacen caer de nuevo en viejos prejuicios.

Es importante también no rastrear demasiadas variables a la vez, porque cuantas más variables rastreemos más probable será encontrar patrones en ellas. Los riesgos de rastrear demasiadas variables se pusieron de manifiesto con un escáner de imágenes por resonancia magnética funcional (fMRI, por sus siglas en inglés) que se usó en un experimento para examinar 8.064 regiones del cerebro y ver cuáles podrían activarse cuando al participante se le mostraban diversas imágenes de expresiones faciales humanas. Ciertamente hubo 16 regiones que ofrecieron una respuesta estadística significativa. El problema es que el sujeto al que aplicaron el escáner era un gran salmón del Atlántico muerto. Los investigadores habían usado objetos inanimados como el salmón para corregir los falsos positivos. Pero este ejemplo ilustra los peligros de medir demasiados parámetros y esperar así reconocer un patrón. El equipo recibió ese año un premio Ig Nobel, que se otorga por conseguir logros «que primero hacen reír y después pensar».

Como explicó Craig Bennet, uno de los investigadores del equipo: «Si al jugar a los dardos hay una probabilidad del 1 % de acertar en el centro de la diana y lanzamos un solo dardo, desde luego la probabilidad de acertar en el centro es de un 1 %. Pero si lanzamos 30.000 dardos, bueno, digamos que probablemente daremos en el blanco unas cuantas veces. Cuantas más probabilidades haya de encontrar resultados, más fácil será encontrar uno, aunque sea por casualidad».

CUÁNTOS DATOS SON NECESARIOS PARA TOMAR UNA DECISIÓN

El concurso descrito al principio del capítulo es de hecho un buen modelo para muchos de los desafíos a los que nos enfrentamos en la vida. Nuestra primera novia o nuestro primer novio pueden ser fantásticos, pero ¿deberíamos casarnos o nos queda una sensación punzante de que podríamos encontrar algo mejor? Hay muchos peces en el mar y a lo mejor hay alguien por ahí que podría ser «el único» o «la única». Si dejas al novio o a la novia de ahora, no suele haber vuelta atrás. ¿En qué punto resignarse y quedarse con lo que ya tienes?

Otro ejemplo clásico es la búsqueda de piso. ¿Cuántas veces pasa que el primer piso que vemos es fantástico, pero sentimos que necesitaríamos ver más antes de decidirnos, arriesgándonos quizá a perder ese primer piso ideal?

La clave para optimizar la probabilidad de conseguir el mejor premio posible es el segundo número más famoso de las matemáticas: el número $e = 2,71828...$ Como π, el número número uno de las matemáticas, e tiene un desarrollo decimal infinito que no se repite nunca y es un número que sale una y otra vez en todo tipo de contextos. Aparece en la bonita ecuación de Euler, presentada en el segundo capítulo, que reúne a cinco de los números más importantes de las matemáticas. Está también íntimamente ligado con el proceso de acumulación de los intereses del dinero que depositamos en el banco.

Y e resulta ser también el atajo para determinar la mayor probabilidad de elegir la caja ganadora en nuestro hipotético concurso televisivo. Las matemáticas prueban que, si tenemos N cajas, necesitamos recoger los datos de N/e cajas para hacernos una idea de la cuantía del premio. Como $1/e = 0,37...$, esto representa el 37 % de las cajas. Una vez abiertas todas estas cajas, la estrategia consiste en elegir la primera caja cuyo premio supere al de todas las cajas ya abiertas. Esto no garantiza que consigamos siempre el mejor premio, pero aproximadamente 1 de cada 3 veces lo conseguiremos. Si basamos nuestra decisión en abrir una cantidad menor o mayor de cajas, en ambos casos la probabilidad de éxito decrece. Esta cantidad del 37 % es la proporción óptima de datos que conviene recoger antes de arriesgarse a elegir, ya sean cajas en un concurso televisivo, pisos, restaurantes o el compañero o compañera para toda la vida. Aunque quizá lo mejor sea que éstos no sepan que hicimos todos estos cálculos en este asunto del amor.

Atajo hacia el atajo

El proceso de decidir en qué dirección orientar las ideas de un nuevo proyecto puede mejorar mucho si antes hacemos un sondeo de las preferencias de las personas. Como se ha proclamado ya tantas veces, los datos son el nuevo petróleo, pero aun así es importante saber cuántos necesitamos para impulsar nuestras ideas. Si son demasiados, podemos acabar ahogados. Y si son pocos, el proyecto no despegará. El atajo de la estadística revela que podemos llegar muy lejos a partir de unas muestras sorprendentemente pequeñas. También es importante encontrar atajos ingeniosos para recoger datos. Como ilustró Mark Twain, a una persona le lleva mucho tiempo pintar una cerca, pero muchas manos pueden terminar rápidamente el trabajo. Recurrir a la sabiduría de las masas puede ser un medio de destilar ideas, ya sea diseñando una encuesta a través de Twitter, ideando un juego en línea que recoja información o explorando los análisis de Google para comprender mejor qué es lo que atrae de nuestro portal de Internet.

Parada en boxes: la psicoterapia

Cuando le conté a Shani, mi mujer, que estaba escribiendo un libro sobre atajos, se quedó horrorizada. Ella es psicóloga y piensa que no suele haber nada que pueda reemplazar al trabajo profundo y prolongado que hay que afrontar en psicoterapia para reconfigurar el cerebro. Sin embargo, sí que reconoció que también la psicoterapia había encontrado atajos para abordar los graves problemas de salud mental a los que se enfrenta la sociedad.

Tradicionalmente la idea de ir al terapeuta evoca la imagen de unos cuantos años dedicados a hablar de tu infancia tumbado en un diván. Pero en algunas circunstancias existen técnicas muy poderosas que pueden acortar estos años de terapia. Shani me sugirió que hablara con la doctora Fiona Kennedy, que después de ejercer muchos años como psicóloga, ahora forma a otros en el uso de las diversas terapias intensivas que han surgido para abordar los trastornos de salud mental. Estas intervenciones pueden ayudar a pacientes con fobias, ansiedad, depresión y estrés postraumático sin necesidad de años de tratamiento.

Para Kennedy una de las razones por las que estas terapias han tenido tanto éxito es que adoptan un enfoque más científico. «Si tuvieras que operarte del corazón y tuvieras que elegir entre dos cirujanos, y el primero te dijera "aquí está mi historial de operaciones de corazón. Éstas son las técnicas que he usado y éstas las tasas de éxito que he conseguido", y el otro te dijera "bueno, la verdad es que yo no recojo ningún dato, pero soy una persona muy creativa y los demás me consideran muy estimulante. He realizado muchas operaciones y he disfrutado mucho con ellas", ¿a quién elegirías?». Aunque el pensamiento científico basado en pruebas ha llegado hace poco tiempo al mundo de la psicoterapia, ha sido la clave que explica la acertada introducción de estos métodos en los servicios médicos de todo el mundo.

Probablemente el atajo psicológico más conocido sea la terapia cognitivo-conductual (CBT, por sus siglas en inglés). Desarrollada por el psiquiatra Aaron Beck a finales de la década de 1960 y principios de la de 1970, la terapia cognitivo-conductual se centra en cómo nuestros pensamientos, creencias y actitudes afectan a nuestros sentimientos y conductas, y enseña estrategias prácticas para tratar diversos problemas.

Kennedy recuerda que cuando era estudiante participó en un experimento en el que se pedía a las ratas y a los estudiantes realizar diversas tareas: «Las ratas superaban a los estudiantes de modo incuestionable. Todos nos rompimos la cabeza pensando qué podría pasar». El experimento ilustró cómo la cognición puede interferir en el proceso hacia un resultado satisfactorio. Para Beck y otros, la clave estaba en encontrar medios de cambiar la cognición.

Kennedy emplea una descripción muy matemática de lo que pasa: «Tiene que ver con las redes. Tenemos un conjunto muy complejo de redes de relaciones que determinan quiénes somos, pero también cómo respondemos al mundo. Por eso resulta tan importante cambiar esas redes».

El modelo inicial de Beck para la terapia cognitivo-conductual interpretaba nuestro comportamiento de un modo muy algorítmico. Un estímulo actúa como entrada y es procesado para producir pensamientos, sentimientos y conductas que podrían estimular a su vez una acción o resultado. Beck propuso la terapia cognitivo-conductual como un medio para descomponer este algoritmo en piezas más pequeñas e identificar así dónde está el fallo del programa, la concepción errónea. La parte conductual de la terapia consiste en ejercicios que el terapeuta propone al paciente para que compruebe que ciertas partes del algoritmo son erróneas. Por ejemplo, el miedo a las arañas podría abordarse con una breve exposición gradual a una araña que revele que los miedos del paciente a posibles daños son infundados.

Lo más sorprendente de esta terapia es lo deprisa que la comprensión consciente de una concepción errónea puede llevar a cambios positivos en la conducta. Pensar mejor conduce a estar mejor. El hecho de que esto pueda conseguirse en ocho sesiones de una hora ha producido un desarrollo fulminante de la terapia cognitivo-conductual y otras terapias análogas entendidas como un atajo para devolver a las personas a sus trabajos. La naturaleza intensamente estructurada de estas terapias implica que pueden aplicarse normalmente bajo diferentes formatos, por ejemplo, en grupo, con libros de autoayuda e incluso con una aplicación para el teléfono móvil.

Se cree que este atajo es tan efectivo que se convirtió en la espina dorsal de la iniciativa británica conocida como

«Mejora del acceso a terapias psicológicas» (IAPT, por sus siglas en inglés), que arrancó en 2008 y que ha transformado el tratamiento de los desórdenes de ansiedad y de la depresión de los adultos en Inglaterra. El profesor de Economía lord Richard Layard convenció al Gobierno laborista de aquel momento de que la cantidad de dinero que se ahorraría al conseguir que las personas regresaran a sus puestos de trabajo conseguiría que el proyecto se autofinanciara a la larga. En 2009, el Gobierno aportó 300 millones de libras para formar a un ejército de más de 3.000 psicoterapeutas. El proyecto IAPT está considerado hoy como el programa más ambicioso de terapias de conversación del mundo. En 2019 más de un millón de personas recurrió a los servicios del programa IAPT en busca de ayuda para superar la depresión y la ansiedad.

A veces las circunstancias no permiten más que una intervención muy breve, pero Kennedy me informa de la existencia de datos que respaldan la eficacia de un modelo de terapia cognitivo-conductual que se basa solamente en tres sesiones. Propuesto originalmente por Michael Barkham, profesor de Psicología Clínica, esta terapia se conoce como «dos y una». Se atiende al paciente en una sesión de una hora la primera semana, en otra sesión de una hora la segunda semana y en una tercera tres meses más tarde. Un corpus cada vez más amplio de investigaciones muestra que este atajo tan corto puede ser también efectivo. Por ejemplo, los datos publicados en la revista *The Lancet* en 2020 revelaron cómo una terapia intensiva «dos y una» había conseguido reducir significativamente la angustia psicológica entre las mujeres sursudanesas refugiadas en Uganda. Como subrayaban los investigadores en su artículo, se precisan soluciones innovadoras, adaptadas a las circunstancias, para proporcionar apoyo en pro de la salud mental en entornos tan pobres en recursos humanitarios como éste.

El otro aspecto del punto de vista de Kennedy que me atrajo fue el uso de diagramas como herramienta para explorar nuevas perspectivas. Uno de esos diagramas es el triángulo cognitivo. Es un diagrama que ayuda al terapeuta y al paciente a comprender la integración entre pensamientos, sentimientos y conductas. A veces se dibuja un cuadrado, con los sentimientos divididos en dos partes: emociones y sensaciones corporales. La idea es que, si no intervenimos en el flujo que sugiere el diagrama, los pensamientos desencadenarán sentimientos que conducirán a comportamientos injustificados y que el paciente deseará solucionar, como el miedo a salir a la calle o la fobia a las arañas. Pero al comprender el ciclo y ser consciente de él, es posible intervenir antes para cambiar el comportamiento. El diagrama es como un plano del terreno mental del paciente: al salir de la red de pensamientos y verla desde fuera, el paciente descubre la posibilidad de tomar otros caminos.

Kennedy describe otro diagrama que proporciona a los terapeutas, en vez de a los pacientes, para que piensen en él durante las sesiones. «Imagina que tú eres el terapeuta y que yo soy la paciente, y que estamos sentados en los extremos opuestos de un balancín colocado sobre una cuerda que atraviesa el Gran Cañón. Mantener el equilibrio es muy importante para ambos. Llego un día a la terapia y estoy de un humor estupendo porque hice bien la tarea encomendada y conseguí los cambios que deseaba. Así que me aproximo a ti en el balancín, y naturalmente tú, que eres un terapeuta entusiasta y atento, te acercarás a mí en el balancín. Pero a la semana siguiente llego y te digo que creo que no voy a poder más con esto. Ha sido una semana terrible, no ha funcionado nada: lo único que quiero es dejarlo todo. Me he alejado de ti en el balancín. El instinto te dice que lo que debes hacer es aproximarte a mí. Pero si lo haces ambos caeremos por el Gran Cañón. Cuanto más intentes acercarte, más me apartaré yo. Así que lo que tienes que hacer es alejarte también tú de mí».

Esta imagen es fascinante, porque Kennedy ha transformado la terapia en una ecuación que, como el balancín, tiene que permanecer equilibrada.

Para Kennedy y otros, las pruebas de la eficacia de estos atajos están en los datos, muchos de ellos recogidos por David Clark, profesor de Psicología en la Universidad de Oxford. Decenas de miles de terapeutas envían datos de sus pacientes cada semana, y Clark lleva una década recogiéndolos y pasándolos al dominio público con el fin de promover la transparencia en los resultados del cuidado de la salud mental.

Pero a veces la cognición no es suficiente. En ocasiones no existe ningún atajo que pueda reemplazar el trabajo profundo y prolongado que se realiza en psicoterapia para reconfigurar el cerebro. Kennedy reconoce que las terapias homologadas tienen también sus inconvenientes: «La terapia cognitivo-conductual se basa en la lógica, pero hay más cosas en la terapia. La aceptación de uno mismo, los apegos y la sensación de formar parte de una familia, de un grupo o del mundo al que uno accede al recibir una buena educación; si algo de esto va mal y queremos arreglarlo, no podremos hacerlo en ocho sesiones».

En consecuencia, la terapia cognitivo-conductual ha sido comparada a veces con la idea de poner un esparadrapo sobre una herida abierta. Eso podría detener el sangrado a corto plazo, pero si no se aborda la causa de la herida, seguro que volverá a abrirse después de un tiempo. ¿Cómo se va a poder reconfigurar el cerebro en ocho sesiones de una hora? Algunos terapeutas sospechan que la terapia cognitivo-conductual es a veces más una visión simplista de ciertos problemas que un verdadero atajo para resolverlos.

Pienso que las parejas de los terapeutas siempre sienten curiosidad por saber qué ocurre exactamente en una sesión de terapia a puerta cerrada. Ésta fue una de las razones que me llevó a sacar de la estantería de Shani el libro *In Therapy* ['En terapia'] de Susie Orbach. Resulta que ésta fue también una de las motivaciones de la autora para escribir el libro, que está dedicado a su pareja, la escritora Jeanette Winterson, «que siempre ha querido saber lo que pasa en la consulta».

Orbach se hizo famosa cuando trató el trastorno alimentario de la princesa Diana. Como explica en el libro, la terapia no consiste solamente en entrenar la mente y el cuerpo para hacer algo nuevo, como tocar el violonchelo o hablar ruso. Se trata de empezar una labor mucho más dura, que consiste en desaprender algo.

La terapia puede llevar tanto tiempo porque hay que abordar las visiones básicas a partir de las cuales nuestra mente encuentra sentido al mundo. Como lo expresa Orbach: «En psicoterapia no solamente se aprende un nuevo lenguaje para añadir al propio, sino que también se renuncia a partes inútiles de la lengua materna, que se entrelazan de nuevo con ayuda de una nueva gramática».

Cuando contacté con Orbach para explorar más esta idea, ella hizo hincapié en este punto. Pero también reconoció que sigue habiendo atajos que usa en las sesiones con sus pacientes. Lo más interesante que surgió al hablar con ella es el papel que pueden desempeñar los patrones. El psicoterapeuta detecta patrones de conducta que corresponden a casos estudiados previamente como ayuda para diseñar un plan de acción para el nuevo paciente que tiene en la sala. Pero esto hay que compensarlo con el reconocimiento de que cada caso es individual y único.

«En la clase de terapia que realizo las conclusiones se sacan del estudio a fondo de una persona —afirma Orbach—.

Es el legado de Freud, lo que se llama el estudio de casos. No siempre concuerdan, pero quizá sí en una proporción de un 50 %. Se trataría efectivamente de un atajo, en el sentido de que esos casos están arraigados en ti, en tu pensamiento, en tu repertorio cognitivo y emocional como terapeuta».

Ésta es una de las tensiones fascinantes que hay en psicología. Por una parte, está muy cerca de ser una ciencia porque existe el estudio de casos y los pacientes llegan con dolencias concretas. Un médico intenta reconocer en cada caso los síntomas de otros casos ya estudiados para poder tratar la dolencia de un paciente basándose en esas historias clínicas previas. Los patrones de conducta pueden proporcionar al psicoterapeuta un atajo para comprender a un paciente de la misma forma que los patrones conocidos me ayudan a mí, como matemático, a aplicar metodologías previas para resolver un caso aparentemente nuevo. Y, sin embargo, la naturaleza única de cada psicología significa que nunca se repetirá una situación idéntica. Cada caso requiere un tratamiento personalizado. Aquí reside el arte de la terapia, en contraste con sus aspectos científicos.

«La psicoterapia es un trabajo a medida, ya que en cada caso terapéutico de un grupo de casos análogos debe darse respuesta a las nuevas circunstancias que surgen—comenta Orbach—. Una verdad puede dar paso a otra, que estaba ensombrecida por lo que entendimos de partida. Las intrincadas construcciones de la mente humana cambian en el curso de la terapia. Participar como observadora en el proceso de cambio de la estructura interna y en la expansión de los sentimientos de una persona es muy satisfactorio. Ver cómo se utilizan las defensas y cómo pueden sortearse hasta conseguir que se esfumen en su momento tiene una belleza quizá parecida a la que experimenta el físico o el matemático cuando encuentra una ecuación elegante».

Orbach me sugiere que el modo de abordar el tratamiento de cada nuevo paciente no es muy distinto del que utilizo yo como matemático para afrontar cada nuevo problema individual: «Cuando realizo la evaluación de un posible paciente, me hago una especie de diagrama mental de sus relaciones objetales internas, estructuras de defensa y el batiburrillo de emociones que siente. La mente me da muchas vueltas, pero no me doy cuenta hasta que tengo que ponerlo por escrito. Eso constituye una suerte de atajo, aunque uno que debo al hecho de haber estado cuarenta endiablados años dedicada a esta profesión».

Aquí tenemos el tema recurrente de que los atajos se consiguen con esfuerzo, de que exigen muchos años de trabajo. Me picaba la curiosidad de saber qué opinaba Orbach sobre el uso de la terapia cognitivo-conductual como un atajo en psicoterapia. Se muestra escéptica sobre el valor de este modo casi algorítmico de abordar los tratamientos terapéuticos: «No creo en las terapias estandarizadas. ¿Quiere esto decir que son inútiles? No, algo es mejor que nada. Pero ¿puede uno sentirse mejor después de tan sólo ocho semanas u ocho sesiones? El problema con muchas de las cosas del programa IAPT es que los que lo aplican no suelen ser terapeutas, y éste es un trabajo muy especializado». De hecho, algunos de los tratamientos de terapia cognitivo-conductual los aplican programas de inteligencia artificial. Orbach opina que no se puede reducir una terapia al seguimiento de una fórmula. «La subjetividad humana no es trivial—apunta—. Es infinitamente compleja y bellísima».

La terapia cognitivo-conductual podría tener la capacidad de construir marcos para que los pacientes puedan ver ciertos patrones de pensamiento y comprender de dónde provienen. Con este conocimiento consciente, pueden actuar para cortocircuitar estos pensamientos automáticos negativos. Pero a estos patrones se les escapa una cualidad de la terapia que es esencial para Orbach, ya que se mueven en el dominio de las ideas y no en el de las emociones. Y ésta es la clave que explica por qué no cree que realmente puedan acortar la terapia. Las emociones desempeñan un papel preponderante en la cognición y en la conciencia de alto nivel. No podemos cambiar la conciencia sin considerar las cosas a nivel emocional. Las emociones crean estructuras cognitivas que se desarrollan durante décadas. Por ejemplo, Orbach afirma: «También tenemos estructuras defensivas, de modo que podríamos comprender: sí, estoy repitiendo este patrón de conducta porque lo tengo interiorizado y he asumido cosas como que "el amor implica odio", "el amor implica violencia" o lo que sea. Eso lo entendí, pero el componente emocional de todo ello es increíblemente complejo. Y, por supuesto, es una ayuda, pero básicamente…—y en este punto suelta un gran resoplido—no es fácil».

8

LOS ATAJOS DE LA PROBABILIDAD

☞ *¿A qué es mejor apostar?*
A que sale al menos una vez 6 al lanzar 6 dados.
A que sale al menos dos veces 6 al lanzar 12 dados.
A que sale al menos tres veces 6 al lanzar 18 dados.

En la vida moderna hay que tomar toda una serie de decisiones basándose en la evaluación de un abanico de posibles resultados. El análisis de riesgos es parte integrante de cómo organizamos el día. La probabilidad de que llueva hoy es del 28 %. ¿Llevamos el paraguas o no? Los periódicos anuncian un incremento del 20 % en el riesgo de desarrollar un cáncer de colon si comemos panceta ahumada. ¿Tendremos que dejar de comer esos deliciosos bocadillos de beicon? ¿Es la cuota del seguro de mi coche demasiado alta para el riesgo que existe de accidente? ¿Tiene sentido que compre un billete de lotería? ¿Cuál es la probabilidad de que en un juego de mesa la siguiente tirada de los dados me haga retroceder unas cuantas casillas?

Muchas profesiones se enfrentan necesariamente al cálculo de probabilidades para tomar decisiones cruciales. ¿Qué probabilidad hay de que unas acciones suban o bajen? ¿Es el acusado culpable del crimen, dadas las pruebas de ADN presentadas? ¿Deberían preocuparse los pacientes por los casos de falsos positivos en las pruebas médicas? ¿Adónde debería apuntar un futbolista al lanzar un penalti? Gestionar un mundo lleno de incertidumbres es una tarea exigente. Pero encontrar un camino a través de la niebla no es imposible. Las matemáticas han desarrollado un poten-

286

te atajo para ayudarnos a explorar las incertidumbres de todo tipo de cosas, desde los juegos de mesa hasta la salud, desde las apuestas hasta las inversiones financieras: las matemáticas de la probabilidad.

El lanzamiento de dados es una de las mejores maneras de explorar el poder de este atajo. El desafío que abre este capítulo es uno sobre el que ya deliberó Samuel Pepys, el famoso escritor de diarios del siglo XVII. Pepys sentía fascinación por los juegos de azar, pero siempre fue muy cauto a la hora de arriesgar en una tirada de dados el dinero que tanto le había costado ganar. En la entrada de su diario correspondiente al primero de enero de 1668 escribe que al volver del teatro a casa tropezó con «unos sucios aprendices y gentes desocupadas que estaban jugando», y recordaba cómo una vez, siendo niño, le llevó hasta allí un sirviente y había observado cómo los hombres lanzaban los dados con la esperanza de ganar una fortuna. Pepys registra que vio «los modos tan dispares de aceptar las pérdidas en unos y otros; uno lanzando maldiciones y juramentos, otro sencillamente mascullando y gruñendo para sí, y un tercero sin mostrar descontento alguno en apariencia». Su amigo, el doctor Brisband, le ofreció 10 monedas para que probara suerte, diciéndole: «No se sabe de ningún caso de un hombre que haya perdido la primera vez, ya que el diablo es demasiado astuto y nunca gusta de desalentar al jugador primerizo». Pero Pepys declinó la invitación y se retiró a sus aposentos.

Cuando Pepys vio a aquellos jugadores de niño no había todavía ningún atajo que le pudiera haber dado alguna ventaja, pero en los años transcurridos hasta su edad adulta todo eso había cambiado. Al otro lado del canal dos matemáticos, Pierre de Fermat y Blaise Pascal, habían ideado un nuevo modo de pensar que podría proporcionar a los jugadores un atajo para ganar dinero, o al menos para perder menos. Puede ser que Pepys no hubiera oído hablar sobre los avances que Fermat y Pascal habían realizado en el proyecto de arrebatar al diablo los dados y ponerlos en las manos de los matemáticos. Hoy en todos los casinos del mundo, de Las Vegas a Macao, las matemáticas de la probabilidad que ellos iniciaron son la clave para que estos locales sigan haciendo negocio a costa de las «gentes desocupadas» que juegan.

¿QUÉ PROBABILIDAD HAY DE QUE OCURRA ESO?

Fermat y Pascal se habían inspirado para llegar al atajo de la probabilidad después de oír hablar de un desafío parecido al que Pepys había contemplado. Un amigo común de ambos, el caballero de Méré, quería saber cuál de estas dos situaciones es más probable:

A. Sacar un 6 al lanzar 1 dado 4 veces.
B. Sacar un doble 6 al lanzar 2 dados 24 veces.

El caballero de Méré no poseía de hecho el título de caballero: era un estudioso llamado Antoine Gombaud que empezó a usar el título para expresar sus opiniones en los diálogos que deseaba escribir, pero la costumbre arraigó y sus amigos empezaron a llamarlo el caballero de Méré. Había tratado de resolver el rompecabezas de los dados por el largo camino de hacer montones de pruebas, lanzando los dados una y otra vez. Pero los resultados no fueron concluyentes.

Decidió entonces enviar el problema al salón organizado por un monje jesuita llamado Marin Mersenne en su celda monástica. Mersenne puso en marcha algo parecido a una plataforma para la difusión de la actividad intelectual de París en aquel momento, recibiendo problemas interesantes y reenviándoselos a otros contactos que en su opinión podrían aportar ideas inteligentes para abordarlos. Ciertamente escogió bien en el caso del desafío del caballero de Méré. La respuesta de Fermat y Pascal consistió en establecer el atajo de este capítulo: la teoría de la probabilidad.

No es sorprendente que el camino largo no hubiera ayudado realmente al caballero de Méré a descubrir cuál era la mejor apuesta. Una vez que Fermat y Pascal aplicaron su nuevo atajo de la probabilidad a los dados, resultó que la opción A se da el 52 % de las veces y la opción B el 49 %. Si lanzamos los dados 100 veces, los errores que se cuelan inevitablemente en los juegos de dados ocultarán fácilmente los resultados. Solamente después de lanzar los dados unas 1.000 veces podría surgir el auténtico patrón del juego. Por eso este atajo es tan poderoso. Nos ahorra tener que realizar una cantidad enorme de pesados experimentos repetitivos, que podrían incluso darnos una visión errónea del problema.

Lo interesante del atajo que descubrieron Fermat y Pascal es que sólo sirve para conseguir ciertas ventajas a largo plazo. No era un atajo que ayudase al jugador a ganar en una ocasión concreta. Eso quedaba todavía en manos de los dioses. Pero a largo plazo la cosa era muy distinta. Y por eso este atajo representaba muy buenas noticias para los casinos y no tan buenas para el apostador ocioso que aspiraba a hacer dinero fácil y rápido con una sola tirada de los dados.

Volviendo a Londres, Pepys escribe sobre la experiencia fascinante de ver a los jugadores intentando que saliera un 7 cuando volvía a casa: «Escuchaba sus juramentos y maldiciones sin provecho alguno, mientras un hombre trataba de que saliera un 7, y al no conseguirlo después de incontables lanzamientos, renegaba, "que me maten si no saco un 7 en mi vida", gritaba, y su desesperación por que saliera el 7 era terrible, y a los otros les salía todo el rato por azar sin esfuerzo».

¿Era la suerte de este hombre especialmente mala por no sacar nunca un 7? La estrategia que Fermat y Pascal descubrieron para calcular las probabilidades de obtener una puntuación dada al lanzar 2 dados consistía en analizar las diferentes maneras en las que podrían aterrizar los mismos y mirar después la proporción entre el número de casos en los que salen 7 puntos y el número total de casos posibles. El primer dado puede caer de 6 maneras distintas, que, combinadas con las 6 maneras distintas del segundo dado, dan un total de 36 combinaciones diferentes. De éstas, hay 6 que dan una puntuación de 7: $1 + 6, 2 + 5, 3 + 4, 4 + 3, 5 + 2$ y $6 + 1$. Dado que cada una de estas combinaciones tiene las mismas probabilidades de salir, argumentaron que 6 de cada 36 veces los dados caerán con una puntuación de 7. De hecho, ésta es la puntuación más probable que se obtiene al lanzar 2 dados. Pero sigue quedando una probabilidad de 5 entre 6 de no sacar 7 puntos. Teniendo esto en cuenta, ¿hasta qué punto tenía mala suerte el hombre al que Pepys vio tan desesperado por no conseguir un 7 después de lanzar tantas veces los dados?

¿Cuál es la probabilidad de que no consiguiera sacar un 7 después de lanzar los dados 4 veces? Examinar todas las situaciones posibles parece una tarea bastante abrumadora, ya que pueden darse $36^4 = 1.679.616$ casos diferentes. Pero aquí vienen Fermat y Pascal al rescate con un buen atajo. Para determinar la probabilidad de que no salga un 7 en 4 lanzamientos basta sencillamente con multiplicar las probabilidades de que no salga en cada uno de los lanzamientos: $5/6 \times 5/6 \times 5/6 \times 5/6 \times 5/6 = 0,48$. Esto significa que la probabilidad de no sacar un 7 en 4 lanzamientos está muy próxima al 50 %.

En consecuencia, la probabilidad de ver salir un 7 al lanzar 4 veces 2 dados ronda también el 50 %. Este mismo análisis prueba que sacar un 6 después de lanzar 4 veces un dado tiene una probabilidad cercana al 50 %. De modo que el hecho de que el jugador que describe Pepys no hubiera sacado un 7 después de lanzar los dados 4 veces no tendría nada de sorprendente. O igual de sorprendente que no sacar cara al lanzar una vez una moneda.

El hecho de que 7 sea la puntuación más probable que se obtiene al lanzar 2 dados puede usarse en beneficio propio en juegos como el backgammon o el Monopoly. Por ejemplo, la casilla de la cárcel es la más visitada del tablero del Monopoly. Esto, combinado con el análisis de la probabilidad de las diferentes puntuaciones que pueden salir al lanzar 2 dados, significa que después de visitar la cárcel muchos jugadores visitarán la región de propiedades de color naranja con más frecuencia que las otras. De modo que, si conseguimos hacernos con las propiedades de color naranja y llenarlas de hoteles, tendremos una ventaja crucial para ganar la partida.

UN ATAJO INGENIOSO: CONSIDERAR EL CASO CONTRARIO

Oculto en el cálculo que hicieron Fermat y Pascal hay un inteligente atajo que suelen usar los matemáticos. Imaginemos que arrancamos con el desafío de tratar de calcular la probabilidad de sacar un 7 al lanzar 4 veces 2 dados. Obviamente no lo conseguiremos multiplicando 4 veces la probabilidad de sacar un 7. Así sólo estaríamos considerando la probabilidad del rarísimo caso de sacar 7 puntos 4 veces seguidas en 4 lanzamientos de los 2 dados. Lo que habría que hacer, por el contrario, sería analizar todas las posibles combinaciones en las que aparece alguna vez una puntuación de 7. Tendríamos que calcular, por ejemplo, la probabilidad de que salga un 7 en el primer lanzamiento y ningún 7 después, o de que no salga 7 en ninguno de los dos primeros lanzamientos y sí que salgan sin embargo dos 7 en los dos últimos. De nuevo un trabajo bastante lioso. Pero hay un atajo poderoso. Solamente hay un caso que no nos interesa: que no salga ningún 7, y la probabilidad de que no salga ningún 7 era fácil de calcular. Así que, en vez de ir de frente al problema, miremos el problema contrario.

Para mí éste es un atajo muy efectivo para cualquier problema sobre el que esté trabajando. Si abordar algo de frente es demasiado complicado, intentemos mirarlo desde el lado opuesto. Por ejemplo, comprender la conciencia es un problema científico muy arduo, pero analizar cuándo algo es inconsciente a veces puede aportar nuevas ideas sobre el desafío más directo. Por eso el análisis de los pacientes que están sumidos en el sueño profundo o en coma puede ayudar a los científicos a comprender qué es lo que hace consciente a un cerebro despierto.

Este atajo a través del desafío contrario es clave para resolver el problema siguiente: cada fin de semana hay en el Reino Unido diez partidos de fútbol de la Premier League, la primera división. ¿En qué proporción de ellos habrá dos personas en el campo que haya nacido el mismo día?

A primera vista podría parecer que esta circunstancia se dará muy raramente. Creo que a nuestra intuición le influye pensar que esta pregunta equivale a la siguiente: si voy a jugar al fútbol este fin de semana, ¿qué probabilidad hay de que haya alguien en el campo que cumpla años el mismo día que yo? La probabilidad de que esto ocurra ronda el 5 %.

Sin embargo, en este caso sólo estoy pensando en compararme con el resto de los jugadores que habrá en el campo. Pero ¿qué pasa con el resto de las posibles comparaciones? No tengo por qué ser necesariamente yo el que comparta el cumpleaños con otro jugador. Esto complica la cosa, porque uno empieza a ver que hay muchas maneras diferentes de que coincidan los cumpleaños de los que están en el campo.

Pero usando el atajo de considerar el problema opuesto, hay un modo mucho más eficaz de resolver este desafío. ¿Cuál es la probabilidad de que no haya dos personas en el campo que hayan nacido el mismo día? Si podemos calcular esto, al restarlo de 1 obtendremos la probabilidad de que haya dos personas que compartan la fecha del cumpleaños.

El partido está a punto de empezar. Los equipos salen; para nuestro propósito van entrando en el campo de uno en uno. Yo salgo el primero, después sale el siguiente jugador. La probabilidad de que el día de su cumpleaños no coincida con el mío es $364/365$. Solamente tiene que evitar mi cumpleaños: el 26 de agosto.

Ahora salta al campo otro jugador. Su cumpleaños no ha de coincidir ni con el mío ni con el del segundo jugador. Quedan todavía 363 días donde elegir, así que la probabilidad de que su cumpleaños no coincida con ninguno de esos dos es $363/365$. Con tres personas en el terreno de juego, la probabilidad de que no coincida ningún cumpleaños es $364/365 \times 363/365$.

Continuamos así, dejando que entren de uno en uno en el campo los 22 jugadores… y el árbitro. Cada vez que entra una persona nueva, las fechas de cumpleaños que hay que evitar suben. Cuando finalmente le toca entrar al árbitro, tiene que evitar las de los 22 jugadores que ya están en el terreno de juego, así que la probabilidad en ese último caso es $(365 - 22)/365 = 343/365$. Para determinar la probabilidad de que no coincida ningún cumpleaños una vez que haya 23 personas en el campo tenemos que calcular:

$$364/365 \times 363/365 \times 362/365 \times \ldots \times 344/365 \times$$
$$343/365 = 0,4927$$

Hemos calculado así lo contrario de lo que queríamos. Solamente falta dar ahora el último paso. La probabilidad de que haya dos personas con el mismo cumpleaños es $1 - 0,4927 = 0,5073$. Increíblemente, es más probable que haya una coincidencia que que no la haya. Esto significa que, de media, en 5 de los 10 partidos de la primera división de cada fin de semana veremos dos personas que cumplen años el mismo día.

Lo curioso es que seguramente la probabilidad es algo más elevada que el 50 % porque hay pruebas de que es más probable que el cumpleaños de un futbolista caiga en el mes de septiembre u octubre. ¿Por qué? En los colegios, el hecho de haber nacido en alguno de los primeros meses del año escolar implica una mayor probabilidad de estar más desarrollado físicamente que alguien que, como yo, haya nacido en agosto, y de ser más fuerte y más rápido y por ende más apto para ser elegido para formar parte del equipo de fútbol del colegio y adquirir así experiencia en el juego. Recuerdo vivamente lo perplejo que me dejaba no conseguir ganar nunca las carreras en el colegio. Hasta que un verano, en las fiestas de mi ciudad, participé en una carrera organizada por tandas formadas por niños de la misma edad. Como era verano, yo no había cumplido años todavía, mientras que la mayoría de mis compañeros de clase sí, de modo que me tocó correr con los compañeros de un curso anterior. Mi sorpresa fue monumental cuando los fui dejando atrás y llegué el primero a la meta, por primera y última vez en mi vida.

¡Pero al debilucho Du Sautoy todavía le esperaba resignarse a lo que hay y pasar sus buenas horas sentado en la biblioteca para acabar siendo un as de las matemáticas!

EL ATAJO HACIA EL CASINO

Los matemáticos están muy solicitados en Las Vegas porque los casinos están constantemente buscando nuevos atajos para amañar sus juegos en beneficio de la casa. Pensemos por ejemplo en la mesa de craps, el juego que evolucionó a partir del que observó Pepys en las calles de Londres. Apostar en el craps es un asunto complicado a causa de la dinámica del juego, pero en cualquier momento puede uno apostar a que saldrá un 7 en la siguiente tirada de los dados. Ya expliqué que esto ocurre de media una de cada seis veces. Sin embargo, si uno apuesta 1 dólar y gana, el casino le paga solamente 5 dólares. Para que éste fuera un juego justo, tendrían que pagar 6 dólares. Esta apuesta es la peor que uno puede hacer en la mesa de craps, porque da a la casa una ventaja de un 16,67 %. O sea, el casino consigue ese porcentaje de ganancia (de media) cada vez que un jugador hace esa apuesta.

Si uno insiste en apostar al 7, hay un modo mejor de hacerlo en el que decrece la ventaja de la casa, que consiste en distribuir la apuesta en tres lotes. En lugar de hacer una apuesta a que sale el 7, se harían tres apuestas. La primera a que sale 1 y 6, la segunda a que sale 2 y 5 y la tercera a que sale 3 y 4. Éstas se llaman apuestas *hop* o combinadas. Aunque hacer estas tres apuestas es efectivamente lo mismo que apostar a un total combinado de 7, el premio por acertar una de ellas es ventajoso comparado con apostar directamente al 7. La casa solamente se queda en ese caso un beneficio (de media) de un 11,11 % cada vez que se juega.

Todos los juegos de Las Vegas han sido analizados cuidadosamente para estar seguros de que a la larga la casa tendrá ventaja, pero como jugadores podemos también usar las herramientas que desarrollaron Fermat y Pascal para encontrar los sitios que nos ofrezcan la mejor oportunidad de perder el dinero lo más lentamente posible.

Por ejemplo, en el craps hay una apuesta en la que la casa paga realmente una cantidad que se ajusta a la probabilidad de ganar. Es posiblemente el único rincón del casino en el que el juego no está sesgado a favor de la casa. El jugador lanza los dados. Si sale una puntuación total de 2, 3, 7, 11 o 12, el juego termina; si sale 7 o 11, el jugador gana la apuesta, y si sale 2, 3 o 12, el jugador pierde la apuesta y se produce lo que se llama un «*crapping out*». Si sale 4, 5, 6, 8, 9 o 10, a ese número se le llama el «punto», y el tirador gana si logra que en las siguientes tiradas salga el punto antes que un 7.

Esta última es la mejor situación para el tirador, pues está apostando a que saldrá el punto antes que el 7. En efecto, supongamos por ejemplo que el punto es el 4. Si el tirador puso una apuesta de 1 dólar y sale un 4 antes de un 7, el casino le pagará 2 dólares además del dólar apostado, con una ganancia para el jugador de 3 dólares. Y esta recompensa está perfectamente acorde con las probabilidades de que esto ocurra, ya que hay tres modos de obtener un 4 y seis modos de obtener un 7, de manera que solamente se ganará la apuesta una de cada tres veces. Es una apuesta en la que el casino paga sin llevarse parte de los beneficios forzando las probabilidades a su favor. No es un atajo para ganar dinero, pero al menos el cálculo probabilístico muestra que tampoco lo estaríamos tirando. Apostar en estas condiciones significa que a la larga uno saldrá del casino igual de rico que entró.

He aquí un pequeño desafío para el lector. Pasemos a la

ruleta. Tenemos 20 dólares y nuestro propósito es duplicar ese dinero. Si apostamos al rojo y sale rojo, ya tenemos el doble de dinero que antes. ¿Qué estrategia es posible que funcione mejor? Estrategia A: apostar todo el dinero al rojo una sola vez. Estrategia B: apostar un dólar al rojo varias veces.

A primera vista podría parecer que ambas estrategias son indiferentes, pero hay una pequeña sutileza en el juego de la ruleta. Hay 36 números, la mitad rojos y la otra mitad negros, pero hay también un trigésimo séptimo número, el 0, que es verde. Si la bola cae en este último número, perdemos el dinero, hayamos apostado al rojo o al negro. Cuando la bola cae en esa casilla, la casa gana a todo el mundo. Parece bastante inocente, pero el casino ha calculado que éste es el atajo para su beneficio. ¡Al menos a largo plazo!

Esto significa que la probabilidad de ganar la apuesta si apostamos al rojo no es del 50 %. La probabilidad es ligeramente más pequeña: 18/37. Supongamos que hacemos 37 apuestas de 1 dólar al rojo y que por una casualidad en esas 37 jugadas salen todos los números de la ruleta uno tras otro. Entonces ganaríamos 1 dólar en 18 de las jugadas y perderíamos un dólar en 19 de ellas, y acabaríamos al final con solamente 36 dólares. Esto significa que cada vez que jugamos pagamos en el fondo a la casa $1/37 = 0,027$ dólares por cada dólar apostado. Una ventaja del 2,7 % para la casa. Cuanto más jugamos, más pagamos.

En la estrategia A, la probabilidad de duplicar el dinero en una sola jugada poniendo los 20 dólares de golpe es igual a 18/37, es decir, un 48 %, un poco menos que el 50 %. Pero la estrategia B, dado que con ella pagamos un poco cada vez que apostamos 1 dólar, nos aleja poco a poco pero cada vez más del objetivo de duplicar el capital. De hecho, la probabilidad de que esta estrategia nos permita duplicarlo a largo plazo es solamente de un 25 %.

Aunque la estrategia A sea la mejor, adoptarla significa que pasaremos muy poco tiempo en el casino. La estrategia B podría llevar a una tarde más divertida, pero esa diversión se paga.

A lo mejor el lector ha oído decir que el mejor lugar del casino adonde ir para tener una cierta ventaja sobre la casa es la mesa de blackjack. En la década de 1960 el matemático Edward Thorp descubrió que estudiando las cartas de los *dealers* y de los otros jugadores se puede conseguir cierta ventaja. Este método se conoce como el conteo de cartas. En el blackjack lo que se intenta es conseguir cartas que sumen 21 o menos y que esta suma supere a la de las cartas del *dealer*. Si uno pasa de 21, pierde automáticamente la partida. El factor clave que hace que funcione el conteo de cartas es que si las cartas del *dealer* suman 16 o menos, siempre pedirá una carta más.

Una baraja inglesa tiene 16 cartas con un valor de 10 puntos (el diez, la jota, la reina y el rey). Si sabemos que quedan todavía muchas de estas cartas en el mazo, eso significa que hay una probabilidad más alta de que el *dealer* se pase si debe pedir una carta y tiene entonces sentido plantearse subir nuestra propia apuesta. El conteo de cartas es un método sencillo de llevar la cuenta de las cartas de valor alto que ya se han jugado y, por ende, de las que quedan en el mazo. Para minimizar el efecto del conteo, los casinos generalmente no usan una sola baraja, sino seis, siete u ocho, pero aun así el conteo puede dar cierta ventaja. La película *21 blackjack* llevó a las pantallas la historia real de una visita que hizo a Las Vegas un equipo de matemáticos del Instituto de Tecnología de Massachusetts (MIT) que puso en práctica el atajo de Thorp. Los matemáticos raritos aparecen en la pantalla tan atractivos sexualmente y tan modernos que posiblemente esta película haya hecho más para llenar las aulas de la carrera de Matemáticas en las universidades que el esfuerzo conjunto de los departamentos de Matemáticas que hay a lo largo y ancho del país.

A primera vista parece un gran atajo para hacerse rico. El único problema es que cuando hice un análisis de la cantidad de tiempo que se tardaría en realidad en ganar una cantidad dada de dinero con esta estrategia, resultó que sale menos rentable que cobrar el salario mínimo. Así que después de todo parece que la diosa fortuna tuvo algo que ver en el éxito del equipo del MIT.

EL PRECIO DE LA ENTRADA

¿Cuánto estaría el lector dispuesto a pagar para jugar a este juego? Se lanza un dado y te pagan en dólares el número que muestre el dado. Hay una posibilidad entre seis de que salga un 6 y de que ganes 6 dólares. Cualquiera de las demás opciones tiene también una probabilidad de uno entre seis. En seis tiradas podrías ganar 1 + 2 + 3 + 4 + 5 + 6 = 21 dólares. Así que la ganancia media por tirada sería 21/6 = 3,50 dólares. Si alguien te ofreciera jugar por menos que esto, merecería la pena hacerlo, porque ganarías a la larga. Cada vez que uno juegue a un juego con apuestas, es fundamental evaluar cuál sería la ganancia media probable para determinar si merece la pena embarcarse en el juego.

Aunque fue la correspondencia entre Fermat y Pascal la que condujo al descubrimiento de que se podrían aplicar las matemáticas a los juegos de azar, las matemáticas del azar realmente cristalizaron con la publicación del libro *Ars conjectandi* ('El arte de conjeturar') del matemático suizo Jakob Bernoulli. Jakob formaba parte de la dinastía de los Bernoulli, que había respaldado a Leibniz en la controversia sobre la invención del cálculo diferencial.

En este libro es donde se encuentra la fórmula para determinar la cuota justa que habría que pagar para cualquier juego.

Supongamos que hay N resultados posibles. Ganamos $W(1)$ dólares si sale el resultado 1, lo que ocurre con una probabilidad $P(1)$. Análogamente, el resultado 2 sale con una probabilidad $P(2)$ y si eso ocurre ganamos $W(2)$ dólares. Con este juego uno ganaría de media $W(1) \times P(1) + \dots + W(N) \times P(N)$ dólares cada vez que jugara. Así que, si alguien nos ofreciera jugar por menos, acabaríamos ganando a largo plazo. Por ejemplo, en el juego del dado, las probabilidades $P(1), \dots, P(6)$ son todas $1/6$ y las ganancias $W(1), \dots, W(6)$ van de 1 a 6 dólares.

La fórmula parecía correcta hasta que Nicolaus, primo de Jakob Bernoulli, en un acto casi edípico, presentó el juego siguiente. Se lanza una moneda. Si sale cara, te pagan 2 dólares y termina el juego. Si sale cruz, se lanza la moneda otra vez. Si ahora sale cara, te pagan 4 dólares, y si sale cruz, se lanza la moneda otra vez. Cada vez que se lanza la moneda, la recompensa se duplica. De modo que, si salieran 6 cruces seguidas y después una cara, te pagarían $2 \times 2 \times 2 \times 2 \times 2 \times 2 \times 2 = 2^7 = 128$ dólares. ¿Cuánto estaría el lector dispuesto a pagar para jugar el juego de Nicolás? ¿4 dólares? ¿20 dólares? ¿100 dólares?

Hay un 50 % de probabilidades de ganar solamente 2 dólares. Al fin y al cabo, la probabilidad de que salga cara en el primer lanzamiento es del 50 %. De modo que $P(1) = 1/2$ y $W(1) = 2$. Pero lo que queremos es que haya una sucesión larga de cruces seguida de una cara para obtener el mayor premio posible. La probabilidad de que salga una cruz seguida de una cara es $\frac{1}{2} \times \frac{1}{2} = \frac{1}{4}$. Pero esta vez ganaríamos 4 dólares. Así que en la segunda tirada tendríamos $P(2) = 1/4$ y $W(2) = 4$. Al continuar, las probabilidades se reducen, pero los premios aumentan. Por ejemplo, la probabilidad de que salieran seis cruces seguidas y después una cara es $(1/2)^7 = 1/128$, pero se ganarían $2^7 = 128$ dólares.

Si detuviéramos el juego después de 7 tiradas, solamente perderíamos si aparecieran 7 cruces seguidas. Usando la fórmula de Jakob, vemos que el premio medio sería $W(1) \times P(1) + ... + W(7) \times P(7) = (1/2 \times 2) + (1/4 \times 4) + ... + (1/128 \times 128) = 1 + 1 + ... + 1 = 7$ dólares. Por tanto, si alguien te ofreciera jugar por menos de 7 dólares, merecería la pena hacerlo.

Pero ahora llega lo bueno. Nicolaus está dispuesto a jugar indefinidamente hasta que salga una cara. En este caso, siempre acabaríamos ganando. ¿Cuánto tendríamos que pagar entonces para apuntarnos al juego? Ahora hay infinitas opciones. La fórmula dice que el premio medio sería igual a $1 + 1 + 1 + ...$, o sea, ¡infinitos dólares! Si alguien nos ofreciera jugar a este juego, merecería la pena aceptar fuera la que fuera la cantidad que nos pidieran por jugar. Si el precio de la entrada superara los 2 dólares, un 50 % de las veces, cuando saliera cara en la primera tirada, perderíamos. Sin embargo, a la larga, si nos apuntáramos a jugar una y otra vez, las matemáticas dicen que nos acabaríamos haciendo ricos.

Pero entonces, ¿por qué la mayoría de nosotros no estaríamos dispuestos a entrar en el juego si hubiera que pagar por ello, por ejemplo, más de 10 dólares? Esta situación se conoce como la paradoja de San Petersburgo, en homenaje a Daniel, primo de Nicolaus, que cuando trabajaba en la Academia de San Petersburgo dio con la primera explicación de por qué nadie en su sano juicio pagaría por jugar a este juego. La respuesta nos la confirmaría cualquier multimillonario. El primer millón que uno gana vale mucho más que el segundo. No habría que poner en la fórmula la cantidad exacta que uno ganaría, sino lo que esa cantidad significaría para uno. Visto así, la cuota exigible para jugar a este juego variaría de acuerdo con la valoración que el jugador hiciera de los premios. La explicación de Daniel va entonces mucho más allá de la curiosidad de un juego matemático: es esencialmente la base de la economía moderna.

Para ilustrar de otro modo por qué este atajo para hacerse multimillonario no es tal atajo aunque lo parezca, contestemos la siguiente pregunta: si pudiéramos jugar una vez por segundo, ¿cuánto tardaríamos en jugar 2^{60} veces? Éste es el número de veces que habría que jugar presumiblemente para recuperar lo invertido en el juego de San Petersburgo si el precio de la entrada fuera de 60 dólares. La respuesta es más de 36.000 millones de años, y el universo tiene como mucho 14.000 millones de años. Ésta es otra explicación de por qué la mayor parte de las personas no pagarían ninguna cantidad sustancial por participar en este juego.

CABRAS Y COCHES

En la década de 1990, un problema planteado en un concurso televisivo estadounidense llamado *Let's Make a Deal* ['Trato hecho'] tuvo con las espadas en alto a espectadores de todo el mundo, incluidos algunos matemáticos profesionales, debatiendo sobre la mejor estrategia para afrontar el juego. El concurso tenía una fase final que consistía más o menos en lo siguiente.

Hay tres puertas. Detrás de dos de ellas hay una cabra y detrás de la otra un coche deportivo a estrenar. En el análisis que sigue se supone que el concursante prefiere llevarse el coche y no una cabra. Tiene que escoger una puerta; digamos que escoge la A. Hasta ahora todo está bastante claro; hay 1 posibilidad entre 3 de que el coche esté detrás de la puerta A, ¿verdad? Pero ahora se produce el giro inesperado. El presentador, que *sabe* dónde están las cabras, abre una de las otras dos puertas y aparece una cabra. Y ofrece al concursante la posibilidad de quedarse con la puerta elegida al principio o pasarse a la otra. ¿Qué hacer?

La intuición de la mayoría de personas dicta que, al haber ahora dos puertas, hay una probabilidad del 50 % de que el coche esté detrás de la puerta elegida al principio. Si cambiáramos de puerta en este momento, la probabilidad de ganar no cambiaría, y nos tiraríamos de los pelos si de hecho hubiéramos escogido desde el principio la puerta ganadora. Por eso la mayoría persevera en su elección primitiva.

Sin embargo, la probabilidad de ganar se multiplica por dos si cambiamos de puerta. Parece extraño, pero he aquí la explicación. Para calcular la probabilidad de ganar si cambiamos de puerta, hay que plantear las diferentes situaciones que pueden darse si cambiamos de opinión y contar en cuántas de ellas ganamos el coche.

Situación A: el coche está detrás de la puerta A, la puerta que habíamos elegido. Cambiamos de puerta y ganamos una cabra.

Situación B: el coche está detrás de la puerta B. El presentador del concurso abre la puerta C y aparece una cabra. Cambiamos a la puerta B y ganamos el coche.

Situación C: el coche está detrás de la puerta C. El presentador del concurso abre la puerta B y aparece una cabra. Cambiamos a la puerta C y ganamos el coche.

Cada una de estas tres situaciones es igualmente probable. Sin embargo, en dos de ellas ganamos el coche. Si perseveramos en la decisión original, esta estrategia solamente nos da 1 posibilidad entre 3 de ganar el coche. ¡Cambiando de puerta la probabilidad de ganar se multiplica por dos!

Si alguien duda o no lo ve muy claro, que no se preocupe. Esta misma explicación fue publicada en una revista y más de 10.000 personas, entre ellas cientos de matemáticos, escribieron para quejarse de que era incorrecta. Incluso Paul Erdös, uno de los matemáticos más destacados del siglo xx, erró en esta cuestión antes de pensar un poco más detenidamente en ella.

Para el que no esté convencido, he aquí otro argumento. Imaginemos que en vez de 3 puertas hay 1 millón. El presentador del concurso *sabe* detrás de qué puerta está el premio. El concursante ha elegido su puerta al azar. La probabilidad de que haya escogido la puerta correcta es de una entre un millón. Ahora el presentador abre todas las puertas restantes menos una y aparecen 999.998 cabras. Quedan dos puertas sin abrir, la elegida originalmente y la que el presentador ha dejado cerrada. ¿Cambiaríamos de puerta ahora?

La clave está en que el presentador nos está dando información cuando abre las otras puertas. Él sabe dónde están las cabras. Si alteramos la situación las cosas pueden cambiar. Supongamos que estamos concursando contra otro jugador. Escogemos una puerta. El otro escoge una de las dos que quedan. Se abre esta puerta y aparece una cabra. ¿Qué hacer ahora? Extrañamente, aunque parezca que tenemos la misma información que antes—dos puertas, una con un coche y otra con una cabra detrás—, esta vez realmente la probabilidad de conseguir el coche si no cambiamos de opinión sí que es del 50 %. La diferencia es que ahora se da otra situación que hay que tener en cuenta: si la puerta que elegimos tiene una cabra detrás, el segundo concursante podría haber elegido la puerta del coche. Esto no podía ocurrir en el caso anterior, porque el presentador siempre abre una puerta que tiene una cabra detrás (él sabe dónde están las cabras). Pensemos en el caso de que haya un millón de puertas. El otro concursante abre 999.998 puertas y en todas aparece una cabra. Ha tenido una mala suerte horrenda de no conseguir el coche, pero esta mala suerte no nos da a nosotros ninguna información sobre lo que pueda pasar en las dos puertas que quedan. La probabilidad de que el coche esté en una o en otra es del 50 %.

EL REVERENDO BAYES

La probabilidad parece que tiene mucho sentido cuando la aplicamos a sucesos futuros. Si voy a lanzar 2 dados, en 1 de cada 6 situaciones posibles veremos que el resultado suma 7. La probabilidad es la misma para mí que para cualquier otra persona, porque estamos asignando un valor a algo que ocurrirá en el futuro.

Pero ¿qué pasa si cuando lanzo los dados alguien me los tapa y no puedo ver el resultado? El lanzamiento ya se ha producido. Es cosa del pasado. Decididamente ha salido un 7 o no. No hay situaciones intermedias. El problema es que yo no sé la respuesta. Algunos piensan, de manera controvertida, que todavía es posible asignar una probabilidad a esta situación. La probabilidad para la persona que me tapó los dados es diferente, porque tiene más información. Mi probabilidad cuantifica mi falta de información sobre el resultado. De repente las probabilidades dependen de la cantidad de información que cada uno tiene. Esto es como cuantificar la incertidumbre epistémica, las cosas que en principio uno podría saber pero que en la práctica no sabe.

Al conseguir más información sobre el caso mis probabilidades cambiarán. Pero la búsqueda de las matemáticas necesarias para seguir el rastro de los valores probabilísticos que habría que asignar a un suceso según vamos adquiriendo más información sobre el mismo ha conducido a diferentes escuelas de pensamiento.

Por ejemplo, alguien podría lanzar al azar una bola blanca sobre una mesa rectangular de billar y, una vez que se parase, marcar en secreto su posición y retirarla. Tendríamos así una línea imaginaria que dividiría la mesa en dos partes. Si nos pidieran ahora trazar una línea con el propósito de acercarnos lo más posible a esa línea imaginaria, al no tener ninguna información, lo lógico sería dibujarla en el punto medio, dividiendo la mesa por la mitad. Sin embargo, imaginemos que lanzamos ahora cinco bolas rojas sobre la mesa y que nos dicen cuántas de ellas han quedado finalmente a la izquierda de la línea imaginaria y cuántas a la derecha. Si nos dicen, por ejemplo, que han quedado tres a la izquierda y dos a la derecha de la línea imaginaria, ello nos llevaría lógicamente a desplazar nuestra línea conjetural hacia la derecha, hacia la zona en la que cayeron solamente dos bolas rojas. Pero ¿hasta dónde deberíamos desplazarla a tenor de la nueva información que tenemos?

Algunas escuelas de pensamiento dicen que habría que desplazarla hasta dejarla a una distancia del borde derecho de la mesa igual a dos quintos de la longitud total del lado largo. Pero una figura polémica de la teoría de las probabilidades, Thomas Bayes, sugirió que de hecho habría que desplazar nuestra línea conjetural hasta dejarla a una distancia del borde derecho de la mesa igual a tres séptimos de la longitud total del lado largo. La razón es que hay una información adicional que estamos dejando a un lado en nuestro análisis, y es el hecho de que antes de recibir la nueva información, la probabilidad de que la bola blanca acabara en la mitad izquierda o derecha de la mesa era del

50 %. Bayes añade dos bolas extra al escenario a la hora de decidir hasta dónde desplazar nuestra recta conjetural.

Bayes fue ministro presbiteriano no conformista en Turnbridge Wells y también matemático no profesional. Murió en 1761, pero entre los documentos que dejó figuraba un manuscrito en el que explicaba estas ideas sobre cómo asignar probabilidades a hechos sobre los cuales no tenemos más que información parcial. Este manuscrito fue publicado posteriormente por la Royal Society con el título *An Essay towards Solving a Problem in the Doctrine of Chances* ['Ensayo de resolución de un problema en la doctrina de las posibilidades']. Las ideas de este artículo han sido enormemente influyentes en la práctica moderna de asignación de valores probabilísticos a hechos sobre los que tenemos una información deficiente.

En los procesos judiciales, los abogados tratan de asignar probabilidades al hecho de que cierto acusado sea culpable de un crimen. Es culpable o no. En cierto sentido, esta asignación de una probabilidad es bastante extraña. Se supone que es meramente una medida de nuestra incertidumbre epistemológica. Pero según Bayes, las probabilidades cambian al incorporar la nueva información que hayamos recogido. Los jurados y los jueces no suelen comprender las sutilezas de las ideas de Bayes, hasta el extremo de que algunos jueces han tratado de desterrar estas herramientas matemáticas de los tribunales, por considerarlas inadmisibles.

La asignación de probabilidades a sucesos como un atajo para comprender nuestra incertidumbre suele hacerse mal. Por desgracia, el público en general no tiene una buena intuición en lo que atañe al azar. Por eso tenemos que recurrir a las matemáticas como el mejor atajo para no perdernos por el camino. Pensemos en el siguiente ejemplo.

Nos dicen que la persona que cometió el crimen era de Londres. La persona que está en el banquillo es de Londres. Pero ésta es una prueba bastante endeble. Por el momento, la probabilidad de tener al criminal es de 1 entre 10 millones.

Se le informa ahora al jurado de que el ADN hallado en la escena del crimen coincide con el del sospechoso, y de que la probabilidad de que se dé esta coincidencia es de 1 entre 1 millón. Esto suena a certeza casi absoluta. La mayoría de las personas condenaría al acusado solamente con esta prueba. Bayes ayuda a explicar cómo deberíamos reconsiderar ahora la probabilidad de que el acusado sea culpable. Si Londres tiene una población de 10 millones de habitantes, eso significa que habrá 10 personas en Londres cuyo ADN coincide con el ADN de la escena del crimen. Eso nos da solamente una probabilidad de 1 entre 10 de que la persona que está en el banquillo sea culpable. Lo que parecía una culpabilidad cierta ya no lo parece tanto. Este caso es muy fácil de comprender, pero otros de los usos del teorema de Bayes en los procesos judiciales son mucho más complejos e implican numerosos tipos de pruebas distintas que requieren el manejo de programas informáticos para poder analizar la probabilidad de que una persona sea culpable. Es triste, pero con frecuencia los jueces no comprenden las matemáticas aquí involucradas y retiran de los tribunales las pruebas probabilísticas de los expertos, lo cual conduce algunas veces a errores judiciales tremendos.

La medicina es otra de las áreas en la que se aplican las probabilidades y aquí también, si no se entiende bien cómo usar este atajo, uno puede acabar descarriado y muy lejos del lugar adonde quería llegar. Si uno se encuentra en la tesitura de pasar por un escáner a causa de un posible tumor de pulmón o de próstata y le dicen que el aparato tiene un 90 % de efectividad a la hora de detectar un cáncer, en la mayoría de los casos estará bastante asustado si sale un resultado positivo. Pero ¿debería estarlo? Es importante tener la información adicional de que sólo 1 de cada 100 pacientes es probable que tenga cáncer. De modo que de cada 100 personas que pasan la prueba, habrá 1 que probablemente tenga cáncer y la prueba generalmente sale positiva. Son los falsos positivos los que causan el problema. De las 99 personas sanas que pasan la prueba, dado que el aparato tiene un 90 % de porcentaje de efectividad, el resultado será erróneo para 10 de ellas, y por tanto dirá que 10 de esas 99 personas sanas tiene cáncer. Así que, si uno da positivo, ¡solamente hay una probabilidad de 1 entre 11 de ser el que tiene cáncer!

Es importante conocer estos números porque a los medios de comunicación les gusta abusar de ellos para contar historias inquietantes. ¿Qué pensar de la noticia con la que abríamos el capítulo, según la cual el consumo de beicon incrementa en un 20 % la probabilidad de desarrollar un cáncer de colon? Resulta inquietante. ¿Deberíamos por ello evitar esos bocadillos de beicon que tanto nos gustan? Si miramos la proporción de personas que desarrollan un cáncer de colon, resulta ser de un 5 %. Eso significa que, si comemos beicon, la probabilidad de que desarrollemos un cáncer de colon sube a un 6 %. Éste es un modo mucho menos alarmante de anunciar esa posibilidad.

PEPYS

¿Qué pasa entonces con el desafío de Pepys sobre el lanzamiento de dados para sacar seises que encabezaba el capítulo? ¿Cuál es la probabilidad de sacar al menos un 6 en seis tiradas? El atajo es también aquí considerar el caso contrario. La probabilidad de no sacar un 6 en ninguna de las seis tiradas es $(5/6)^6 = 33,49\,\%$. Así que la probabilidad de sacar al menos un 6 es bastante alta, un 66,51 %.

¿Cuál es entonces la probabilidad de que salgan al menos dos seises al lanzar 12 dados? Realmente aquí también habría que contemplar demasiadas situaciones, por lo que vamos a usar otra vez el truco de considerar el caso contrario, la probabilidad de obtener (a) ningún 6 o (b) sólo un 6. El cálculo del caso (a) se basa en el mismo principio que antes: $(5/6)^{12} = 11,216\,\%$. Veamos cómo calcular la probabilidad de que salga sólo un 6. Hay doce situaciones diferentes aquí, dependiendo de en cuál de las tiradas salga el 6. La probabilidad de que salga un seis en la primera tirada y no salga en las siguientes es $(1/6) \times (5/6)^{11}$. En los otros once casos, la probabilidad es de hecho esta misma, de modo que la probabilidad total es $12 \times (1/6) \times (5/6)^{11}$ $= 26,918\,\%$. Así que la probabilidad de sacar dos o más seises en doce tiradas es

$$100 - 11,216 - 26,918 = 61,866\,\%$$

Esto significa que de momento es mejor apostar a la opción (a). Si hacemos un análisis parecido para la opción (c), que es un poco más complicado que para la opción (b), la probabilidad que resulta es peor, ya que es de un 59,73 %.

Pepys había escrito a Isaac Newton sobre este problema en tres cartas que le envió a finales del año 1693. Él intuía que la opción (c) era la mejor, pero después de aplicar los atajos de Fermat y Pascal, Newton le respondió que las matemáticas demostraban que era justamente lo contrario, que ésa era la peor opción. Dado que Pepys estaba a punto de apostar 10 libras, el equivalente a 10.000 libras de hoy, a la opción (c), tuvo la suerte de que el consejo de Newton le salvara de caer en la bancarrota.

Atajo hacia el atajo

A cada paso del viaje que es la vida encontramos encrucijadas con muchos caminos diferentes que se alejan hacia el horizonte. Cualquier elección conlleva la incertidumbre de si nos llevará o no a nuestro destino. Si confiamos en la intuición para decidirnos, normalmente no optaremos por la elección óptima. El paso de transformar la incertidumbre en números ha demostrado ser un medio poderoso de analizar los caminos para encontrar un atajo que facilite nuestro objetivo. La teoría matemática de las probabilidades no elimina los riesgos, pero nos permite manejarlos más eficazmente. Al analizar las situaciones posibles que pueden presentarse en el futuro podemos ver cuál es la proporción de las que nos llevan al éxito o al fracaso. Esto nos procura un mapa mucho más claro del futuro y podemos basarnos en él para decidir qué camino tomar.

Parada en boxes: las finanzas

Todo el mundo busca un atajo para hacerse rico. Comprar un billete de lotería. Apostar a un caballo. Fundar la próxima Facebook. Escribir el próximo Harry Potter. Invertir en la próxima Microsoft. Si bien las matemáticas no pueden garantizar una vía hacia la riqueza, sí pueden ofrecernos algunos de los mejores medios para aprovechar al máximo nuestras oportunidades.

Sería fácil pensar que Isaac Newton, con todas sus matemáticas para optimizar soluciones, fue un inversor de éxito, pero después de perder una gran cantidad de dinero en una quiebra financiera afirmó: «Puedo calcular el movimiento de las estrellas, pero no la locura de los hombres».

Sin embargo, de los tiempos de Newton acá, los matemáticos han comprendido que hay atajos inteligentes para ganar dinero en los mercados financieros. Ésa es la razón por la cual los fondos que se mantienen estables en los buenos y en los malos tiempos están administrados indefectiblemente por personas que poseen un doctorado en Matemáticas. Un gran atajo para encontrar el mejor fondo para invertir nuestros ahorros sería contar el número de doctores en Matemáticas que aparecen en la lista de sus administradores. Pero ¿en qué ayuda saber matemáticas? ¿No está todo esto más bien regido por los caprichos y los altibajos humanos? ¿No sería más útil tener un doctorado en Psicología?

A principios del siglo XX, el matemático francés Louis Bachelier sugirió que invertir en acciones es de hecho lo mismo que apostar en un juego de lanzamiento de monedas. El suyo es el primer modelo que se formuló de cómo varían los precios con el tiempo. Con un conocimiento completo de los mercados, Bachelier sostenía que los precios subirían y bajarían al azar. Este comportamiento se conoce como el andar del borracho, porque cuando se representa gráficamente se parece a la trayectoria que seguiría un borracho que camina tambaleándose por la calle. Ciertamente, los precios pueden verse alterados en conjunto por el brote de una pandemia, pero, una vez incorporado el conocimiento de este hecho, el valor de las acciones puede volver a subir y bajar aleatoriamente. Saber esto no da ninguna ventaja real. Lo que sí la da es reconocer que este modelo es falso. En la década de 1960, los matemáticos se dieron cuenta de que la aleatoriedad del lanzamiento de una moneda no es un modelo correcto de los mercados financieros, porque ello implicaría que hay una probabilidad no nula de que las acciones asuman un precio negativo. Así que surgió un nuevo modelo, que seguía siendo aleatorio pero que aceptaba el hecho de que las acciones tienen un precio mínimo del cual no pueden bajar, aunque sí la posibilidad de subir sin límite prefijado alguno.

Una manera de ganar a los mercados consiste en averiguar alguna información oculta en los precios. Esto nos puede dar cierta ventaja. Por ejemplo, un corredor de apuestas que evalúe las probabilidades en una carrera entre tres caballos confirmará que no se puede ganar dinero apostando simplemente a los tres. Pero ¿y si sabemos por alguna razón que uno de los caballos no puede ganar? Entonces es posible repartir la apuesta entre los otros dos caballos para asegurarse las ganancias.

Éste es esencialmente el origen de la idea que Ed Thorp sugirió en su libro *Beat the Markets* ['Gane al mercado'], publicado en 1967. Como mencioné en el capítulo anterior, Thorp ya había tenido un gran éxito en el blackjack al obtener ventaja por el método de contar cartas. Había usado incluso un dispositivo para analizar el giro de la ruleta y hacer así mejores apuestas, pero fue expulsado del casino por hacer trampas. Sin embargo, esta idea conduciría al nacimiento del concepto de fondo de cobertura. La clave era encontrar una manera de invertir en dos caballos financieros para sacar provecho ganara uno u otro.

Thorp había descubierto que ciertos productos financieros llamados *warrants* estaban sobrevalorados, algo parecido a lo que ocurre en los casinos, en los que el precio de las apuestas está inflado para dar ventaja a la banca. Por desgracia, en el casino no podemos apostar a que perderemos, de modo que es imposible que un jugador pueda sacar provecho de ese conocimiento. Pero Thorp se dio cuenta de que había un modo de explotar la sobrevaloración de los *warrants* usando un proceso llamado venta corta o posición corta. La idea es tomar prestados de alguien los *warrants* cuando están caros, con la promesa de devolverlos en una fecha posterior con unos intereses añadidos. Ahora vendemos los *warrants*, y cuando llega la fecha fijada, los compramos de nuevo antes de devolvérselos a su dueño. El quid está en que, al estar originalmente sobrevalorados, lo normal es que el precio de los *warrants* haya bajado para entonces, y los compremos por lo tanto a un precio inferior al precio que los vendimos, y aquí es donde sacamos el beneficio.

El único problema es que a veces no pasa esto. Los *warrants* podrían subir de precio con el tiempo, igual que las apuestas del casino se pueden ganar a pesar de que la banca tenga ventaja. Y si los *warrants* suben mucho, podríamos vernos expuestos a grandes pérdidas. Pero aquí viene la ingeniosa idea de la cobertura. Un *warrant* es una opción para comprar una acción. Si el *warrant* sube es porque también la acción vinculada a él ha subido. Así que a la vez que vendiéramos los *warrants* que tomamos prestados, compraríamos algunas acciones, de modo que si tuviéramos la mala suerte de que los *warrants* subieran de precio, aunque perdiéramos por ese lado sacaríamos dinero con la venta de las acciones, que también habrían subido. No hay una garantía total de ganar dinero, pero Thorp comprendió que la mayor parte de las veces se obtiene un beneficio, suban o bajen los precios.

La clave está en equilibrar ambas operaciones pensando en el beneficio óptimo, igual que el apostante reparte sus apuestas entre dos caballos sabiendo que el tercero no puede ganar. Se trata de explotar el conocimiento en beneficio propio. El casino así lo hace, pero lo ingenioso es que los fondos de cobertura han detectado también este atajo para hacer dinero en los mercados financieros.

Sin embargo, las matemáticas no son el único atajo disponible para el inversor. Helen Rodríguez, una amiga mía que es una analista financiera muy brillante, se preparó para su carrera estudiando Historia en vez de Matemáticas. Y resulta que sus habilidades como historiadora le ofrecen a Helen un atajo que ella explota habitualmente para tener ventaja a la hora de comprender cuándo una empresa está infravalorada y cuándo está sobrevalorada.

Helen está especializada en los bonos de alto rendimiento, también conocidos como bonos basura, que se usan ampliamente en la compra y en la financiación de empresas. Cuando uno compra uno de estos bonos, está prestando dinero a una empresa bajo el compromiso de pagar como compensación una tasa fija de interés y de devolver el dinero en la fecha de vencimiento. Los bonos basura tienen un riesgo más alto de impago y por eso también generan intereses más altos.

«Éste es nuestro primer atajo: usamos una escala de valoración del nivel de crédito de las empresas, definido a partir de la disposición y la capacidad de éstas para pagar—me cuenta Helen—. Empieza por la triple A, para empresas que plantean muy poco riesgo, y baja hasta la C, para empresas en las que hay pocas probabilidades de recuperar los intereses o el capital. Los bonos son de alto rendimiento si la valoración está por debajo del BBB- de la escala. Si una empresa tiene una valoración baja, los intereses tienen que ser más altos para que merezca la pena invertir en ella. De ahí viene el nombre de bonos de alto rendimiento».

Con frecuencia leemos en la prensa que la calificación crediticia de tal o cual país o de tal o cual banco ha sido rebajada por una agencia como Moody's, que es una de las que se dedican a emitir estas evaluaciones. El proceso consiste en entrar en el entramado multidimensional de todas las empresas y tratar de proyectarlo, con toda su complejidad y confusión, sobre una línea unidimensional, con la C en un extremo y la triple A en el otro.

Helen utiliza sus herramientas como historiadora para trabajar hacia atrás, examina la trayectoria de cierta empresa que tiene asignada cierta valoración crediticia y trata de comprender si los bonos están infravalorados o sobrevalorados. Este intento de obtener más información podría traducirse en la búsqueda de alguna ventaja. Es todo un arte identificar un aspecto de la historia de una empresa que otros han pasado por alto y que podría proporcionar una nueva perspectiva sobre el valor de un bono. Y esta capacidad de ver el panorama completo los historiadores la suelen tener muy bien desarrollada.

«Estaba estudiando estas 2.500 tiendas de belleza en Alemania, y los bonos seguían estando por encima de su valor nominal, y yo pensaba: ¡qué pérdida de tiempo! Entonces tuvieron un trimestre malo, que ellos achacaron al terrorismo en Alemania. Luego tuvieron otro trimestre malo, y echaron de nuevo la culpa al terrorismo. Entonces empecé a pensar que todo eso era un poco raro, pero los bonos seguían estando por encima de su valor nominal. Así que comencé a leer un poco por aquí y por allá y me enteré de que algunas empresas asiáticas se estaban introduciendo en Europa y explotando Internet para vender los mismos cosméticos a mitad de precio, posiblemente seis meses después, cuando ya estaban pasados de moda, lo que se conoce como el mercado gris. Había un par de empresas disruptivas que estaban haciendo esto, destruyendo completamente el mercado de los productos de belleza en Alemania. De modo que vendimos los bonos a 103 y al año valían poco más de 40. Nadie se había percatado de la existencia de este mercado gris».

Helen usó esencialmente un truco parecido al de Ed Thorp. Tomó prestados los bonos y los vendió a 103, en una fecha posterior pudo devolvérselos a su dueño original inmediatamente después de comprarlos a 40, haciendo un gran negocio. Consiguió utilizar en beneficio propio su corazonada sobre el colapso inminente de los bonos. Normalmente todo consiste en ver el verdadero valor de una empresa a través de sus bravuconadas.

«Las empresas no suelen ser todo lo francas que convendría cuando tienen un problema—afirma Helen—. Es algo tan tonto como que están dirigidas por cincuentones que no comprenden a las adolescentes. Suele ser arrogancia o vanidad o sencillamente que no entienden cómo funciona el mundo. Estamos cansados de verlo en la venta al por menor: la desaparición completa de los intermediarios y la disrupción que ha supuesto el uso generalizado de Internet. Resulta chocante lo que han tardado en verlo algunos directivos de empresas comerciales».

Me parece que en cierto modo es muy complicado encontrar atajos, porque en realidad hay que conseguir conocer la empresa muy a fondo para poder llegar a ese tipo de percepciones. Hay mucho relato involucrado. Helen lo compara con ver una telenovela. «He estado siguiendo a esta empresa, una empresa española de juegos de ordenador. La reestructuración llevó un año y medio y literalmente todos los días tenía que ir a los periódicos argentinos y leerlos atentamente, porque Cristina Kirchner, la expresidenta argentina, estaba usando el sector de los videojuegos como un partido de fútbol político. ¡Este culebrón es el que hacía fluctuar el valor de los bonos!».

Helen cree que las habilidades que adquirió formándose para ser historiadora son las que le han proporcionado los atajos necesarios para conocer el recorrido de la empresa que le toque analizar. Al seguir la telenovela desplegada ante sus ojos por el devenir de una empresa, tiene que averiguar lo que pasará en el episodio siguiente antes de que lo emitan. Tal y como ella lo ve, necesita ser capaz de sintetizar una enorme cantidad de información para convertirla en algo útil. En esta labor son muy buenos los historiadores. «Es como intentar comprender un rompecabezas.

Y es lo mismo que dedicarse a la historia: con diez fuentes diferentes tengo que construir mi propio relato, que refleje lo que yo creo que ocurrió. Por eso otra persona podría partir de las mismas fuentes y presentar un relato diferente. Es preciso para que haya mercado. Hacen falta personas que piensen que algo es maravilloso y también personas que piensen que es el fin del mundo. Así nace el comercio».

Otro de sus atajos es el que encabeza mi lista de atajos matemáticos: el poder de detectar un patrón. «Puedes encontrar patrones en lo que les pasa a las empresas y en lo que les va mal, porque todas han tenido el mismo problema, pero quizá su segmentación de lo que venden es un poco diferente. Yo trato de encontrar los patrones de lo que pasará antes de que lo vean los demás y así puedo aconsejar a los empresarios».

Después de haber trabajado muchos años como inversora para el Deutsche Bank y para Merrill Lynch, entre otras empresas, Helen trabaja ahora para una sociedad que proporciona informes de investigación independiente de bonos corporativos a inversores, como el análisis que hizo de la empresa española de videojuegos.

Así que para el que haya leído esta parada en boxes con la esperanza de que le proporcione algún atajo astuto para invertir sus ahorros, mi consejo es que combine las habilidades del matemático con la explotación del conocimiento profundo que personas como Helen han adquirido a través de su formación como historiadores para ser capaces de conjeturar el siguiente episodio de la telenovela que llamamos el mercado de valores. Como ya propuso Newton, a veces el mejor atajo es subirse a hombros de gigantes.

9

LOS ATAJOS DE LAS REDES

☞ *Dibújese la siguiente figura sin levantar el lápiz del papel ni trazar dos veces la misma línea:*

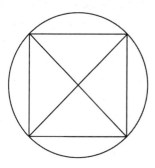

9.1. El desafío del dibujo.

Nuestro viaje a través del mundo moderno está cada vez mejor estructurado por las redes. Los sistemas de carreteras, vías férreas y rutas aéreas nos permiten ir de un rincón a otro del planeta. Hay una gran variedad de aplicaciones que ofrecen los caminos más eficaces a través de esta intrincada red. Empresas como Facebook y Twitter han extendido nuestras interacciones sociales hasta mucho más allá de los habitantes de nuestra propia ciudad. La red decisiva en la que la humanidad pasa horas navegando diariamente es ese mundo alternativo que llamamos Internet. Google se puso en cabeza con un algoritmo, llamado PageRank, para crear atajos en ese mundo, que ayudan a los usuarios a moverse por esta red de casi 2.000 millones de portales. Aunque consideramos que Internet es un fenómeno relativamente nuevo, los primeros atisbos de esta red fueron incubados en el siglo XIX por mi inventor favorito de atajos.

Carl Friedrich Gauss era un apasionado de las matemáticas, pero también de la física, y colaboró con Wilhelm Weber, uno de los físicos más prominentes de Gotinga, en numerosos proyectos. Gauss llegó a descubrir un medio para evitar los largos paseos entre el observatorio de Gotinga y el laboratorio de Weber. En vez de encontrarse en persona, tendió una línea telegráfica entre ambos, que se extendía a través de los tejados de la ciudad a lo largo de tres kilómetros. Gauss y Weber habían comprendido las grandes posibilidades que ofrecía el electromagnetismo para comunicarse a distancia. Elaboraron un código en el que cada letra estaba representada por una sucesión de pulsos eléctricos positivos y negativos. Esto era en 1883, varios años antes de que Samuel Morse llegara a una idea parecida.

Gauss pensó que la idea no pasaba de ser una curiosidad, pero Weber vio la importancia de esta tecnología:

Cuando la Tierra esté cubierta por una red de ferrocarriles y de cables telegráficos, este retículo ofrecerá servicios comparables a los que ofrece el sistema nervioso en el cuerpo humano, en parte como un medio de transporte y en parte como un medio para la propagación de las ideas y las emociones a la velocidad del rayo.

La rápida expansión del telégrafo convierte a Gauss y a Weber en los abuelos de Internet. Su colaboración ha quedado inmortalizada en un monumento que hay en Gotinga con las estatuas de ambos.

Hoy esta red, como auguró Weber, se extiende mucho más allá de los pocos kilómetros de cable que los dos científicos tendieron a través de los tejados de Gotinga. De hecho, es tan compleja que encontrar atajos a través de este tipo de redes se ha convertido en uno de los asuntos centrales de las matemáticas modernas. Estos retículos no solamente pueden estar hechos de cables, sino también de puentes, como el que exploré en un viaje reciente a Rusia.

«LEED A EULER, LEED A EULER; ÉL ES EL MAESTRO DE TODOS NOSOTROS»

Hace unos años, cuando volé a Kaliningrado, insistí en que me dieran un asiento de ventanilla en el corto vuelo desde San Petersburgo. Iba de peregrinaje a una ciudad que es la cuna de una de las historias con las que ha crecido todo matemático, de uno de los atajos más inteligentes que se han concebido en la historia de las matemáticas.

A punto de aterrizar en Kaliningrado, un pequeño enclave de la Federación Rusa separado del territorio principal ruso por Lituania y Polonia, pude ver el río Pregel discurriendo por la ciudad. El río tiene dos cauces que se juntan en Kaliningrado y a partir de ahí fluye hacia el oeste hasta desembocar en el Báltico. Hay una isla en el centro de la ciudad, rodeada por los dos cauces del río. Los puentes que conectan las orillas con la isla son los protagonistas de la historia matemática que ha hecho famosa a Kaliningrado.

La historia se remonta al siglo XVIII, cuando la ciudad tenía otro nombre: Königsberg, lugar de nacimiento de Immanuel Kant y el famoso matemático David Hilbert. Entonces formaba parte de Prusia, y había siete puentes que atravesaban el río Pregel. Entre los residentes se había convertido en un pasatiempo para la tarde del domingo el tratar de ver si se podía dar un paseo por la ciudad cruzando una sola vez cada uno de los puentes. Por mucho que lo intentaban, siempre se topaban con un puente al que ya habían accedido antes. ¿Era realmente imposible o había algún medio de cruzar los siete puentes una sola vez que los lugareños no habían descubierto?

Para ellos, no parecía existir ningún método para intentarlo salvo el de probar todas las rutas posibles a través de los puentes hasta haber agotado todas las posibilidades. Y siempre quedaba la sensación latente de que se les hubiera escapado algún recorrido ingenioso que probara que el desafío sí que tenía en realidad solución.

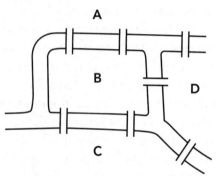

9.2. Los siete puentes de Königsberg que cruzaban el río Pregel en el siglo XVIII.

Tuvo que llegar uno de mis héroes matemáticos, Leonhard Euler, para resolver el rompecabezas de una vez por todas: era imposible cruzar todos los puentes una sola vez. Para dilucidarlo, Euler descubrió un atajo que evitaba tener que probar todas las posibles rutas a través de los puentes.

El matemático suizo Leonhard Euler ya apareció en el capítulo 2, cuando recordé su extraordinaria fórmula, que relaciona entre sí cinco de los números más importantes de las matemáticas. «Leed a Euler, leed a Euler; él es el maestro de todos nosotros», escribió Pierre-Simon Laplace, uno de los matemáticos franceses más prominentes, para destacar la importancia de Euler en esta materia. La mayoría de los matemáticos estará de acuerdo con esta opinión y lo pondrá junto con Gauss entre los más grandes. Incluso el propio Gauss fue un gran admirador suyo: «El estudio de los trabajos de Euler seguirá siendo la mejor escuela para las distintas ramas de las matemáticas y no hay nada que pueda sustituirlos».

Las contribuciones de Euler recorren un amplio y profundo abanico, y entre ellas se encuentra la solución del desafío de los puentes de Königsberg, del que oyó hablar cuando era profesor en la Academia Imperial de las Ciencias en San Petersburgo. Euler no había nacido en San Petersburgo, sino que se había trasladado hasta allí caminando desde Basilea, su ciudad natal, en la que no había encontrado trabajo como matemático. Por lo visto, todas las plazas para matemáticos estaban ya ocupadas. Resulta extraño que una ciudad tan pequeña estuviera inundada de matemáticos. La realidad era más extraña todavía: todos ellos provenían de una misma familia, la familia de los Bernoulli.

Basilea no podía acomodar siquiera a todos los Bernoulli. Daniel Bernoulli había marchado ya hacia San Petersburgo, y fue su invitación la que aseguró un puesto a Euler en la Academia. Antes de que éste partiera, Daniel le había enviado una carta en la que le enumeraba los lujos suizos que echaba de menos en San Petersburgo: «Traiga por favor quince libras de café, una libra del mejor té verde disponible, seis botellas de brandy, doce docenas de cargas de tabaco fino para pipa y unas cuantas docenas de barajas».

Cargado con todas estas provisiones, y viajando en barco, a pie y en coches correo, Euler tardó siete semanas en ir desde Basilea a San Petersburgo, adonde llegó en mayo de 1727 para tomar posesión de su plaza.

Al principio, el problema de los puentes de Königsberg fue para Euler poco más que un ligero descanso intercalado entre los complicados cálculos en los que se había sumido. En 1736 escribió una carta a Giovanni Marinoni, astrónomo de la corte en Viena, en la que describía lo que pensaba del problema:

Esta cuestión es muy banal, pero me pareció digna de atención porque ni la geometría, ni el álgebra, ni siquiera el arte de contar eran suficientes para resolverla. A la vista de esto, se me ocurrió preguntarme si pertenecería a la geometría de posición, que tanto había anhelado Leibniz en cierta ocasión. Y así, después de algunas deliberaciones, obtuve una regla sencilla, pero completamente demostrada, con ayuda de la cual se puede decidir en todos los ejemplos posibles de este tipo si existe o no una ruta del tipo deseado.

El salto conceptual importante que dio Euler es que las dimensiones físicas de la ciudad eran irrelevantes. Lo importante era cómo estaban interconectados los puentes. El mismo principio se aplica al plano del metro de Londres, que no es un mapa físicamente exacto, sino que recoge la información de cómo están conectadas las estaciones entre sí. Si se analiza el plano de Königsberg, igual que los barrios de Londres se convierten en puntos en el plano del metro, cada una de las cuatro regiones de tierra interconectadas por los puentes podrían quedar reducidas a un punto, con los puentes representados por líneas que unen los puntos entre sí. El problema de si existe o no un trayecto del tipo deseado a través de los puentes era entonces equivalente al problema de si es o no posible dibujar la figura resultante sin levantar el lápiz del papel y sin trazar dos veces una misma línea.

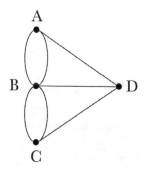

9.3. El diagrama de la red formada por los puentes de Königsberg.

¿Por qué era esto imposible? Aunque probablemente Euler nunca trazó este diagrama conceptual de la red formada por los puentes de Königsberg, su análisis prueba que, si fuera posible un paseo, cada punto visitado a medio camino debería tener una línea de entrada y una línea de salida. Si visitáramos el mismo punto otra vez, sería porque habría un nuevo puente que llegaría hasta él y debería haber entonces otro más para salir de él. Y, por lo tanto, tendría que haber un número par de líneas que convergieran en cada punto. Las únicas excepciones a esta regla se darían en el punto de salida y en el punto de llegada del paseo. En el punto de partida debería haber una línea adicional para salir y en el punto de llegada una línea adicional para llegar. Para que sea posible un paseo sobre un grafo cualquiera, no debe haber en él más de dos puntos—el punto de salida y el de llegada—de los que partan un número impar de líneas.

Pero si miramos el grafo correspondiente a los siete puentes de Königsberg, de cada punto parten un número impar de líneas. Con tantos puntos de los que brotan un número impar de líneas o puentes, vemos que es imposible dar un paseo por la ciudad cruzando cada puente una sola vez.

Éste es uno de mis ejemplos favoritos de lo que es un atajo. En vez de probar las innumerables maneras de trazar una ruta a lo largo del mapa, este sencillo análisis del número de puntos con un número impar de líneas o puentes que parten de ellos revela inmediatamente que no existe un paseo como el que se busca.

La belleza del análisis de Euler radica en que no se aplica únicamente a Königsberg. Euler probó que en cualquier red que dibujemos a base de puntos y líneas, si el número de aristas que parten de un punto es siempre par, entonces siempre habrá un camino que recorra todas las aristas una sola vez. Si hay exactamente dos puntos de los cuales parten un número impar de aristas, también es posible un camino de ese tipo, en el que esos dos puntos son el punto de salida y el punto de llegada del paseo. No importa lo complicado que sea el entramado; este análisis tan sencillo del número de nodos con un número impar de aristas proporciona un atajo para saber si el retículo es explorable del modo deseado o no.

Königsberg tenía solamente siete puentes, pero hace poco los matemáticos de Bristol aplicaron el atajo de Euler a los 45 puentes que cruzan el complejo entramado de vías fluviales que recorren la ciudad inglesa. Königsberg tenía una sola isla, pero Bristol tiene tres: Spike Island, St Philips y Redcliffe.

En principio, no está nada claro que sea posible dar un paseo por la ciudad que pase una sola vez por cada uno de los 45 puentes, pero usando el atajo de Euler se ve que el número de nodos con un número impar de aristas que hay en el grafo que representa el entramado de puentes que conecta las diversas zonas cumple el requisito para que sea posible el paseo. El primer recorrido por los puentes con acceso peatonal de Bristol fue diseñado por Thilo Gross en 2013, cuando era profesor de Matemáticas para ingenieros en la Universidad de Bristol. «Después de haber encontrado una solución, lo normal es que la recorriera a pie—dijo—. En el primer paseo que di por los puentes de Bristol tardé once horas y recorrí unos 53 kilómetros».

El atajo de Euler de hecho me ayudó en una sesión de pruebas psicométricas a las que tuve que someterme para solicitar un puesto de trabajo cuando era más joven. La prueba incluía una serie de grafos y la tarea consistía en dibujarlos sin levantar el lápiz del papel y sin trazar dos veces la misma línea. Se dejaba caer que la tarea era posible y parecía que lo que les interesaba era comprobar si uno era capaz de completarla. Pero en realidad, la idea era detectar la honradez de los solicitantes, ya que uno de los tres retículos era imposible de dibujar. Como en el grafo de los puentes de Königsberg, había más de dos nodos de los que partía un número impar de líneas.

Obviamente, el sesudo ensayo que adjunté al reto sin solución, en el que explicaba por qué la tarea era imposible en virtud del atajo de Euler, tampoco cayó nada bien. No conseguí el trabajo.

HEURÍSTICA HUMANA

La gran idea de Euler fue centrarse en la característica esencial del plano de Königsberg, la que era importante para la resolución del problema. No importaba la distancia que habría que recorrer o el aspecto y forma de los puentes. Aquí la pericia fue descartar toda la información superflua y retener la cualidad o propiedad característica del mapa que era fundamental para explorar la posibilidad del recorrido planteado. Esta idea de descartar la información irrelevante es la clave de muchos atajos. Es la idea que hay detrás del uso humano de la heurística: cómo ignoramos parte de la información o la condensamos, consciente o inconscientemente, con el fin de simplificar las tareas que afrontamos y aligerar la carga cognitiva. Como humanos, muchas veces hemos tenido que tomar decisiones con el tiempo o los recursos mentales limitados, así que debemos encontrar medios eficaces de seleccionar los aspectos del problema que contribuyen a su solución sin malgastar innecesariamente nuestros preciosos recursos mentales.

En sus revolucionarios trabajos, los psicólogos Amos Tversky y Daniel Kahneman identificaron tres estrategias claves que usamos como atajos mentales para tomar decisiones. Utilizamos la idea de los patrones que engloban diferentes sucesos, que ellos llaman *representatividad*. Ésta es ciertamente una característica que yo exploto en las matemáticas para evitar tener que pensar dos veces un mismo problema. La segunda estrategia se llama *anclaje y ajuste*. Es un proceso que arranca con una información que comprendemos o sabemos, el anclaje, e interpretamos otras situaciones comparándolas con ella. La estrategia final es la heurística de *disponibilidad*, que usa nuestros conocimientos próximos para evaluar una situación más general.

Claramente las dos últimas son muy propensas a producir sesgos, ya que en general no tenemos anclajes muy firmes o conocimientos próximos tremendamente representativos. En su libro *Pensar rápido, pensar despacio*, un ensayo enormemente influyente en el que trata sobre las limitaciones de la heurística humana, Kahneman da ejemplos de cómo el simple hecho de mencionar una cifra antes de formular una pregunta puede distorsionar las estimaciones de las personas. Por ejemplo, mencionando los años 1215 y 1992, consiguieron influenciar las estimaciones de los participantes al ser interrogados sobre el primer año en el que

Einstein visitó Estados Unidos (1921), arrastrándolos hacia fechas más o menos recientes que las que daban los participantes que contestaban la pregunta sin un anclaje, aunque los años que funcionaban como anclajes claramente no tenían nada que ver con la respuesta.

Los atajos matemáticos que hemos descubierto a lo largo de los siglos son un intento de superar los atajos evolutivos que pueden fallar cuando los problemas se vuelven más complejos. Este tipo de heurística podría habernos ayudado a explorar nuestra parcela de la sabana, donde había pocas probabilidades de que las cosas cambiasen mucho, pero no son demasiado útiles para tratar de entender verdades universales.

La clave para una buena heurística es comprender, como hizo Euler en Königsberg, que la naturaleza de los puentes, las distancias entre ellos o la geografía de la ciudad no eran relevantes para el problema. Solamente el modo en que las masas de tierra se conectaban entre sí era importante para resolver el desafío.

Llegado a Kaliningrado, sentí curiosidad por saber cuántos de los siete puentes habían sobrevivido en la ciudad moderna. Al ser un puerto importante del Báltico, fue un punto estratégico básico para la flota alemana durante la Segunda Guerra Mundial y sufrió bombardeos devastadores de los aliados. Gran parte de la ciudad histórica quedó reducida a escombros, incluida la famosa universidad situada en su isla central, en la que recibieron su formación académica Kant y Hilbert. Entonces, ¿qué pasó con los puentes?

Tres de los puentes anteriores a la guerra todavía estaban allí. Dos habían desaparecido completamente. Los dos restantes habían sido bombardeados durante la guerra, pero fueron reconstruidos después y están incluidos ahora en una ancha autovía que atraviesa la ciudad. Sin embargo, han aparecido dos nuevos puentes: uno para el ferrocarril, que según averigüé puede ser usado también por los peatones y que une las dos orillas del río Pregel al oeste de la ciudad, y un puente peatonal que se llama Kaiserbrücke. Hay otra vez siete puentes, pero ahora con una distribución ligeramente distinta a la que tenían en el siglo XVIII, cuando los analizó Euler. La belleza de su atajo, por supuesto, reside en que es igualmente aplicable sea cual sea el número de puentes o su distribución. Así que lo primero que se me ocurrió fue comprobar si sería posible un recorrido completo por los puentes actuales.

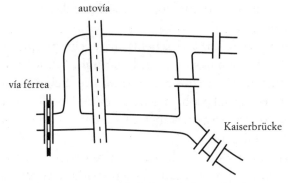

9.4. Los siete puentes de Kaliningrado en el siglo XXI.

Recuérdese que el análisis matemático de Euler mostraba que si había exactamente dos puntos de los que partían un número impar de puentes, entonces siempre es posible un recorrido: se parte de uno de los puntos y se termina en el otro. Si se examina el plano actual de los puentes de Kaliningrado, se ve que sí que es posible uno de estos recorridos. Saliendo de la isla del centro de la ciudad, me puse en marcha con emoción para completar mi peregrinaje por los siete puentes modernos de Kaliningrado.

La historia de los puentes de Königsberg es también el comienzo de una rama muy importante de las matemáticas,

que es muy relevante para este mundo nuestro tan interconectado digitalmente: el análisis de redes. Y el desarrollo de atajos para moverse por redes complejas como Internet ha hecho ganar mucho dinero a algunos matemáticos.

LOS ATAJOS DE INTERNET

Hay más de 1.700 millones de portales de Internet. Pero
a pesar de este número apabullante de sitios, el motor de
búsqueda de Google aún se las apaña para encontrar rápidamente la información que queremos conseguir. Sería fácil pensar que esto es fruto de un poder enorme de computación, y ciertamente ésta es parte de la ecuación. Pero
es el modo de buscar que aplica Google el que ha convertido esta plataforma en una herramienta imprescindible.

En el pasado, los motores de búsqueda rastrearían los
portales de la red que más veces mencionasen los términos
introducidos en el formulario de búsqueda. Al buscar detalles biográficos sobre Gauss, la introducción de los términos «Gauss biografía» hubieran arrojado como resultado los portales de Internet en los que más veces aparecen
estas dos palabras.

Pero si quisiera por ejemplo propagar algunos detalles
biográficos falsos sobre Gauss, introduciendo en los meta-
datos de mi página web muchas veces las palabras *Gauss* y
biografía podría asegurarme de que esas noticias falsas sobre Gauss se situaran a la cabeza de la lista. Una búsqueda de palabras sin más matices no proporcionaba un modo
efectivo de encontrar los sitios de Internet que nos intere-
saban.

Dos licenciados de Stanford, Larry Page y Sergey Brin,
trabajando en un garaje de Menlo Park, descubrieron una
solución mucho más eficaz para el problema de encontrar

la mejor manera de ordenar por importancia las biografías de Gauss y poner en cabeza de la respuesta a la búsqueda la más fiable de todas ellas. Decidieron explotar una táctica ingeniosa: usar Internet mismo para que nos diga cuáles son los portales más importantes. La idea es que la relevancia de un portal de Internet podría quedar reflejada en el número de portales que incluyeran un enlace al mismo. Un portal legítimo que detallase la biografía de Gauss estaría vinculado a otros portales interesados en el mismo asunto.

Pero si se juzgara la importancia de un portal simplemente por el número de vínculos con otros portales, tendría un modo muy fácil de colocar fraudulentamente mi página web como la primera de la lista. Construyendo miles de portales falsos que estuvieran enlazados a mi página web sobre la «Biografía de Gauss», podría en principio hacer que mi página pareciera la más importante de todas.

Page y Brin tenían una estrategia para poner coto a este tipo de fraudes. Un portal solamente puede subir hasta los primeros puestos de la clasificación si los portales vinculados con él también lo están. Un momento. Esto parece una merluza que se muerde la cola. Tengo que saber qué portales de los que están enlazados con mi página web se hallan en una posición alta. Pero su posición la consiguen gracias a los vínculos que tienen con portales que están en una posición alta. Parece que nos hemos metido en una regresión infinita.

El modo de resolver esto es considerar que todos los portales tienen el mismo estatus de partida. Empezamos por asignar a cada portal una puntuación de 10 estrellas. Pero luego procedemos a redistribuir las estrellas. Si un portal propone enlaces con otros cinco, damos dos de sus estrellas a cada uno de estos portales; si propone enlaces solamente con otros dos, cada uno de ellos recibe cinco estrellas. Aunque el portal original se queda así sin estrellas, lo normal es que haya otros portales que propongan enlaces hacia él y que le darán por tanto una parte de sus estrellas.

Si se prosigue redistribuyendo estrellas entre unos portales y otros, empieza uno a ver que ciertos portales dominantes empiezan a recopilar más estrellas. El hecho de estar sencillamente citado en mis mil portales falsos se revela pronto como el fraude que es. A la primera vuelta, todos esos portales se quedan sin estrellas y ya no pueden ayudarme a mantener el nivel de mi portal de noticias falsas. Muy rápidamente mi página web se queda también sin estrellas y se hunde en la lista de los portales que está valorando el algoritmo. Existen algunos detalles más que hay que desarrollar para implementar la idea, pero en esencia es así como Google clasifica los portales.

Sin embargo, se necesita tiempo y capacidad de cálculo para analizar cómo fluyen las estrellas por la red. Entonces Brin y Page se dieron cuenta de que había un atajo para elaborar la clasificación. En sus tiempos de estudiantes les habían enseñado un concepto matemático bastante misterioso y esotérico llamado «valor propio de una matriz».

Lo que hace esta herramienta matemática es identificar en diversos contextos dinámicos ciertas partes del sistema que permanecen estables. Fue usado por primera vez por Euler al considerar una esfera giratoria. Si tomamos un globo terráqueo con los países del mundo pintados sobre él, y lo movemos y giramos como queramos en nuestras manos, siempre es posible, a partir de su posición final, fijar dos puntos antipodales de modo que una rotación en torno al eje que pasa por esos dos puntos recoloque al globo en su posición original. Esto significa esencialmente que cualquier movimiento del globo puede conseguirse con una sencilla rotación en torno a algún eje.

Los valores propios de una matriz proporcionan una demostración de que siempre existe un eje de rotación y un método para determinar los dos puntos estables por los que pasa dicho eje. Es notable la cantidad de situaciones dinámicas diferentes en las que esta técnica permite identificar puntos de estabilidad. Por ejemplo, los valores propios de una matriz son cruciales para identificar los niveles de energía estables de un sistema cuántico. Son también la clave para determinar las frecuencias de resonancia de un instrumento musical.

Brin y Page se percataron de que también eran el secreto para identificar cómo se acabarían estabilizando las estrellas una vez distribuidas por la red. Igual que los valores propios encuentran los niveles de energía estable o los puntos estables de una esfera que gira, también ayudan a determinar cómo asignar estrellas de modo que su número no se altere posteriormente, cuando se procede a su redistribución por la red. Así que en vez de poner en marcha un proceso iterativo y esperar a que se llegue a un estado de equilibrio, los valores propios de una matriz suponían un atajo inteligente para calcular el rango de cada portal de Internet.

Aunque mis intentos de promocionar una página web falsa con la biografía de Gauss quedaran frustrados, para las empresas sigue siendo importante comprender cómo funciona el atajo de Brin y Page. Hay cosas que puede hacer una empresa para asegurarse de que el atajo de Google señale un camino que pase por su portal. Pequeñas perturbaciones del algoritmo de Google pueden hacer que el atajo cambie ligeramente de itinerario, haciendo que nuestra empresa baje su puntuación en la clasificación. Es preciso saber entonces qué cambios hay que hacer para que nuestro portal vuelva a estar en la ruta principal.

A veces el desafío consiste en saber cómo ir de un punto a otro de la red por el camino más corto posible. ¿Existen atajos ingeniosos? Pensemos en la red de conexiones sociales a lo largo y ancho del planeta. Si escogemos dos personas al azar, ¿cuál es la cadena de amistades más corta que conecta a una con otra? La sorpresa es que esta cadena tiene muy pocos eslabones.

La cuestión fue planteada por primera vez en un cuento titulado «Cadenas», escrito por el autor húngaro Frigyes Karinthy en 1929. En él, el protagonista especula con la idea de que esta red tiene atajos sorprendentes entre sus cadenas de enlaces:

De esta discusión surgió un juego fascinante. Uno de nosotros sugirió que realizáramos el siguiente experimento para demostrar que la población de la Tierra está ahora mucho más interconectada que lo que ha estado nunca. Elegiríamos una persona cualquiera entre los 1.500 millones de habitantes de la Tierra —una cualquiera, en cualquier lugar—. Él apostó a que, a través de no más de *cinco* individuos, el primero de ellos un conocido directo, podría contactar con la persona seleccionada utilizando sólo la red de relaciones personales mutuas.

Hubo que esperar otros treinta años para poder poner a prueba este juego imaginario. En un famoso experimento dirigido por el psicólogo estadounidense Stanley Milgram en la década de 1960, se eligió como destinatario a un corredor de bolsa amigo de Milgram que vivía en Boston. Milgram decidió seleccionar dos ciudades de Estados Unidos que estuvieran lo más lejos posible, tanto geográfica como socialmente, del destinatario de Boston: Omaha, en Nebraska, y Wichita, en Kansas. Se enviaron entonces cartas al azar a personas que vivían en estas dos ciudades, con instrucciones para tratar de reenviar la carta al corredor de bolsa mencionado. El quid estaba en que no se proporcionaba dirección alguna del mismo. Si el receptor no conocía al destinatario, se le pedía que reenviara la carta a algún amigo de su red de contactos personales que en su opinión estuviera mejor situado para remitir la carta a su destinatario.

De las 296 cartas que se enviaron, 232 nunca llegaron a su destino en Boston. Pero las que llegaron lo hicieron después de sufrir, de media, seis envíos desde que partieron del primer receptor al azar hasta que llegaron finalmente a su destinatario. Había ciertamente cinco individuos interpuestos entre el comienzo y el final de la cadena.

Este experimento condujo al famoso fenómeno conocido como los seis grados de separación. La expresión la popularizó John Guare con su obra de teatro del mismo título. Como declara uno de los protagonistas hacia el final de la obra:

Leí en algún sitio que dos personas cualesquiera del planeta están separadas entre sí solamente por otras seis personas. Seis grados de separación. Entre yo y cualquier otra persona del planeta. El presidente de Estados Unidos. Un gondolero de Venecia. Pon un nombre. No solamente nombres famosos. Cualquiera. Un nativo de la selva tropical. Un habitante de la Tierra del Fuego. Un esquimal. Estoy vinculado con cualquier otro habitante del planeta por una ruta de seis personas.

En esta era digital estamos más interconectados que nunca y formamos una red que podemos explorar mucho más fácilmente que reenviando cartas por medio del sistema postal de Estados Unidos. En 2007, un conjunto de datos sobre mensajes basado en 30.000 millones de conversaciones entre 240 millones de personas reveló que la longitud media de la ruta que conecta a dos personas era ciertamente 6. Un artículo publicado en 2011 desveló que a través de Twitter dos usuarios pueden conectarse mediante una cadena que está formada de media por solamente 3,43 usuarios.

¿Por qué las redes sociales presentan estos atajos? Ciertamente esto no ocurre en todas las redes. Consideremos por ejemplo 100 nodos situados sobre un círculo, cada uno unido solamente a los dos más próximos. Para ir de un extremo al otro de esta red se requieren 50 apretones de mano. Una red en la que uno puede moverse entre dos puntos cualesquiera a través de un número pequeño de conexiones recibe el nombre de *red de mundo pequeño*.

Resulta que hay un número extraordinariamente grande de redes que son ejemplos de redes de mundo pequeño. No solamente nuestras conexiones sociales y a través de Internet forman una de tales redes. Las conexiones neuronales en los seres vivos, desde el gusano nematodo *C. Elegans* con sus 302 nodos hasta el cerebro humano con sus 86.000 millones de neuronas parecen ser ejemplos de redes de mundo pequeño. Esto permite a una neurona del sistema comunicarse rápidamente con cualquier otra mediante un corto número de sinapsis. Las redes del servicio eléctrico son redes de mundo pequeño, al igual que las redes aeroportuarias y las alimentarias. ¿Qué es lo que convierte a éstas en redes de mundo pequeño?

Dos matemáticos, Duncan Watts y Steve Strogatz, descubrieron el secreto y lo publicaron en un artículo en la revista *Nature* en 1998. Si tomamos un conjunto de nodos y creamos vínculos locales entre los que están próximos entre sí, el resultado que obtendremos en general será parecido a la red sobre el círculo descrita más arriba, en la que son necesarios largos trayectos para interconectar nodos de la red elegidos aleatoriamente. Pero Watts y Strogatz descubrieron que en cuanto se añaden unos pocos enlaces globales en la red empiezan a aparecer atajos. Es como si todo el mundo se conociera entre sí en Boston, pero surgiera de pronto alguien que tiene una tía que vive en Kansas, lo que proporcionaría el modo de conectar al vecindario de las dos comunidades de una manera más global. En el gusano *C. Elegans* se ve la misma arquitectura. Las neuronas se disponen alrededor de un círculo, pero a través del círculo se ven enlaces que conectan entre sí a neuronas más alejadas. Parece que el cerebro humano tiene una estructura parecida. Muchas conexiones locales con unas pocas sinapsis largas que enlazan entre sí zonas dispares del cerebro.

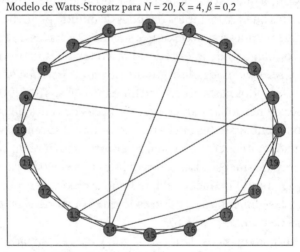

Modelo de Watts-Strogatz para $N = 20$, $K = 4$, $\beta = 0{,}2$

9.5. Un ejemplo de red de mundo pequeño.

Las redes aeroportuarias funcionan de un modo parecido, con unos pocos aeropuertos que actúan como centros que conectan el mundo con vuelos de larga distancia. Después, dentro de cada región, hay muchos vuelos de corta distancia que trasladan a los viajeros desde el centro a sus destinos locales.

Usando su modelo matemático, Watts y Strogatz pudieron demostrar que en una red con *N* nodos en la que cada nodo tiene *K* conocidos vinculados de este modo, combinando lo local con lo global, el trayecto medio entre dos puntos del retículo elegidos al azar viene dado por la fórmula

$$\log N/\log K$$

donde log corresponde a la función logaritmo elaborada por John Napier para abreviar los cálculos. Si hacemos *N* igual a 6.000 millones y conectamos cada uno de esos puntos con 30 conocidos, resulta que el número de grados de separación es igual a... 6,6.

A la hora de diseñar una red, sea social, física o virtual, normalmente desearemos que haya atajos en ella que permitan acortar las conexiones. Ahora ya sabemos cómo elaborar ese tipo de sistemas. Para crear una red con esa propiedad característica de las redes de mundo pequeño, en las que existen sorprendentes atajos para ir de un extremo al otro de la red, parece que basta añadirle una remesa de conexiones globales elegidas al azar.

EL CEREBRO DE GAUSS

Cuando en 1855 murió Gauss, donó su cerebro a la ciencia. Su amigo y colega Rudolf Wagner, un fisiólogo de la Universidad de Gotinga, asumió la tarea de diseccionarlo para comprobar si había algo especial en él que hubiera hecho a Gauss tan hábil en la tarea de buscar atajos matemáticos. Esta investigación formó parte de un proyecto más amplio patrocinado por la universidad que pretendía dilucidar si existían o no algunas diferencias estructurales entre los cerebros de las elites y los de las personas de a pie. En vez de limitarse a mediciones rudimentarias como el volumen o el peso, Wagner adelantó que el córtex del cerebro de Gauss era mucho más complejo que el de un cerebro normal.

Su trabajo se complementaba con un conjunto de grabados en cobre y litografías que realizó uno de los miembros de su equipo. Más recientemente, con ayuda de la moderna imagen por resonancia magnética funcional de alta resolución, un equipo investigador de Gotinga ha confirmado que existe una conectividad bastante insólita entre dos regiones del hemisferio izquierdo del cerebro de Gauss. Sin embargo, el equipo tuvo que superar una extraña confusión que se había producido en la colección. Resulta que el que durante años se había creído que era el cerebro de Gauss era de hecho el de otro personaje de la elite de Gotinga, Conrad Heinrich Fuchs, que murió el mismo año que Gauss. Parece que los especímenes habían sido intercambiados después de que Wagner hiciera los análisis y se dibujaran los diagramas. Solamente cuando el equipo comparó las imágenes por resonancia magnética funcional con los dibujos originales se pudo detectar la confusión.

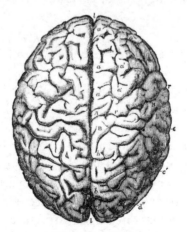

9.6. El cerebro de Gauss.

El proyecto de Gotinga, iniciado en el siglo XIX, para comprender la estructura especial de los cerebros de los pensadores de elite continúa hoy en día. Más recientemente, miembros del departamento de Anatomía de la Universidad de Louisville en Kentucky han estado estudiando los cerebros de científicos—o «supernormales», como los llaman ellos—ya fallecidos. El profesor Manuel Casanova, que dirigió la investigación, detectó diferencias estructurales en los cerebros de los especialistas científicos.

Parece que la abundancia de conexiones locales cortas produce cerebros que se especializan en modos concentrados de pensar. Se trata de individuos que aprovechan el poder de regiones concretas del cerebro. Por el contrario, los cerebros con conexiones largas, que unen regiones dispersas, son buenos a la hora de crear nuevas ideas y pensamientos innovadores.

Es interesante señalar que esto parece corresponder a una dicotomía que ha surgido entre diferentes estilos de pensamiento. «El zorro sabe de muchas cosas, pero el erizo sabe mucho de una sola», escribió Arquíloco, el poeta de la antigua Grecia. Esta idea fue el trampolín del penetrante ensayo del filósofo Isaiah Berlin que persigue dividir los pensadores en dos categorías. Los zorros sacan partido de una amplia gama de intereses, un proceso de pensamiento horizontal. El erizo piensa en profundidad, con un proceso mental que funciona verticalmente, perpendicular al de los zorros. Los zorros se interesan por todo. El erizo se mantiene firme en sus obsesiones.

Si la abundancia de conexiones de corto alcance caracteriza al erizo y la abundancia de conexiones de largo alcance al zorro, un cerebro que pudiera combinar muchas de estas conexiones cortas con enlaces largos, ¿no daría como resultado alguien que podría combinar las habilidades del erizo y del zorro? Eso sería lo ideal, pero el hecho es que el cableado del cerebro requiere espacio y también actividad metabólica. Y mientras tengamos las limitaciones que impone el cráneo, es imposible fusionar las dos opciones.

Pero hay una alternativa: la colaboración. Gauss colaboró con Weber para crear la primera línea telegráfica, que acabaría dando paso a Internet. Compartiendo nuestras habilidades y creando vínculos de largo alcance entre mentes especializadas en distintas disciplinas es como podemos conseguir que surja algo nuevo y fascinante. Los frutos a nuestro alcance pueden encontrarse en las zonas limítrofes entre disciplinas diferentes. Aprendiendo el lenguaje que habla una persona que no trabaja en nuestro campo y aplicándolo al problema que nos ocupa podemos conseguir ganancias fáciles. Por eso, sea cual sea nuestro campo de trabajo, el hecho de aprender las ideas de otra disciplina podría capacitarnos a las dos partes para encontrar un atajo que nos lleve a la vez hasta el otro lado.

Quizá la fusión perfecta entre zorro y erizo sea la colaboración entre el ser humano y las máquinas. Aunque este libro pretende celebrar la capacidad, inequívocamente humana, de rastrear los atajos, estoy dispuesto también a no minusvalorar lo que pueden ofrecer las máquinas. En definitiva, como la máquina es capaz de usar la fuerza bruta para calcular más cosas y más rápidamente, combinándola con la penetración humana para detectar atajos se podrá alcanzar el destino propuesto, fuera del alcance individual tanto del ser humano como de la máquina.

SOLUCIÓN AL PROBLEMA

El problema del comienzo del capítulo es el desafío que me pusieron en la prueba psicométrica el día de mi entrevista de trabajo. Gracias al atajo de Euler, yo sabía que era imposible dibujar esa figura, ya que tiene más de dos nodos de los que parte un número impar de aristas. Sin embargo, usando un truco, sí que se puede dibujar ese diagrama. Tomamos un trozo de papel y plegamos hacia arriba su cuarta parte inferior. Dibujamos un cuadrado, empezando por la esquina superior izquierda y asegurándonos de que la base del cuadrado quede dibujada sobre la porción de papel doblado, manteniendo en todo momento, hasta completar el cuadrado, el lápiz en contacto con el papel. Al desdoblar la hoja, quedan tres lados del cuadrado y el lápiz está en su vértice superior izquierdo. Si analizamos el diagrama que queda por trazar, veremos que supera la prueba de Euler.

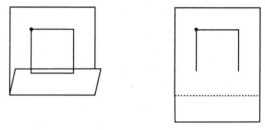

9.6. El truco para dibujar la figura: doblar el papel.

Atajo hacia el atajo

Las redes están por todas partes: la estructura de una empresa, el cableado de un ordenador, la interdependencia entre distintas acciones financieras, las redes de transporte, las interacciones celulares en nuestro cuerpo, las relaciones entre los protagonistas de una novela, nuestras redes sociales. Siempre que tengamos una colección de objetos y relaciones entre ellos, tendremos una red. Merece la pena analizar cualquier estructura que pretendamos comprender para ver si oculta una red en su interior. Porque una vez identificada una red, las matemáticas proporcionan atajos que nos ayudan a explorar su arquitectura. Herramientas para localizar los nodos más importantes de la red. Estrategias para transformar las redes en redes de mundo pequeño con vías rápidas para ir de un extremo al otro. Mapas topológicos que descartan la información irrelevante y nos ayudan a ver qué pasa realmente.

Parada en boxes: la neurociencia

Con frecuencia las mejores ideas parecen surgir de la nada, como si no pensar ayudara al cerebro a encontrar atajos que llevan a la respuesta. El filósofo Michael Polanyi opinaba que este proceso mental tácito en el que el cerebro se aprovecha de argumentos subconscientes inarticulados es la clave del poder del pensamiento. Y resumió su tesis en esta frase: «Podemos saber más de lo que podemos decir».

Esta misma es ciertamente mi experiencia en lo que afecta a la creación matemática. Esa sensación de «ver» la respuesta, aunque no esté del todo seguro de por qué siento que es la correcta. Así es como consigo llegar a conjeturas sobre cómo creo que se distribuye el paisaje matemático. Siento la existencia de una lejana cumbre sin saber en absoluto cómo construir un camino que me lleve hasta ella.

Muchos matemáticos han hablado sobre destellos de intuición, que es el camino que el cerebro parece elegir para introducir una idea en nuestra conciencia. Trabaja primero en el subconsciente, y una vez que ha descubierto una solución, sabe cómo lanzarla sobre el escenario de la conciencia. Yo he tenido estos destellos de inspiración, que van acompañados por un proceso a menudo doloroso de recomposición de la lógica que siguió el subconsciente para llegar a la conclusión.

El matemático Henri Poincaré describió una famosa ocasión en la que estuvo trabajando en un problema sin lograr ningún avance. Solamente estando fuera de su despacho, dejando que su mente vagara en libertad, en el mismo momento en el que puso el pie en la escalerilla para subir a un autobús en Coutances, fue súbitamente consciente de cómo se resolvía el desafío: «Justo al poner el pie en el estribo, sin que ninguno de mis pensamientos precedentes pareciese haberla propiciado, me vino la idea de que las transformaciones que había usado para definir las funciones fuchsianas eran idénticas a las de la geometría no euclídea».

Alan Turing tuvo una experiencia similar cuando estaba trabajando sobre su idea de las máquinas de Turing. Después de trabajar intensamente en sus aposentos, solía salir a correr a orillas del río Cam, en Cambridge, con el fin de relajarse. Estaba tumbado sobre la hierba en las praderas cercanas a Grantchester cuando comprendió cómo se podrían usar las propiedades matemáticas de los números irracionales para mostrar por qué sus máquinas tenían limitaciones que restringían el dominio de lo que podían calcular.

Para saber más sobre este proceso de resolver un problema dejando de pensar en él, decidí ponerme en contacto con el neurocientífico Ognjen Amidzic, que ha estado explorando el funcionamiento del cerebro de diversas personas que viven sumidas en la investigación de sus correspondientes especialidades.

Amidzic no tenía pensado convertirse en neurocientífico. Soñaba con ser gran maestro de ajedrez. Pasó miles de horas practicando, e incluso emigró de la antigua Yugoslavia a Rusia para poder entrenarse con los mejores expertos del mundo. Pero finalmente se estancó. No pudo pasar del título de experto.

Entonces decidió investigar si había algo en el modo en que estaba interconectado su cerebro que le suponía alguna desventaja. Así que se formó como neurocientífico y empezó a investigar si había una actividad cerebral distinta entre amateurs y grandes maestros que pudiera identificar.

Para mostrarme sus descubrimientos, me invitó a jugar una partida de ajedrez contra uno de los grandes maestros británicos, Stuart Conquest, y nos sometió a ambos a una magnetoencefalografía a fin de poner de manifiesto las diferencias entre nuestras actividades cerebrales. Por supuesto, yo no estoy cerca del título de gran maestro, ni siquiera del de experto, pero sí puedo pensar con lógica y analizar una situación en el tablero de ajedrez para decidir qué movimiento me conviene.

Perdí la partida rápidamente. Pero éste no era el resultado que me interesaba. Lo más llamativo fueron los resultados de las magnetoencefalografías. Resultó que al jugar habíamos estado usando regiones muy diferentes del cerebro. Por lo visto, yo había consumido más recursos cerebrales, pero con menos éxito.

Las investigaciones de Amidzic han revelado que un jugador amateur de ajedrez como yo utiliza el lóbulo temporal medial, que se encuentra en el centro del cerebro. Esto concuerda con la interpretación de que la agudeza mental del amateur se centra en al análisis de nuevas jugadas inusuales durante la partida. Podría equipararse con un análisis verbal y consciente de las consecuencias de cada posible jugada, y el jugador amateur podría probablemente expresarlo en voz alta a modo de comentario de su proceso mental.

Por el contrario, el gran maestro había utilizado los córtex frontal y parietal, prescindiendo completamente del lóbulo temporal medial. Ésta es un área del cerebro que suele asociarse con la intuición. En ella accedemos a los recuerdos más antiguos y es la que se pone en marcha en los procesos mentales más subconscientes. Un gran maestro podría intuir que una jugada es buena, aunque no pudiera argumentar por qué. El cerebro no está trabajando duro para proporcionar una lógica que respalde la intuición, como en el caso del jugador amateur, y por eso no malgasta energía en el lóbulo temporal medial. El gran maestro estaba ahorrándose el pensamiento consciente para llegar a una solución.

Era como si mi cerebro hubiera estado corriendo de un lado a otro como una gacela enloquecida, mientras el gran maestro permanecía sentado como un león oculto entre la hierba, sin gastar la energía sobrante, a la espera de lanzar el ataque asesino.

No sin controversia, Amidzic cree que la actividad cerebral de una persona no varía mucho con la práctica. Opina que después de escanear el cerebro de un jugador amateur de ajedrez es posible decir si es apto o no para convertirse en un gran maestro, porque los grandes maestros, incluso al principio mismo de su carrera, ya hacen uso de los córtex frontal y parietal cuando juegan: «Todo el mundo desea creer que puede conseguirlo, que puede llegar a ser lo que desea, y si no es capaz de conseguirlo nunca, siempre hay algo o alguien a quien echarle la culpa, a su madre, al Gobierno, al poco apoyo por parte de su padre, a la falta de dinero..., a lo que sea, con tal de tener una explicación».

Pero Amidzic cree que no es cuestión de horas ni del acceso a grandes recursos docentes o educativos, sino fundamentalmente de genética: «Uno nace gran maestro o jugador normal de ajedrez, nace gran matemático o músico o jugador de fútbol—afirma—. La gente nace, no se hace. Sencillamente, no creo que se pueda crear un genio, y no veo por ninguna parte pruebas que apoyen lo contrario».

Amidzic recuerda que escaneó el cerebro de un niño cuyo padre deseaba fervientemente que llegara a gran maestro y pudo asegurar que su cerebro estaba estancado valiéndose del análisis del lóbulo temporal medial. Sostuvo que el muchacho nunca superaría el rango de jugador experto y aconsejó al padre que le buscara otra carrera. Parece ser que el padre desoyó el consejo y algún tiempo después se confirmó que Amidzic había acertado en su pronóstico.

Amidzic sostiene que la clave está en encontrar una actividad para la que el cerebro tenga una buena intuición. En su propio caso, cree que al final era la neurociencia y no el ajedrez la disciplina en la cual estaba destinado a destacar: «La vida es caprichosa. He conseguido más fama con esto que la que hubiera conseguido como jugador de ajedrez».

Después de analizar mi actividad cerebral mientras jugaba al ajedrez, quedó probado que seguramente yo tampoco hubiera llegado a ser nunca un gran maestro. Mi cerebro no encontraba los atajos hacia las jugadas más acertadas, sino que se perdía por el camino más largo, el que pasaba por el lóbulo temporal medial. Para compensar este resultado, Amidzic sugirió que si me hubieran escaneado el cerebro mientras pensaba en alguna cuestión matemática, seguro que hubiera sido la parte intuitiva de mi cerebro la que se habría puesto en marcha.

No está claro, a partir de sus investigaciones, si todo se debe verdaderamente a la genética o si se puede entrenar al cerebro. Pero sus indagaciones sí parecen confirmar que el cerebro, cuando está a pleno funcionamiento, aprovecha algunos atajos para evitar pensar más de la cuenta complicando así el camino hacia la solución.

10

LOS ATAJOS IMPOSIBLES

☞ *En el festival de Glastonbury suelo dar un concierto en el teatro Astrolabio. Luego trato de visitar todos los demás escenarios. ¿Puede encontrar el lector el recorrido más corto que empieza y termina en el teatro Astrolabio y pasa una sola vez por todos los demás escenarios que figuran en el plano?*

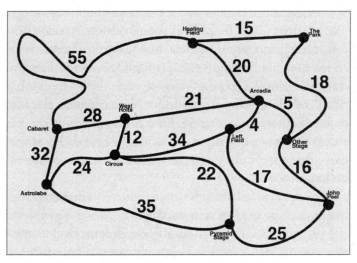

10.1. Plano del festival de Glastonbury.

No todos los problemas admiten un atajo. Ya hemos visto cómo cualquier desafío que requiera un cambio físico en el cuerpo, como aprender a tocar un instrumento, modificar el cableado del cerebro mediante una terapia o entrenarse para convertirse en atleta, exige tiempo y esfuerzo. Pero resulta que podría haber otra categoría de desafíos que no admiten ningún atajo. Los matemáticos creen que hay toda una serie de problemas que no pueden resolverse sin abordar el trabajo pesado de comprobar todas las soluciones posibles.

¿Es el lector un profesor que trata de programar el horario del curso siguiente? ¿O un transportista que desea organizar su flota de camiones para la entrega de mercancías? ¿O un reponedor de supermercado que necesita encontrar un modo eficiente de colocar las cajas en los estantes? ¿O un hincha futbolístico interesado en saber si su equipo todavía podría quedar el primero en la liga? ¿O un apasionado de los sudokus que busca una buena estrategia para resolver estos diabólicos rompecabezas? Todos buscan atajos, pero, por desgracia, puede que se trate de retos en los que una reflexión más profunda no ayuda a encontrar una solución. Hasta Gauss se vería obligado al laborioso trabajo de comprobar todos los escenarios posibles para encontrar una solución. En esta tesitura, quizá lo más sorprendente es que las matemáticas, el arte de los atajos, han sido capaces de demostrar que para ciertos problemas no hay atajos.

Uno de los problemas clásicos que los matemáticos creen que no admite ningún atajo es el conocido como problema del viajante. Se trata del desafío de encontrar el camino más corto a través de una red de ciudades. El nombre parece provenir de un manual para viajeros de comercio publicado en 1832 en el que se formula el problema, acompañado de algunos ejemplos de rutas a través de Suiza y Alemania. Hasta el momento, los matemáticos no han encontrado nada más inteligente que probar todos los posibles recorridos diferentes para estar seguros de encontrar el más corto.

El problema es que, al añadir más ciudades, el número de rutas posibles aumenta, y comprobarlas todas se convierte en algo totalmente inviable, incluso con un programa de ordenador. ¿Seguro que no hay un modo más rápido de hallar la solución? ¿No podría un Euler, un Gauss o un Newton encontrar alguna estrategia inteligente para rastrear la ruta más corta? ¿Qué pasaría, por ejemplo, si eligiéramos en cada paso dirigirnos a la ciudad más cercana a la que acabamos de visitar? Este proceso se conoce como el algoritmo de la ciudad más próxima. Normalmente ofrece una ruta bastante buena, solamente un 25 % más larga que la ruta óptima. Pero es también muy fácil inventar retículos en los que este algoritmo acaba proporcionando la ruta más larga entre las ciudades en vez de la más corta.

Se han desarrollado algunos algoritmos que garantizan una ruta que siempre es como mucho un 50 % más larga que la ruta óptima, válidos para cualquier retículo que se escoja. Pero lo que andamos buscando es ese atajo ingenioso que detecte la mejor ruta sin necesidad de una búsqueda exhaustiva, y este problema ha irritado tanto a los matemáticos que algunos han comenzado a sospechar que no existe. De hecho, este mismo desafío de demostrar que no existe ningún atajo de ese tipo es uno de los siete problemas del milenio, que fueron seleccionados a principios del siglo XXI como los problemas más destacados que están todavía sin resolver. El matemático que pueda demostrar que no hay ningún atajo para resolver el problema del viajante se llevará un millón de dólares de premio.

¿QUÉ ES UN ATAJO?

Para ganar el premio de un millón de dólares es importante definir con precisión qué es lo que se consideraría un atajo matemático en este contexto. La diferencia entre un camino largo y un atajo se traduce matemáticamente como la diferencia entre un algoritmo que tarda un tiempo expo-

nencial en llegar a una solución y un algoritmo que tarda
solamente un tiempo polinomial. ¿Qué quiero decir exactamente con esto?

La tarea central de este desafío no consiste en dar con un
método que funcione solamente en un rompecabezas, sino
dar con un algoritmo que funcione con cualquier versión
del rompecabezas que aborde, sea del tamaño que sea. La
cuestión es cuál es la duración del algoritmo, en función del
tamaño del rompecabezas al cual lo aplicamos. Por ejemplo, supongamos que tenemos un conjunto de 9 baldosas
con diferentes patrones, y quiero formar con ellas una cuadrícula 3 × 3, de tal modo que siempre casen entre sí los
patrones de las baldosas adyacentes.

10.2. Nueve baldosas repartidas de tal
modo que los patrones laterales de baldosas adyacentes casan entre sí.

¿Cuántos modos diferentes hay de distribuir las baldosas? Tenemos 9 elecciones posibles para la baldosa que co-
loquemos en la esquina superior izquierda de la cuadrícula. Esta baldosa la podemos orientar de 4 maneras distintas.
Eso da un total de 9 × 4 = 36 elecciones diferentes. Para
la siguiente posición podemos elegir una cualquiera de las

8 baldosas que quedan y orientarla de 4 maneras diferentes. Cuando continuamos así hasta completar la cuadrícula, vemos que el número total de maneras de colocar las baldosas para formar la cuadrícula es

$$9! \times 4^9$$

donde 9! es la notación que se usa para expresar el producto $9 \times 8 \times 7 \times 6 \times 5 \times 4 \times 3 \times 2 \times 1$, que recibe el nombre de 9 factorial. Si un ordenador es capaz de realizar 100 millones de comprobaciones por segundo, realizar todas éstas le llevaría solamente unos 15 minutos. No está nada mal. Pero veamos lo rápidamente que aumenta este tiempo cuando aumentamos el número de baldosas. ¿Qué pasaría si considéraramos la construcción de una cuadrícula 4 × 4 con 16 baldosas? Usando el mismo análisis, el número de combinaciones que habría que comprobar sería

$$16! \times 4^{16}$$

Esto dispara el tiempo necesario para comprobar todas ellas hasta 28,5 millones de años. Si pasáramos a una cuadrícula 5 × 5, que seguiría siendo bastante pequeña, el tiempo requerido superaría con creces la edad del universo, nada menos que 13.800 millones de años.

Dada una cuadrícula con n baldosas, el número de distribuciones posibles viene dado por $n! \times 4^n$. El número 4^n es lo que se conoce como una función que crece exponencialmente con n. Ya expliqué el modo tan peligroso que esta función tiene de crecer en el capítulo 1, cuando hablé del rey de la India que tuvo que pagar por la invención del juego de ajedrez cantidades de granos de arroz que crecían exponencialmente a lo largo del tablero. El factorial $n!$ (el producto de todos los números desde 1 hasta n) es de hecho una función que crece más deprisa que las funciones de crecimiento exponencial.

Ésta es la definición matemática del camino largo: un algoritmo para resolver un problema en el que el tiempo que tarda en calcular la solución crece de modo exponencial al aumentar el tamaño del problema. Éste es el tipo de problema para el que nos gustaría encontrar un atajo. Pero ¿qué se consideraría un buen atajo? Pues un algoritmo que fuera todavía aceptablemente rápido a la hora de encontrar una solución aunque fuéramos aumentando el tamaño del problema: lo que se conoce como un algoritmo polinomial.

Supongamos que tenemos una selección aleatoria de palabras y queremos ordenarla alfabéticamente. ¿Cuánto tiempo tardaríamos en hacerlo si la lista se va haciendo cada vez más larga? Un algoritmo sencillo para hacer esto consistiría en revisar la lista original de N palabras y seleccionar la primera que aparece en el diccionario. Una vez que tengamos ésta, volvemos a hacer lo mismo con las $N - 1$ palabras que quedan. De este modo, necesitaremos revisar $N + (N - 1) + (N - 2) + \ldots + 1$ palabras para tenerlas finalmente ordenadas. Pero gracias al atajo de Gauss cuando todavía estaba en la escuela, sabemos que esto significa hacer $N \times (N + 1)/2 = (N^2 + N)/2$ revisiones en total.

Éste es un ejemplo de un algoritmo polinomial porque cuando N, el número de palabras, aumenta, el número de revisiones necesarias se incrementa siguiendo una ecuación cuadrática en N (N elevado al cuadrado). En el caso del problema del viajante necesitamos un algoritmo que, dadas N ciudades para las que hay que programar el recorrido, pueda encontrar el camino más corto comprobando, digamos, solamente N^2, o un número cuadrático de rutas.

El algoritmo en el que primero piensa uno, desgraciadamente, no es polinomial. Esencialmente se trata de elegir una ciudad para visitar, después elegir la siguiente y así sucesivamente. Dado un mapa con N ciudades, esto implicaría examinar $N!$ rutas. Como mencioné más arriba, esto es peor que exponencial. El desafío consiste en encontrar una estrategia mejor que la consistente en probar todas las rutas posibles.

UN ATAJO HACIA UN ATAJO

Para mostrar que no es imposible que exista un atajo de este estilo, consideremos un problema que a primera vista parece igualmente intratable. Escojamos dos de las ciudades que hay que visitar en el mapa del problema del viajante. ¿Cuál es el camino más corto entre estas dos ciudades? A primera vista parece que sigue habiendo demasiadas opciones a considerar. Al fin y al cabo, podría empezar por visitar cualquiera de las ciudades que están enlazadas con la ciudad de partida y después cualquiera de las ciudades que están enlazadas con aquélla. Parece que por este camino nos adentramos de nuevo en un algoritmo que va a ser exponencial en el número de ciudades.

Pero en 1956 el especialista en computación Edsger W. Dijkstra dio con una estrategia mucho más inteligente para encontrar el camino más corto entre las dos ciudades en el mismo lapso que llevaría colocar una serie de palabras en orden alfabético. Había estado reflexionando sobre el problema práctico de encontrar el camino más corto entre las ciudades holandesas de Róterdam y Groninga:

Estaba una mañana de compras con mi novia en Ámsterdam, y nos sentamos en una terraza para descansar y tomar un café, y yo estaba pensando si podría conseguirlo o no, y entonces diseñé el algoritmo para el camino más corto. Fue una invención de veinte minutos [...] Una de las razones por las que es tan bonito es que lo desarrollé sin lápiz ni papel. Me di cuenta después de que una de las ventajas de diseñar sin lápiz ni papel es que uno está casi obligado a evitar todas las complejidades realmente evitables. Finalmente, este algoritmo se convirtió, para mi sorpresa, en una de las piedras angulares de mi popularidad.

Consideremos el mapa siguiente:

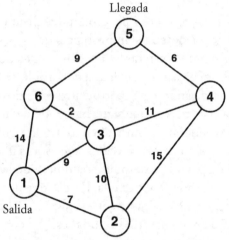

10.3. ¿Cuál es el camino más corto entre la ciudad 1 y la ciudad 5?

Para aplicar el algoritmo de Dijkstra arrancaremos de la ciudad de salida, la ciudad 1. En cada etapa del viaje asignaremos un valor total a las ciudades de paso como punto de apoyo para encontrar la ruta más corta. Primero etiquetamos todas las ciudades que están en contacto directo con la ciudad de salida con el valor de la distancia hasta ellas. En este caso, la ciudad 2, la ciudad 3 y la ciudad 6 reciben las etiquetas 7, 9 y 14, respectivamente. Nuestro primer movimiento será pasar a la más cercana de estas ciudades. Pero, ojo, una vez que el algoritmo haya conseguido resolver el problema con su varita mágica, podría ocurrir que esta ciudad no fuera finalmente la mejor ciudad a la que desplazarse primero.

En nuestro caso, empezamos por movernos hasta la ciudad 2, que es la más próxima a la ciudad de partida, la ciudad 1.

Marcamos entonces la ciudad 1 que acabamos de dejar como «ciudad visitada». Desde la nueva ciudad, la ciudad 2, vamos ahora a poner al día las etiquetas de todas las ciudades directamente conectadas con ella; así pues, posiblemente haya que modificar las etiquetas asignadas a la ciudad 3 y a la ciudad 4. Empezamos por calcular las distancias de las rutas hasta ellas desde la ciudad 1 que pasan a través de la ciudad 2. Si esta nueva distancia es más corta que la que indica la etiqueta actual de esa ciudad, la ponemos al día con esa nueva distancia más corta, y si la nueva distancia es más larga, la etiqueta la dejamos igual. En el caso de la ciudad 3, la nueva distancia (7 + 10) es más larga, y por lo tanto mantenemos la etiqueta original, 9. A veces la ciudad no tendrá todavía ninguna etiqueta, como la ciudad 4, al no estar conectada directamente con la ciudad 1; en este caso, la etiquetamos con la distancia de la ruta que pasa por la ciudad 2 que acabamos de calcular. Así que en nuestro caso la ciudad 4 queda etiquetada con el número 7 + 15 = 22.

Marcamos ahora la ciudad 2 como ciudad «visitada» y nos movemos hacia la ciudad no visitada conectada directamente con la ciudad 2 y cuya etiqueta indique la menor distancia hasta la ciudad 1. En nuestro caso, nos moveremos hacia la ciudad 3. He aquí un ejemplo en el que, aunque al principio parecía una buena idea empezar desplazándose hasta la ciudad 2, la distancia para ir de la ciudad 1 a la ciudad 3 pasando por la ciudad 2 es más larga que la distancia para ir directamente de la ciudad 1 a la ciudad 3. Así que el algoritmo parece sugerirnos que es mejor empezar nuestro recorrido yendo de la ciudad 1 a la ciudad 3.

Una vez más ponemos al día las etiquetas de las ciudades no visitadas que estén en contacto directo con la ciudad 3. Siguiendo este proceso acabaremos llegando a la ciudad 5, que tendrá una etiqueta que nos indicará la distancia más corta que la separa de la ciudad de partida, la ciudad 1. Podremos entonces rastrear marcha atrás los viajes para saber por qué ciudades se pasa para llegar hasta allí recorriendo dicha distancia. En este ejemplo, obsérvese que al final no se pasa por la ciudad 2.

¿Cuántos pasos tiene que dar este algoritmo para acabar encontrando la ruta más corta? Con N ciudades el proceso es bastante parecido al de ordenar palabras alfabéticamente. En cada paso se descarta una ciudad, que ya no hay que volver a considerar. Así que el tiempo que tarda el algoritmo en completar su tarea es N^2 o cuadrático en N. ¡Un atajo, según nuestro lenguaje matemático!

Pero un atajo en este lenguaje matemático podría tardar muchísimo tiempo en encontrar la respuesta. Generalmente los matemáticos consideran que los algoritmos polinomiales son los que buscamos como atajo. Los algoritmos cuadráticos son bastante rápidos. Pero, aunque los algoritmos cúbicos, cuárticos y quínticos se consideren rápidos desde el punto de vista matemático, pueden tardar mucho tiempo en realizar físicamente sus tareas.

Si un ordenador puede hacer 100 millones de operaciones por segundo, entonces para un N pequeño no tendremos muchos problemas. Pero hay una diferencia de tiempo abismal entre un algoritmo que encuentra la respuesta en N^2 pasos y uno que la encuentra en N^5 pasos.

El algoritmo de tipo N^2 puede comprobar una red con 10.000 ciudades en un segundo. El algoritmo de tipo N^5 ¡necesitaría 31.710 años para comprobar el mismo número de ciudades! Sin embargo, se le sigue considerando un atajo matemático. Y lo es, sin duda, si lo comparamos con el algoritmo exponencial del que ahora disponemos, que requeriría mucho más que la edad del universo para comprobar una red con 10.000 ciudades. De hecho, un algoritmo de tipo 2^N tardaría más que la edad del universo incluso en explorar una red con solamente 100 ciudades.

Para usos prácticos sigue mereciendo la pena esforzarse por encontrar algoritmos que requieran las potencias más pequeñas de N para funcionar. Unos atajos son más cortos que otros.

UNA AGUJA EN UN PAJAR

Si uno no es transportista, podría fácilmente pensar que no se verá afectado por la inexistencia de un atajo para encontrar el camino más corto que haga posible visitar a todos los clientes. El asunto es que hay muchos problemas que comparten esta misma complejidad. En ingeniería, por ejemplo, puede darse la situación de tener que montar un circuito con 100 nodos diferentes, en cuyo caso interesa encontrar el modo más eficiente de programar al robot para que vaya haciendo las conexiones. Dado que el robot está pensado para dar salida a miles de aparatos diarios, una reducción de unos pocos segundos en el tiempo usado para recorrer cada circuito podría ahorrar a la empresa una cantidad ingente de dinero. Pero nuestro deseo de encontrar atajos no se limita necesariamente al problema de recorrer un retículo. He aquí una selección de desafíos que tienen las mismas características que el problema del viajante, para la solución de los cuales pensamos que quizá no existan atajos. Puede que sea imposible sin más evitar el trabajo largo y pesado, ¡incluso para el gran Gauss!

El desafío del maletero

Tenemos una serie de cajas de diferentes dimensiones y queremos transportarlas en el maletero del coche. El desafío consiste en encontrar la selección de cajas que desaproveche la menor cantidad de espacio. Resulta que no hay ningún algoritmo ingenioso que con sólo mirar las dimensiones de las cajas seleccione la mejor combinación de éstas. Supongamos que todas ellas son de la misma altura y anchura, exactamente las mismas que las del interior del portamaletas, pero de longitudes diferentes. El maletero tiene 150 cm de longitud y las cajas tienen las longitudes siguientes: 16, 27, 37, 42, 52, 59, 65 y 95 cm. ¿Hay alguna manera inteligente de seleccionar la combinación de cajas para llenar el maletero del modo más eficiente posible?

El desafío del horario escolar

Todos los colegios se enfrentan antes de empezar el curso al desafío de preparar un horario para los estudiantes. Pero las elecciones que hacen los estudiantes introducen restricciones y aparecen asignaturas que no pueden programarse a la misma hora. Ada ha elegido estudiar Química y Música, de modo que las clases de estas asignaturas no pueden programarse a la misma hora. Alan ha elegido Química y Cinematografía. Pero solamente hay ocho horas lectivas al día. El colegio tiene que encontrar algún modo de acoplar todas las asignaturas sin que se produzcan solapamientos. Dado este tipo de limitaciones, diseñar un horario puede convertirse en algo parecido a tender una moqueta en una habitación cuyas medidas no coinciden bien con las de la moqueta: cuando parece que se ajusta bien en un rincón, resulta que deja el suelo destapado en el rincón opuesto. O es como hacer un sudoku: cuando crees que tienes la solución, resulta que aparecen dos 2 en la misma fila. ¡Ay!

Sudoku

Todo el que haya intentado resolver alguna de las versiones más diabólicas de este pasatiempo de origen japonés sabrá que con frecuencia se llega a un punto en el que hay que aventurar el posible valor del número que va en una cierta casilla y seguir después las implicaciones lógicas de esa elección. Si resulta que es equivocada, porque llegamos a una contradicción, hay que deshacer todos los pasos que se dieron a partir de ella e iniciar un nuevo camino.

El problema de la cena con amigos

Un tipo de desafío parecido al de los horarios escolares surge a la hora de invitar a unos amigos a cenar, cuando hay algunos de ellos que no se llevan bien entre sí y por lo tanto no se les puede invitar el mismo día. El problema de encontrar el mínimo número de cenas que hay que organizar para poder invitar a todos los amigos, pero de modo que en ninguna de ellas haya dos personas que se llevan mal, exige comprobar una por una todas las posibles combinaciones de invitados.

Coloreado de mapas

Si tomamos cualquier mapa y tratamos de colorearlo de modo que dos países que compartan frontera no tengan nunca el mismo color, es posible hacerlo usando solamente cuatro colores. Pero ¿podría hacerse usando solamente tres colores? De nuevo, el único algoritmo que tenemos para dilucidar si tres colores son suficientes pasa por comprobar todas las maneras de colorear el mapa con esos tres colores y ver si en alguna de ellas se respeta la regla de que no haya países adyacentes del mismo color. Igual que en el sudoku, podemos empezar a colorear hasta que una elección hecha previamente lleve a que dos países contiguos estén obligados a ser del mismo color. Cuando hay N países, hay 3^N maneras diferentes de colorearlos con 3 colores, lo que significa que tendremos que explorar en potencia un número exponencial de posibilidades diferentes.

El hecho de que se necesitan a lo sumo cuatro colores fue uno de los grandes teoremas que se demostraron en el siglo XX. En 1890 se había probado que cinco colores son siempre suficientes. La demostración no era muy complicada: se basaba en un atajo muy usado por los matemáticos. Supongamos que hay mapas que no pueden colorearse con cinco colores. Tomemos el ejemplo de uno de tales mapas con un número de países tan pequeño como sea posible. Entonces puede probarse, mediante un análisis sutil de la situación, que es posible eliminar uno de los países y obtener así un mapa que tampoco puede colorearse con cinco colores. Pero esto contradice el hecho de que se había partido de un mapa que no podía colorearse con cinco colores con un número mínimo de países.

He aquí otro uso no tan relevante del atajo de considerar el ejemplo más pequeño de algo para probar que ese algo no puede existir: una prueba de que no existen números insulsos. Supongamos que hay números insulsos: sea N el número insulso más pequeño. Resulta entonces que N es interesante, porque es el número insulso más pequeño.

Lo frustrante era que este atajo inteligente no parecía funcionar cuando uno trataba de probar que cuatro colores son suficientes. Los matemáticos no supieron demostrar que, en un mapa no coloreable con cuatro colores, siempre fuera posible eliminar un país de modo que quedara un mapa que tampoco fuera coloreable con cuatro colores. Y tampoco se pudo encontrar un contraejemplo, esto es, un mapa no coloreable con cuatro colores.

Finalmente, en 1976, se encontró una demostración de que cuatro colores son siempre suficientes. Pero ciertamente no se consideró un atajo. De hecho, la demostración requirió la fuerza bruta de un ordenador para comprobar miles de casos, una tarea que hubiera resultado imposible para un ser humano. Esta prueba supuso un punto de inflexión en las matemáticas: era la primera vez que se usaba un ordenador para abrir un camino hacia la solución en el tramo final de la demostración. Era como si al toparnos con una cordillera y no encontrar ninguna ruta inteligente para pasar al valle que se extendía al otro lado usáramos una máquina para perforar un túnel en las montañas.

Muchos miembros de la comunidad matemática sintieron cierto malestar ante el hecho de que se hubiera utilizado un ordenador para probar este teorema. Se suponía que la demostración tendría que proporcionar a los humanos la comprensión de por qué eran suficientes cuatro colores, y no solamente la verificación de que este resultado era cierto. El cerebro humano está limitado por las conexiones que puede establecer, y por eso es absolutamente esencial para él sentir que capta por qué el atajo funciona como lo hace. Si la demostración se ha visto forzada a ir por el camino largo, es como si ya no pudiera cargarse en el cerebro y nos queda la sensación de que se nos ha escapado la verdadera comprensión de ésta.

Un problema relacionado con el desafío de colorear un mapa es el siguiente. Tomemos un retículo de puntos unidos entre sí por unas cuantas líneas. Estas líneas son como las fronteras entre los países. El desafío es saber el número mínimo de colores necesarios para colorear los puntos de modo que no haya dos puntos del mismo color conectados por una línea.

Fútbol

Creo que uno de mis ejemplos favoritos de problema para el cual no sabemos encontrar un atajo tiene que ver con el fútbol. No en lo que respecta al propio juego, sino a ese maravilloso desafío que comienza a apuntar hacia el final de la temporada: ¿es todavía matemáticamente posible que mi equipo gane la Premier League dado el lugar que ocupa en la clasificación? Podría pensarse que es una tarea sencilla contestar a esta cuestión. ¿No bastaría comprobar si sería suficiente, para que mi equipo quedara el primero, que ganara todos los partidos que le faltan, sumando tres puntos en cada partido? Sin embargo, de lo que hemos de preocuparnos es de lo que pase en los partidos entre el resto de equipos. Claramente, lo que queremos es que el equipo que va ahora en cabeza pierda muchas veces. Pero eso significará que los equipos que juegan contra él ganarán y conseguirán más puntos. ¿Y no podría ocurrir que acabáramos dándoles demasiados puntos y que alguno de ellos quedara el primero?

Éste es otro problema en el que tenemos que considerar una gran cantidad de combinaciones de partidos y resultados. Al distribuir los puntos fruto de los partidos ganados, perdidos o empatados, nos encontraremos una y otra vez siguiendo el rastro marcha atrás como en un sudoku, porque alguno de los resultados que hemos asignado habrá tergiversado por completo toda la tabla que teníamos ya cuidadosamente elaborada.

Si quedan N partidos por jugar, en cada uno de ellos el equipo anfitrión podría ganar, perder o empatar, y eso da un total de 3^N resultados diferentes, un número exponencial de posibilidades a considerar. El desafío es encontrar un atajo que nos diga rápidamente si nuestro equipo tiene todavía alguna opción matemática de ganar la liga.

El motivo por el que este problema me gusta tanto es que cuando estaba en el colegio sí que había un algoritmo de este estilo. ¿Qué ha pasado desde entonces? No es que hayamos perdido el algoritmo, sino que ha cambiado el modo de asignar los puntos. En el pasado un equipo obtenía solamente dos puntos si ganaba, y si había empate, cada uno de los dos equipos recibía un punto. Pero se consideró que esta situación fomentaba que se produjeran muchos empates aburridos. De modo que en 1981 se decidió tratar de incentivar a los equipos para que lucharan por una victoria. En vez de dos puntos, conseguirían tres puntos cada vez que ganaran un partido. Parecía un cambio inocuo, pero tuvo un efecto drástico en el desafío de descubrir si en un momento dado un equipo tenía o no todavía posibilidades de quedar el primero en la Premier League.

Antes de 1981 se daba el hecho crucial de que el número total de puntos que acababan sumando todos los equipos no dependía de quién ganara, perdiera o empatara. Hay 20 equipos que juegan cada uno dos veces con todos los demás, una vez en casa y otra fuera de casa, y eso hace un total de 20×19 partidos. En el sistema antiguo, había dos puntos para cada partido, que se repartían según el resultado de éste, de modo que el número total de puntos que se habían repartido entre los 20 equipos al final de la temporada era $2 \times 20 \times 19 = 760$.

Pero ahora las cosas son muy diferentes. En cada partido se puede asignar tres puntos al ganador o solamente un punto a cada equipo si se produce un empate. Si hubiese empate en todos los partidos de la temporada, se distribuirían un total de 760 puntos, como antes. Pero si no hubiera ningún empate, el total sería de $3 \times 20 \times 19 = 1.140$ puntos. Esta variación en el número total de puntos que hay en el sistema nuevo implica que el algoritmo que antes podía decirme con éxito si mi equipo tenía todavía alguna posibilidad matemática de quedar el primero en la liga ya no funciona.

Lo más fascinante de todos estos problemas es que si por lo que sea uno da con una solución, es muy fácil comprobar si realmente resuelve el desafío. Me gusta asignar a estos problemas la etiqueta de «agujas en un pajar»: el desafío inicial de encontrar la aguja requiere una búsqueda larga y exhaustiva, con pocas pistas para saber dónde está, pero tan pronto como la aguja cae en nuestras manos ¡ya lo sabemos! Abrir una caja fuerte puede llevar mucho tiempo, hay que probar las combinaciones una tras otra, pero una vez encontrada la combinación correcta, la caja se abre inmediatamente.

Estos problemas calificados como «agujas en un pajar», que técnicamente reciben el nombre de problemas NP-completos, comparten un rasgo bastante extraordinario. Uno estaría tentado de pensar que cada uno de ellos requiere una estrategia a medida para tratar de encontrar un algoritmo que permita resolverlos en el mínimo tiempo posible. Pero resulta que si alguna vez se descubre un algoritmo polinomial que encuentre el camino más corto en cualquier mapa en el que se plantee el problema del viajante eso significaría que existen también tales algoritmos para cualquier otro problema de este tipo. Esto por lo menos nos da un atajo para encontrar un atajo. Si existe un atajo para un problema, puede transformarse en un atajo para cualquier otro desafío de la lista. Parafraseando a Tolkien: un atajo para resolverlos todos.

Puedo dar una idea de por qué esto es cierto mostrando cómo es posible traducir alguno de los problemas que he descrito para reconvertirlo en otro. Tomemos por ejemplo el problema del horario escolar. Teníamos asignaturas, horas de clase y asignaturas en las que está matriculado un mismo alumno y por lo tanto no pueden programarse a una misma hora. Usando esta información, podemos construir un retículo en el que cada asignatura está representada por un punto y dos puntos están unidos por una línea cuando hay un estudiante que curse esas dos asignaturas. Elaborar un horario de N horas se convierte exactamente en el mismo desafío que colorear los puntos del grafo con N colores de modo que nunca estén unidos por una línea puntos a los que se les ha asignado el mismo color.

EXPLOTANDO LA FALTA DE ATAJOS

Hay algunos contextos en los que es muy importante la inexistencia de atajos. Éste es el caso cuando se trata de producir códigos indescifrables. Los inventores de códigos explotan el hecho de que no haya en principio ningún modo de descubrir un mensaje cifrado que no sea una búsqueda exhaustiva de todas las posibilidades. Pensemos en un candado con combinación. Uno que tenga 4 ruedas con 10 números en cada rueda requerirá la comprobación de 10.000 números diferentes, desde el 0000 hasta el 9.999. A veces un candado de baja calidad puede dar pistas sobre la posición de las ruedas, que permiten abrirlo gracias a un cambio físico que se produce en el dispositivo cuando se coloca la primera rueda en su sitio, pero en general un ladrón no puede hacer nada para ahorrarse comprobar todas las combinaciones.

No obstante, otros criptosistemas han presentado debi-

lidades que pueden explotarse para crear atajos. Consideremos, por ejemplo, el clásico código de César o código de
sustitución. Es un código que sustituye sistemáticamente
unas letras por otras. Por ejemplo, cada vez que aparece A,
se reemplaza por otra letra, por ejemplo G. Luego se reemplaza B por otra letra que no sea G. De este modo, se va
reemplazando cada letra del alfabeto por una nueva letra.
Así uno puede escoger entre una enorme cantidad de códi-
gos. Hay 26! ($1 \times 2 \times 3 \times \ldots \times 26$) modos de reordenar las
26 letras del alfabeto inglés. (En algunas de estas reordena-
ciones una letra podría seguir siendo ella misma, X codifi-
cada como X, por ejemplo. Un desafío interesante: ¿cuántos códigos hay en los que cambian todas las letras?). Para
dar una idea de este número: 26! es un número que supera
el número de segundos que han transcurrido desde que se
produjo la Gran Explosión.

Si un pirata intercepta un mensaje cifrado, para intentar
descifrarlo tendrá que probar un gran número de combinaciones diferentes. Pero este código tiene un punto flaco
que el polímata del siglo IX Yaqub-al-Kindi ya detectó: algunas letras aparecen más frecuentemente que otras. Por
ejemplo, en inglés la *e* es la letra que más veces aparece en
cualquier texto, un 13 % de las veces, seguida por la letra *t*,
que aparece un 9 % de las veces. Las letras también tienen
su propia personalidad, que tiene su reflejo en otras letras,
a las que les gusta asociarse con ellas. Por ejemplo, la *q* va
seguida indefectiblemente por una *u*.

Al-Kindi se dio cuenta de que un pirata informático podría usar esto como un atajo para atacar un mensaje que hubiera sido codificado con una cifra de sustitución. Haciendo un análisis de frecuencias en el texto codificado e identi-
ficando las letras más frecuentes con las que más veces aparecen en un texto llano, el pirata empieza a desentrañar el
mensaje. Resulta que el análisis de frecuencias es un atajo

sorprendente para descifrar estos códigos, que son mucho menos seguros de lo que parece a primera vista.

Durante la Segunda Guerra Mundial los alemanes pensaron que habían encontrado una manera astuta de usar un código de sustitución que podría evitar este atajo para descifrar los mensajes. La idea consistía en usar una cifra de sustitución distinta para codificar cada nueva letra del mensaje. Esto significaba que si tenían que codificar por ejemplo EEEE, cada E sería sustituida por una letra distinta, y esto frustraría cualquier ataque basado en el análisis de frecuencias de al-Kindi. Construyeron una máquina que realizara esta codificación basada en un código de sustitución múltiple: la llamaron la máquina Enigma.

Todavía puede verse una de estas máquinas en Bletchley Park, la mansión del Reino Unido en la que trabajaron durante la guerra los descifradores de códigos. A primera vista parece una máquina de escribir convencional con su teclado, pero luego hay otras tres hileras de letras que recorren la parte superior de éste. Cuando pulsé una de las teclas, una de las letras de la parte superior del teclado se encendió. Esto indicaba con qué letra se iba a codificar la letra que pulsé. Esencialmente el cableado de la máquina intercambia las letras siguiendo el esquema de una cifra de sustitución clásica. Pero, a la vez que pulsaba la tecla, pude oír también un clic y ver cómo uno de los tres rotores que había en el interior de la máquina avanzaba una posición. Cuando pulsé otra vez la misma tecla, se encendió una letra distinta, porque el cableado que unía el teclado y las luces había sido modificado. Los cables se conectan a través de los rotores, y cuando los rotores se alinean de otra manera, lo mismo ocurre con las interconexiones de la máquina. De modo que los engranajes de los rotores garantizan que la máquina usará una cifra de sustitución diferente para cada letra del mensaje que se cifre.

El proceso parece indescifrable. La máquina se puede configurar con 6 rotores diferentes y cada rotor puede arrancar en 26 posiciones diferentes. Después había un buen manojo de cables en la parte posterior que permitían aumentar todavía más el nivel de mezcolanza entre las letras. Eso implica que hay 158 millones de billones de maneras de configurar la máquina. Tratar de encontrar la configuración usada por un operador para codificar un mensaje parecía el colmo de los trabajos que equiparamos a buscar una aguja en un pajar. Los alemanes estaban convencidos sin sombra de duda de que la máquina era indescifrable.

Pero no habían contado con las brillantes capacidades del matemático Alan Turing, un Gauss del siglo xx, que en su mesa de trabajo de Bletchley Park detectó un punto débil del sistema, que podría explotarse para acortar una búsqueda exhaustiva. La clave era que la máquina nunca cifraba una letra con la misma letra. El cableado siempre llevaba una letra a otra letra distinta. Parece un dato inocuo de la máquina, pero Turing vio cómo podría usarse para tratar de arrinconarla y obtener un conjunto mucho más reducido de posibilidades de codificar un mensaje en particular.

Necesitaba de todos modos emplear una máquina para hacer la búsqueda final. Los barracones de Bletchley Park pasaban la noche sumidos en el zumbido de la «Bombe», como llamaba el equipo a la máquina que implementó el atajo de Turing, pero todas las noches entregaban a los aliados los mensajes que los alemanes pensaban que estaban intercambiando en secreto.

LOS MISTERIOS DE LOS NÚMEROS PRIMOS

Los códigos que hoy protegen nuestras tarjetas de crédito cuando viajan por Internet explotan problemas matemáticos que, por su propia naturaleza, pensamos que no poseen atajos. Uno de estos códigos, llamado RSA, se basa en unos números enigmáticos, los números primos. Cualquier portal de Internet escoge dos números primos de aproximadamente 100 cifras cada uno y los multiplica entre sí. El resultado es un número de aproximadamente 200 cifras, que se muestra libremente al público en el propio portal. Éste es el número de codificación del portal. Cuando visitamos un portal, nuestro ordenador recibe este número de 200 cifras, que se utiliza a continuación para hacer un cálculo matemático que involucra a nuestra tarjeta de crédito. Este número codificado es el que viaja a través de Internet. Es seguro, porque para deshacer el cálculo un pirata informático tendría que resolver el siguiente desafío: encontrar los dos números primos que multiplicados entre sí dan el número de 200 cifras que es el número de codificación del portal. La razón por la cual este proceso criptográfico se considera seguro es que este problema es de los que calificamos de «aguja en un pajar». El único método que los matemáticos conocen para descubrir esos dos números primos es probarlos todos, uno tras otro, con la esperanza de dar con la aguja, es decir, el número que divide exactamente el número de codificación del portal.

El propio Gauss escribió sobre el desafío de la descomposición en números primos en las *Disquisitiones arithmeticæ*, su gran tratado sobre la teoría de números:

Se sabe que el problema de distinguir los números primos de los compuestos y de descomponer estos últimos en sus factores primos es uno de los más importantes y útiles de la aritmética. Ha acaparado el trabajo y la sabiduría de los geómetras antiguos y modernos hasta tal extremo que sería superfluo tratar aquí el problema en toda su extensión [...] Es más, la propia dignidad de la ciencia parece requerir que se explore todo medio posible para la solución de un problema tan elegante y famoso.

No se imaginaba lo importante que se volvería este problema en la era de Internet y del comercio electrónico. Nadie ha encontrado hasta ahora un atajo para descubrir los primos que dividen un número muy grande, ni siquiera el gran Gauss. El número de primos que hay que comprobar para tratar de descomponer un número de 200 cifras es tan enorme que un ataque de este tipo resulta totalmente ineficaz. Pensamos que el desafío de factorizar—expresar un número como producto de números más pequeños—podría ser intrínsecamente difícil. Éste es uno de los problemas abiertos en los que están trabajando actualmente los matemáticos. ¿Podemos probar que no existe ningún atajo para encontrar los números primos?

Un momento. ¿Cómo descodifica entonces el mensaje el portal de Internet? El asunto es que empezó por escoger los dos números primos, de aproximadamente 100 cifras cada uno, que multiplicados generan el número de codificación de 200 cifras que se hace público. El portal es el único que está en posesión de los primos que permitirán deshacer el cálculo.

Sin embargo, encontrar números primos es uno de esos problemas que los matemáticos no han resuelto todavía. La cuestión de desentrañar el secreto de cómo se distribuyen los números primos a lo largo del universo de todos los números, conocida como la hipótesis de Riemann, es otro de los siete problemas del milenio. Pero, aunque los matemáticos en realidad no comprendamos exactamente cómo se distribuyen los números primos, sí que tenemos un atajo interesante para encontrar números primos grandes que sirvan para construir estos códigos de Internet. Depende de un descubrimiento sobre los números primos que hizo Pierre de Fermat, el gran matemático francés del siglo XVII. Fermat probó que, si p es un número primo y tomamos cualquier número n menor que p, al dividir por p

el número n elevado a la potencia p, siempre queda un resto igual a n. Por ejemplo, $2^5 = 32$, que deja de resto 2 cuando lo divido por 5.

Esto implica que, puestos en la tesitura de comprobar que cierto candidato, digamos q, es o no un número primo, si podemos encontrar un número más pequeño que q que no pasa la prueba de Fermat ya estaremos seguros de que q no es primo. Por ejemplo, $2^6 = 64$, que deja resto 4 (y no 2) al dividirlo por 6, y esto implica que 6 no puede ser primo, porque no pasa la prueba de Fermat. Ésta no sería una prueba demasiado útil si por ejemplo hubiera solamente un número menor que q que no pasara la prueba; si ocurriera esto, habría que comprobar en general si pasan la prueba o no todos los números menores que q, y ese trabajo sería equivalente en definitiva al de comprobar si alguno de esos números divide o no a q. La gran ventaja de esta prueba es que si un candidato q fracasa ante ella, fracasa estrepitosamente. En ese caso, usando la treta de Fermat, más de la mitad de los números menores que q servirán de testigos para probar que q no es primo.

Hay un pero: existen algunos números que se comportan como primos, esto es, que pasan la prueba de Fermat para todos los números menores que ellos, y que sin embargo no son primos. Se llaman pseudoprimos. Sin embargo, a finales de la década de 1980, dos matemáticos, Gary Miller y Michael Rabin, fueron capaces de refinar el enfoque de Fermat y de producir una prueba que garantiza la primalidad en tiempo polinomial. La única pega es que, para probar que funciona, estos dos matemáticos tuvieron que asumir antes que se podía subir hasta lo alto de una cima muy elevada: la hipótesis de Riemann (o una generalización de ésta).

Miller y Rabin pudieron demostrar que, si los matemáticos encontraran un camino para alcanzar esta cima, ellos podrían garantizar un atajo para encontrar números primos. La importancia de esta cima se debe en parte a que hay muchos matemáticos que han mostrado que su conquista daría acceso a toda una colección de atajos. Yo mismo tengo algunos teoremas que muestran que algo es cierto siempre que estemos antes seguros de que la hipótesis de Riemann es cierta.

Pero uno no debería renunciar nunca a la posibilidad de que haya algún camino escondido que permita rodear la montaña. En 2002 la comunidad matemática se vio sacudida por la sensacional noticia de que tres matemáticos indios, Manindra Agrawal, Neeraj Kayal y Nitin Saxena, del Instituto Indio de Tecnología en Kanpur, habían dado con un método para comprobar si un número era o no primo en tiempo polinomial y sin necesidad de tener que escalar el monte Riemann. Como dato destacable, los dos compañeros de Agrawal eran todavía estudiantes de licenciatura en aquel momento. Incluso Agrawal, el miembro sénior del equipo, era desconocido para la mayoría de los especialistas en teoría de números de la comunidad matemática. El caso recordaba un poco la historia del gran Ramanujan, que saltó a la palestra matemática a principios del siglo XX, después de haber escrito al matemático de Cambridge G. H. Hardy sobre sus descubrimientos.

Aunque el logro del equipo estableció una prueba de primalidad que funcionaba en tiempo polinomial sin suponer conquistado el monte Riemann, en realidad no era un algoritmo terriblemente práctico. Como ya mencioné en algún momento, es importante saber el grado del polinomio que lo rige. Si es de grado dos, las cosas irán rápidas. Sin embargo, el algoritmo original propuesto por Agrawal, Kayal y Saxena funcionaba como un polinomio de grado 12. El matemático norteamericano Carl Pomerance y el matemático holandés Hendrik Lenstra redujeron el grado a 6, pero como ya he explicado, aunque matemáticamente se trata de un atajo, en la práctica el algoritmo se ralentiza muy rápidamente. Cuando el tamaño de los números que queremos poner a prueba aumenta, este algoritmo, que está configurado como un polinomio de grado 6, tarda un tiempo sustancialmente más largo que, por ejemplo, un algoritmo cuadrático en dar una respuesta.

Dado que la seguridad de Internet depende de disponer de una buena provisión de primos grandes, ¿cómo se las arreglan las páginas web para encontrarlos a tiempo para seguir ofreciendo con eficacia sus servicios financieros? La respuesta es que usan un algoritmo que asegura con un grado de confianza muy alto que un número es primo, aunque de hecho no garantice que de verdad lo sea.

Recuérdese que, si un número no es primo ni pseudoprimo, la mitad de los números menores que él no pasarán la prueba de Fermat. Pero ¿no podría ser que tuviéramos tan mala suerte que comprobáramos justamente la mitad que sí pasa la prueba? Para estar absolutamente seguros de que no existe un testigo que demuestre que el número no es primo, parece necesario comprobar la mitad de los números menores que él. Pero ¿cuál es la probabilidad de que existan testigos pero no demos con ellos? Supongamos que hemos hecho 100 pruebas y que en ninguna de ellas el número comprobado ha resultado ser un testigo. Esto significaría que el número es primo o pseudoprimo, o bien que no hemos detectado ningún testigo aun habiéndolos, lo cual tiene una probabilidad de 1 entre 2^{100}. ¡Es una apuesta para la que uno está bien preparado! Las probabilidades de perder son pequeñísimas.

Aunque tengamos grandes algoritmos, tanto determinísticos como probabilísticos, para encontrar primos con los que elaborar estos códigos, parece que no existen algoritmos convencionales para descifrarlos. ¿Por qué no pensar entonces en algo menos convencional?

Uno de los problemas a los que se enfrentan los ordenadores convencionales a la hora de tratar de resolver un problema como el de encontrar los números primos que dividen un número criptográfico grande es que tienen que terminar necesariamente un cálculo antes de proceder a iniciar el siguiente. (Para aclarar los términos, en lo que sigue al hablar de dividir siempre nos referiremos a la división exacta sin resto). Lo que nos gustaría realmente sería poder descomponer el ordenador en varias secciones y que cada sección hiciera una prueba diferente. La actuación en paralelo es un método muy eficaz para acelerar las tareas. Pensemos, por ejemplo, en la construcción de una casa. En una competición que se celebró en Los Ángeles para ver qué equipo de trabajadores era capaz de erigir una casa en el mínimo tiempo posible, fue el equipo que puso a sus 200 obreros a trabajar en paralelo el que ganó el concurso, construyendo la casa en cuatro horas. Obviamente hay tareas que dependen de que ciertas cosas se hagan siguiendo un orden. La construcción de un edificio de apartamentos o de un aparcamiento subterráneo exige que se construya un piso antes de añadir el siguiente. Pero la tarea de probar si una serie de números más pequeños dividen o no un número fijo más grande es perfecta para ser abordada en paralelo. Cada comprobación no depende para nada del resultado de ninguna otra.

El problema del procesamiento en paralelo es que seguimos teniendo un problema de capacidad física. Al dividir el problema por dos, el tiempo necesario para conseguir el resultado se divide también por dos, pero hay que multiplicar por dos los recursos materiales del ordenador. Este planteamiento no resuelve realmente el problema de encontrar los números primos que dividen un número grande.

Pero ¿no sería posible llevar a cabo este procesamiento en paralelo sin necesidad de duplicar los recursos físicos del ordenador? Ésta fue la idea que tuvo en la década de 1990 Peter Shor, un matemático de los laboratorios Bell: se dio cuenta de que se podría explotar un tipo de computación muy poco convencional para comprobar varias cosas simultáneamente. La idea era usar la extraña física del mundo cuántico. En la física cuántica, es posible disponer de una partícula, como un electrón, que antes de ser observada esencialmente se encuentre en dos posiciones simultáneamente. Llamemos a estas posiciones 0 y 1. Este fenómeno se conoce como superposición cuántica. La ventaja es que no hemos duplicado los recursos: sigue siendo un solo electrón, pero este electrón está almacenando doble información. Esto se llama un cúbit o bit cuántico. Un ordenador convencional tiene bits, que están necesariamente en la posición de encendido o en la posición de apagado, mientras que los cúbits se escinden en mundos cuánticos paralelos, y cada uno está apagado (posición 0) en uno de esos mundos y encendido (posición 1) en el otro.

La idea sería entonces poner a trabajar juntos a una serie de cúbits. Por ejemplo, si pudiéramos colocar 64 cúbits en superposición cuántica juntos, podríamos representar con ellos simultáneamente todos los números desde el 0 hasta el $2^{64} - 1$. Un ordenador convencional tendría que recorrer secuencialmente todos estos números pasando bits del estado 0 al estado 1, o al revés. Pero el ordenador cuántico puede considerarlos todos a la vez. Es como si el ordenador convencional, al modo del electrón, estuviera viviendo ahora simultáneamente en universos paralelos. En cada uno de ellos, los 64 cúbits representan un número distinto.

Ahora viene la parte interesante. En cada mundo paralelo, hacemos que el ordenador compruebe si el número

que está representando divide o no el número criptográfico. ¿Cómo conseguir que el ordenador cuántico distinga
el mundo en el que el número que está comprobando divide con éxito el número criptográfico? Éste es el truco brillante que Shor logró incorporar en su algoritmo cuántico.
Cuando observamos una superposición cuántica, ésta tiene que decidirse y colapsar en un estado o en otro. Esencialmente elige la posición 0 o la posición 1. Hay probabilidades que determinan por qué camino irá.

Lo que Shor consiguió fue elaborar un algoritmo en el
que, después de hacer la prueba de la división en cada mundo paralelo, hubiera una probabilidad abrumadora de que
el colapso se produjera en el mundo en el que la división del
número criptográfico se había producido con éxito. Todos
los demás mundos, en los que falló la división, se quedan
en un nivel muy parecido y se anulan unos a otros. El único que sobresale entre todos es el mundo en el que la división funcionó bien.

Imaginemos doce flechas que parten del centro de un
reloj y que apuntan a cada una de las horas. Si todas ellas
tienen la misma longitud, al sumarlas sus efectos se irán
cancelando y nos quedaremos en el centro del reloj. Pero
¿qué ocurriría si una de ellas fuera el doble de larga que las
otras? En ese caso, nos quedaríamos apuntando en la dirección que marcase esa flecha más larga. Esto es esencialmente lo que ocurre en el proceso cuántico de observación
de las pruebas de división.

Aunque Shor escribió su programa hace ya bastantes
años, en 1994, la construcción de un ordenador cuántico
que pudiera implementar este algoritmo parecía un sueño
muy distante. Uno de los problemas de los estados cuánticos es lo que se llama decoherencia. Los 64 cúbits empiezan a observarse los unos a los otros y el sistema colapsa
antes de poder hacer los cálculos. Ésta es una de las razo-

nes por las que se piensa que el gato de Schrödinger—el experimento cuántico mental en el que un gato no observado puede estar vivo y muerto al mismo tiempo—podría ser imposible. Ciertamente, un electrón puede ponerse en un estado de superposición, pero ¿cómo conseguir que todos los átomos que configuran un gato puedan ponerse en estado de estar muertos y vivos al mismo tiempo? Ese número tan grande de átomos comienza a interactuar y la decoherencia hace que la superposición colapse.

En los últimos años ha habido algunos progresos sorprendentes en el problema de aislar estados cuánticos simultáneos. En octubre de 2019, la revista *Nature* publicó un artículo de unos investigadores de Google titulado «Quantum Supremacy Using a Programmable Superconducting Processor» ['Supremacía cuántica usando un procesador superconductor programable']. En el artículo, el equipo investigador explica que ha sido capaz de colocar 53 cúbits en superposición, haciendo posible la representación simultánea de todos los números inferiores a 10^{16}. El ordenador fue capaz de realizar una tarea diseñada a medida que un ordenador convencional habría tardado 10.000 años en completar.

Aunque estas noticias eran interesantes, la tarea que se pidió realizar al ordenador no se hallaba a la misma altura que la de encontrar los números primos que dividen números grandes, y estaba cuidadosamente adaptada al funcionamiento del aparato que se diseñó. Muchos pensaron que había mucho bombo y platillo en la «supremacía cuántica» del titular de Google. El equipo de computación cuántica de IBM no se mordió la lengua al comentar el anuncio y mostraron cómo la tarea que había programado Google podía completarse en un ordenador convencional en unos días, y no en 10.000 años como decían. Aun así, fue un resultado fascinante. Pero parece que la creación de un ordenador cuántico que pueda piratear los datos de nuestra tarjeta de crédito queda todavía algo lejos.

LA COMPUTACIÓN BIOLÓGICA

¿Qué podemos decir del problema del viajante? ¿Podríamos usar medios no convencionales para encontrar un atajo? Hay un desafío relacionado con el problema del viajante que ha sido resuelto por los investigadores usando un tipo de ordenador muy poco usual. Se llama el problema del camino hamiltoniano. El desafío consiste en encontrar un camino en un mapa con un retículo de ciudades conectadas por carreteras que pueden ser de un solo sentido.

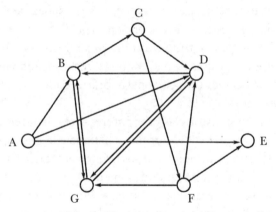

10.4. El problema del camino hamiltoniano: ir desde la ciudad A hasta la ciudad E visitando cada una de las otras ciudades una sola vez.

Se trata de descubrir un camino que arranque en una ciudad, digamos la ciudad A, y termine en otra ciudad, la E, y que visite una sola vez cada una de las demás ciudades. ¿Es posible un camino de este tipo? Este problema resulta ser igual de complejo que el del transporte. Pero es de nuevo un problema que se adapta muy bien al procesamiento en paralelo. En vez de explotar el mundo cuántico, el matemático Leonard Adleman ideó un uso muy interesante de la biología para abordarlo. Adleman corresponde a la A en las siglas RSA, el nombre del sistema criptográfico que explota los números primos para mantener seguras las transacciones a través de la red.

En un seminario del MIT, en 1994, Adleman anunció la presentación del superordenador que había construido para atacar el problema del camino hamiltoniano. Lo llamó TT-100, pero el público se quedó bastante perplejo cuando sacó un tubo de ensayo del bolsillo de su chaqueta. El TT venía de *test-tube* ['tubo de ensayo'], y el 100, de los 100 mililitros de líquido que albergaba el pequeño contenedor de plástico. Los microprocesadores que hacían el trabajo dentro del tubo de ensayo eran secuencias cortas de ácido desoxirribonucleico (ADN).

Las secuencias de ADN están hechas a partir de cuatro bases, etiquetadas como A, T, C y G. Estas bases gustan de juntarse unas con otras por parejas: la A con la T y la C con la G. Si elaboramos secuencias cortas de las bases, llamadas oligonucleótidos, éstas intentarán encontrar otras secuencias con bases complementarias para emparejarse con ellas. Por ejemplo, una secuencia con ACA tratará de encontrar una secuencia con TGT para ensamblarse con ella y crear una doble cadena estable de ADN.

La idea de Adleman fue asignar a cada ciudad del mapa objeto del problema una etiqueta consistente en una secuencia con 8 bases. Entonces, si había una carretera de un solo sentido entre las dos ciudades, creaba para ella una secuencia de 16 bases, las 8 primeras coincidentes con las de la secuencia que etiquetaba la ciudad de origen y las 8 siguientes coincidentes con la secuencia complementaria de la secuencia que etiquetaba la ciudad de llegada. Si había una carretera que llegaba a la ciudad A y otra que salía de ella, las dos secuencias de 16 bases correspondientes a estas carreteras se unirían entre sí, enlazándose las 8 últimas bases de la carretera de entrada con las 8 primeras bases de la carretera de salida.

Cualquier ruta entre las ciudades a través de estas carreteras podía replicarse de hecho con secuencias de ADN que se enlazaban entre sí cada vez que una carretera llegaba y salía de una ciudad.

Por ejemplo, la ciudad A podía estar etiquetada como ATGTACCA, la ciudad B como GGTCCACG y la ciudad C como TCGACCGG. La carretera de A a B estaría entonces representada por

ATGTACCACCAGGTGC

Y la carretera de B a C por

GGTCCACGAGCTGGCC

Estas dos carreteras quedarían enlazadas entonces al juntarse las 8 últimas bases de la primera con las 8 primeras bases de la segunda, mostrando así que se puede viajar por ellas desde la ciudad A hasta la ciudad C.

Lo más interesante es que es posible adquirir grandes cantidades de estas secuencias cortas de ADN en laboratorios comerciales. Adleman encargó un número suficiente para explorar un retículo con 7 ciudades y se limitó a rellenar su tubo de ensayo con las secuencias. Siguiendo un proceso en paralelo, las secuencias comenzaron a ligarse entre sí, creando una gran cantidad de recorridos diferentes por el retículo. Por supuesto, muchos de ellos violaban la exigencia de visitar cada ciudad una sola vez. Pero Adleman era consciente de que la ruta que buscaba consistiría en una secuencia de ADN de longitud

8 (la ciudad de origen) + 6 × 8 (las carreteras)
+ 8 (la ciudad de destino).

Lo que hizo entonces fue filtrar las secuencias que tenían esta longitud entre todas las soluciones y finalmente comprobar aquellas en las que aparecían todas las ciudades, usando un proceso parecido al que se utiliza en la identificación de la huella genética.

Aunque el proceso completo llevó una semana de trabajo, abrió la intrigante posibilidad de explotar el mundo de la biología para crear máquinas que puedan llevar a cabo con eficacia procesos en paralelo. Los químicos usan una unidad de medida llamada mol para cuantificar cuántas moléculas hay en un tubo de ensayo. Pero un mol de una sustancia contiene algo más de 6×10^{23} moléculas de esa sustancia. Adleman piensa que la explotación de lo muy pequeño en el mundo biológico puede ser un atajo para explorar lo muy grande en los desafíos computacionales convencionales.

Es posible que la naturaleza haya dado ya con él. Resulta que hay un extraño organismo llamado moho mucilaginoso que es muy hábil a la hora de encontrar las rutas más eficaces para recorrer un mapa. El moho mucilaginoso, o *Physarum polycephalum*, es un organismo plasmodial unicelular que crece a partir de un punto en búsqueda de alimento. La comida que más le gusta son los copos de avena.

Un equipo de investigadores de Oxford y Sapporo decidieron someter al moho mucilaginoso al desafío de encontrar la ruta más corta entre depósitos de copos de avena distribuidos siguiendo la disposición de las estaciones de los trenes de cercanías del área metropolitana de Tokio. Los ingenieros humanos habían invertido años en ensamblar del modo más eficaz posible esa red ferroviaria entre las ciudades próximas a Tokio. ¿Cómo lo haría, comparado con los humanos, el moho mucilaginoso?

Al principio, el moho no sabe nada sobre la localización de los copos de avena y por lo tanto empieza a crecer en todas direcciones. Pero en cuanto encuentra una fuente de comida, las ramificaciones que había desplegado y que no habían conseguido encontrar comida mueren y queda solamente la ruta más eficiente hasta la fuente de alimento. Al cabo de unas horas el moho ha refinado ya su estructura y creado túneles entre las nuevas fuentes de comida que recorren con eficiencia las diferentes localizaciones.

Para el equipo de investigadores que diseñó el experimento, lo más destacado de sus resultados fue que los patrones que surgieron de la actividad del moho resultaron muy parecidos al retículo que los humanos habían desarrollado para el sistema ferroviario de las cercanías de Tokio. Los humanos habían tardado años. El moho mucilaginoso lo hizo en una tarde. ¿Conocerá este limo unicelular un atajo que pueda ayudarnos a descifrar alguno de los mayores problemas matemáticos que aún están por resolver?

SOLUCIÓN: He aquí el camino más corto para recorrer los escenarios del festival de Glastonbury. Me llevó mucho tiempo comprobar que no hay ninguno más corto.

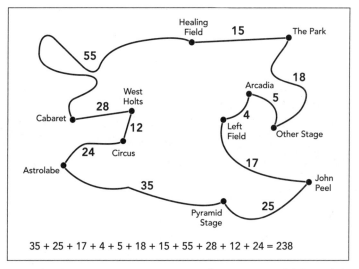

10.5. El camino más corto para recorrer los escenarios del festival de Glastonbury.

Atajo hacia el atajo

A veces tan importante como encontrar un atajo es reconocer que no existe ninguno para resolver el problema que te planteas. Cuando uno se convence de que el camino largo es el único que lleva al destino, ya no pierde más tiempo en buscar un atajo. Y si nos toca hacer el trabajo completo, merece la pena saber que no estamos perdiendo el tiempo. Podemos usar el atajo de transformar un problema en otro completamente distinto para ver si de hecho se trata de una versión disfrazada del problema del viajante. Si no hay atajos, a lo mejor hay algo de lo que podemos sacar alguna ventaja, como han hecho los criptógrafos.

LLEGADA

El ingenio humano ha desarrollado un abanico extraordinario de atajos que han acelerado el desarrollo de nuestra especie a lo largo de las generaciones. Nunca hubiéramos llegado al punto técnicamente tan avanzado que ahora ocupamos sin esta amplia gama de modos óptimos de pensar. Sin el atajo de símbolos para representar los números, cualquier cantidad superior a 3 parece enorme. Nuestro viaje físico a través del planeta se fue haciendo más eficiente a medida que fuimos comprendiendo mejor su geometría. Aunque solamente 566 personas han viajado al espacio exterior y ninguna más allá de la luna, hemos usado el atajo de la trigonometría para adentrarnos un buen tramo en el cosmos.

Hemos sido capaces de acortar nuestro viaje hacia el futuro usando el poder del reconocimiento de patrones y el cálculo diferencial para atisbar lo que está por venir antes de que suceda. El atajo de la probabilidad nos capacita para evitar la necesidad de repetir un experimento cientos de veces con el fin de comprender qué resultado es el más probable. En vez de deambular ciegamente por Internet en busca de lo que queremos, hay medios inteligentes de analizar las conexiones para permitirnos acortar el camino que nos lleve a nuestro destino. Hemos ideado incluso nuevos números, como la raíz cuadrada de -1, a fin de crear un mundo especular al que podemos pasar para acortar el camino hacia la solución de un problema. Los aviones aterrizan con seguridad gracias a este viaje a ese mundo imaginario.

Ciertamente, el motivo inicial para emprender mi viaje matemático fue el deseo de eludir el trabajo duro y pesado. Evitar el trabajo más aburrido y mecánico resultaba muy atractivo para la faceta perezosa de mi naturaleza adolescente. Estoy agradecido a mi profesor de Matemáticas, que en vez de someter a la clase a cálculos repetitivos y tediosos me mostró que las matemáticas consistían en pensar con inteligencia. Pero, en retrospectiva, también he empezado a ver que en el fondo de los atajos late algo que tiene mucho de paradoja.

La tarea del matemático consiste en descubrir nuevos modos de pensar con inteligencia, pero dar con estos atajos no es nada fácil. La práctica de las matemáticas exige muchas horas de reflexión sobre un problema, de pensar en él sin llegar aparentemente a ninguna parte. Y de repente surge el relámpago de la comprensión, el descubrimiento del atajo a través de la espesura del problema. Pero sin haber invertido todas esas horas de reflexión y de escritura titubeante en mis cuadernos amarillos, no podría llegar a esa revelación súbita del camino a seguir. Es la emoción de ese momento «eureka» lo que anhelo. Ésa es la droga. Y la sacudida viene cuando se descubre el paso escondido, el atajo que te lleva hasta el otro lado.

Al final me di cuenta de que no fue la pereza la razón por la que dediqué al arte del atajo. Más bien al contrario: es el arduo trabajo que cuesta encontrar un atajo el que lo hace después tan satisfactorio.

Ante una montaña, podríamos subir a un helicóptero para llegar hasta la cumbre. Disfrutaríamos de las vistas, pero como me explicó Robert Macfarlane, para un montañero se perdería todo aliciente. La satisfacción de conseguir llegar a la cumbre es el motor que justifica el esfuerzo. Caminar con alas en los pies.

Recuerdo que hablé una vez con una física de Harvard sobre el desafío intelectual que supone abordar los grandes problemas sin resolver. En un momento de la conversación, me planteó la posibilidad hipotética de disponer de un botón que, una vez pulsado, me ofreciera la solución de todos los problemas en los que estaba trabajando. Cuando ya me adelantaba para apretarlo, me cogió la mano y me dijo: «¿Seguro que quieres hacerlo? ¿No se perdería todo el encanto?».

Natalie Clein expresó las mismas reservas. Si hubiera algún atajo para tocar el violonchelo, quizá eso haría menos atractiva la capacidad de interpretar música con él. La consecución del momento extático del flujo psicológico depende del encuentro de la destreza con el desafío de la dificultad.

Una de mis películas de Hollywood favoritas es *El indomable Will Hunting*, en parte porque se trata de una de las primeras menciones de la Medalla Fields, el Premio Nobel de las Matemáticas, en la cultura popular. Pero la cinta también ilustra la importancia de pasar horas y horas frustrantes trabajando en un problema para hacer posible que acabe llegando el momento en el que se descubre el atajo que lo resuelve. El protagonista de *El indomable Will Hunting* es un conserje del departamento de Matemáticas del MIT, interpretado por Matt Damon, que ve un problema escrito con tiza en la pizarra e inmediatamente sabe cómo resolverlo. Los profesores de Matemáticas se quedan impresionados cuando llegan a la mañana siguiente y ven la solución garabateada en la pizarra. Pero al final el personaje de Damon no se convierte en matemático.

A mi modo de ver, la razón es que para él eso es demasiado fácil. El problema complejo y sin aparente solución es la chica a la que quiere conquistar, y esto es lo que motiva el viaje al final de la película. Uno de los rasgos importantes de los atajos matemáticos es que deben proporcionar un momento de éxtasis después del duro esfuerzo de tratar de resolver el problema de frente.

Los atajos que busco no tienen nada que ver con ir a mirar la respuesta en las páginas finales del libro. Éste no es un atajo satisfactorio. Los mejores atajos son los que surgen después de pelearse duro con un problema. Es casi como si tuvieran una naturaleza musical, como si representaran el momento en el que la tensión musical se acaba disolviendo.

La paradoja es que, aunque la motivación para el atajo podría ser la resistencia inicial a pasar un montón de tiempo realizando un trabajo duro, es posible que al final invirtamos el mismo esfuerzo en encontrar el atajo. Sin embargo, la naturaleza de la curva que describe el esfuerzo es la que quizá refleje por qué disfrutamos más con el arduo trabajo de encontrar el atajo. Si dibujáramos una gráfica para representar el esfuerzo necesario para sumar todos los números desde el 1 hasta el 100, seguramente reflejaría una dedicación constante, que no variaría mucho en el tiempo. El esfuerzo total crecería linealmente. La gráfica para representar el esfuerzo de encontrar el atajo parece mucho menos predecible, tiene altibajos. Probablemente se alza hacia el final, antes de decaer a un mínimo cuando se descubre el atajo. Pero a partir de ese momento la gráfica nunca superará ese nivel mínimo, ya que es el atajo el que hace todo el trabajo, mientras que la gráfica del esfuerzo del trabajo directo no habrá hecho otra cosa que ascender a nivel constante.

Otra de las curiosas paradojas que han surgido es la que subrayó el comisario de exposiciones Hans Ulrich Obrist. Los rodeos son esenciales, se suele llegar a los mejores atajos empezando con rodeos. El rodeo que supuso para los matemáticos llegar a la demostración del último teorema de Fermat cobra valor gracias a las extrañas bifurcaciones y vericuetos que encontramos por el camino. Todos esos desvíos llevaron al descubrimiento de muchos atajos extraordinarios que nos vimos obligados a transitar a lo largo del viaje.

El poder del atajo suele consistir en que permite a los que lo siguen llegar más deprisa a su destino. En 2016 se inauguró el túnel más largo y profundo del mundo. El túnel de San Gotardo, de 57 kilómetros de longitud, atraviesa los Alpes, uniendo el norte y el sur de Europa. La obra duró 17 años, pero los trenes que lo atraviesan tardan 17 minutos en ir de un extremo al otro.

Uno de los últimos viajes que hizo Carl Friedrich Gauss fue para presenciar la inauguración de una nueva línea de ferrocarril entre Hanóver y Gotinga. Su salud se había ido deteriorando paulatinamente, y murió mientras dormía la madrugada del 23 de febrero de 1855.

Gauss había pedido que se grabara en su tumba uno de los descubrimientos que le impulsó a convertirse en matemático, la construcción geométrica del polígono regular de 17 lados. Sin embargo, cuando el maestro cantero encargado de la tarea vio el diseño se negó a incluirlo en la lápida. La construcción podría producir en teoría un polígono regular de 17 lados, pero el tallador pensó que tendría la apariencia de una simple circunferencia.

Los atajos que aprendí en mi época de estudiante costaron a sus creadores muchos años de profundas cavilaciones, pero una vez abierto el túnel, éste permite a los que vienen detrás llegar a las fronteras del conocimiento lo más rápido posible. Gauss, después de completar la tarea de sumar todos los números desde el 1 hasta el 100, pudo sentarse a pensar en otras cosas. Para mí, esto es lo mejor de los atajos. Si invierto el tiempo en trabajo rutinario, me estoy privando de la oportunidad de avanzar en la autoexploración y de realizar nuevos descubrimientos que amplíen mis horizontes. El atajo me permite dedicar todos los esfuerzos a proyectos nuevos, estimulantes y gratificantes.

Espero, por lo tanto, que el viaje que hemos realizado haya proporcionado al lector unos cuantos atajos para pensar mejor y ganar tiempo para abordar nuevos retos. El propósito de un atajo es ofrecer la oportunidad de emprender un nuevo viaje. Gauss resumió sus opiniones sobre la búsqueda del conocimiento en una carta enviada a su amigo Farkas Bolyai el 2 de septiembre de 1808, en la que afirma lo siguiente:

No es el conocimiento, sino el acto de aprender, y no es la posesión, sino el acto de llegar a ella, lo que proporciona la máxima satisfacción. Cuando he esclarecido y agotado un asunto, me desentiendo de él para sumirme de nuevo en la oscuridad. El hombre que nunca se da por satisfecho es muy extraño: si ha completado una estructura, no es con el fin de habitar pacíficamente en ella, sino para comenzar a construir otra. Imagino que un conquistador del mundo debe sentir esto mismo: apenas conquistado un reino, ya extiende sus brazos para abarcar otros.

Un atajo no debe verse como un medio rápido de terminar un viaje, sino más bien como un peldaño para emprender uno nuevo. Es un camino desbrozado, un túnel excavado, un puente tendido para permitir a otros alcanzar rápidamente las fronteras del conocimiento y poder así iniciar su propio viaje hacia las brumas de lo desconocido. Equipados con las herramientas que Gauss y sus colegas matemáticos han perfeccionado a lo largo de los siglos, extendamos los brazos para abrazar nuevas y fantásticas conquistas.

AGRADECIMIENTOS

No hay muchos atajos para la tarea hercúlea de escribir un libro, pero uno de los mejores es disponer de un gran equipo que te apoye. Como la mejor psicóloga, Louise Haines, mi editora de 4th Estate, tiene un modo maravilloso de plantear esas cuestiones penetrantes que crean el entorno apropiado para que el escritor descubra por sí mismo la solución a sus problemas. El ojo avizor de Antony Topping, mi agente literario de Greene and Heaton, ha evitado que me extraviara por caminos que no llevan a ninguna parte. Mi corrector de estilo Iain Hunt ha lidiado pacientemente con mi gramática del inglés, un tanto ruda, y ha sabido cómo sacarle brillo.

Al otro lado del charco, el equipo de la editorial estadounidense Basic Books, formado por Thomas Kelleher y Eric Henney, han hecho una labor maravillosa para asegurarse de que mis atajos condujeran a los lectores norteamericanos en la dirección correcta.

Todos los colaboradores de las paradas en boxes que jalonan el libro fueron sumamente generosos con sus ideas y con su tiempo. Estoy profundamente agradecido a Natalie Clein, Brent Hoberman, Ed Cooke, Robert Macfarlane, Kate Raworth, Hans Ulrich Obrist, Conrad Shawcross, Fiona Kennedy, Susie Orbach, Helen Rodríguez y Ognjen Amidzic por las conversaciones fascinantes que mantuvimos sobre sus ideas acerca de los atajos.

Gracias a las artistas Sophia Al Maria, Tracey Emin, Alison Knowles y Yoko Ono por permitirme incluir en el texto las instrucciones para sus proyectos *do it*.

Escribir un libro como éste habría sido imposible sin el tiempo libre que me proporciona mi cátedra. Gracias a Charles Simonyi, que es el que provee los fondos para mantenerla, y a la Universidad de Oxford, por todo el apoyo que recibo como Profesor para la Comprensión Pública de la Ciencia.

Tanto Newton como Shakespeare supieron aprovechar la oportunidad de ser más productivos en tiempos de plaga. La redacción de este libro coincidió con la pandemia que golpeó al planeta a principios del año 2020. Esta circunstancia resultó ser un extraño atajo, ya que anuló todas las distracciones diarias y me dejó tiempo para sentarme a escribir. Como consecuencia, terminé el manuscrito dos meses antes de la fecha estipulada. Mi editora Louise se quedó pasmada cuando le llegó. ¡Está acostumbrada a que me retrase un par de años! Pero resultó que yo no fui el único que envió su trabajo antes de plazo. De hecho, Louise reconoció que recibió novelas de algunos de sus autores que ni siquiera había encargado. Me avisó de que la respuesta tardaría un poco en llegar. Mientras esperaba, aproveché lo que quedaba de confinamiento para escribir una nueva obra teatral. Probablemente un proyecto algo absurdo, dado que todos los teatros estaban cerrados, pero espero que se represente algún día.

Una jornada típica de escritura en el confinamiento solía terminar con los miembros de la familia saliendo cada uno de su habitación para contar las aventuras que habían vivido a través de la red. Las risas y el amor que compartimos al caer la tarde hicieron mucho más fácil la pesada tarea de llegar hasta la última línea del libro. Gracias a Shani, a Tomer, a Ina y a Magaly. Ellos fueron mi mejor atajo a la hora de completar ese viaje titánico que es escribir un libro.

ÍNDICE

Los números en cursiva remiten a las páginas de las ilustraciones.

ESTA EDICIÓN, PRIMERA, DE
«PARA PENSAR MEJOR», DE MARCUS DU SAUTOY,
SE TERMINÓ DE IMPRIMIR
EN CAPELLADES EN EL
MES DE MARZO
DEL AÑO
2023